건축 급배수·위생설비

이철구 | 이응직 공저

세진사

머리말

건물이 단순히 비바람을 막아주는 셸터(shelter)의 개념에 불과하던 원시시대부터 시작해서 지금으로부터 그리 오래지 않은 최근에 이르기까지 건축설비의 개념은 매우 희박하였다. 그러나 과학기술의 발달과 더불어 인간의 활동무대가 점점 실내로 되어가고 있는 시대적 추세에 따라, 보다 건강한 생활을 위해 또 보다 능률적인 생산활동을 위해 건축설비의 필요성은 지속적으로 커지고 있다.

비나 바람과 같은 외부의 환경으로부터 인간을 보호하는 울타리라는 근본적인 건축의 의미는 오늘날에도 전혀 변함이 없다. 그러나 현대의 건축물은 실내환경을 쾌적하게 만들어 거주성과 생산성을 극대화시켜야 하는 역할 또한 만족시켜야 한다. 건축물에서의 건축설비의 역할이 지속적으로 증대되는 이유가 여기에 있다.

한편, 건축설비 분야 중 급배수·위생설비는 실내 거주자의 건강을 위한 위생적 환경을 확보하는 것이 주된 목적으로, 인체로 비유하자면 소화기 및 비뇨기로 생각할 수 있다. 구체적으로는 급수, 급탕, 배수, 통기, 위생기구 등에 관련된 이른바 급배수설비와, 그 외 소화설비, 가스설비, 오수처리설비 등을 총칭하고 있다. 본서는 대학의 건축·건축설비 관련학과 학생, 그리고 사회에서 건축 및 건축설비에 관련된 분야에 종사하고 있는 실무자가 급배수·위생설비의 기본개념을 가능한 한 평이하면서도 폭넓게 이해할 수 있으면 하는 기본서의 목적으로 저술하였다. 따라서 가급적 깊이 있는 이론적 수식은 배제하였으며, 그림 및 사진을 적절히 배치하고자 노력하였다.

인텔리전트빌딩이 사무소 건물에서부터 시작해 거주용 건물에까지 도입되고 있듯이 급배수·위생설비를 비롯한 건축설비가 점점 우리들 주변으로 와 닿고 있는 오늘날에 있어서, 그 기술을 사람에게도 지구에게도 편안하게 해 주는 기술로 발전시키기 위해 이 책이 일조를 했으면 하는 마음이다.
끝으로 본서의 출간을 위해 많은 노력을 기울여 주신 도서출판 세진사 문형진 사장님께 깊은 감사를 드리는 바이다.

저 자

차 례

제6장 오수처리설비 265

제7장 가스설비 283

제8장 소화설비 303

제1장

급배수 · 위생설비의 개요

제1장 급배수 · 위생설비의 개요

1. 급배수·위생설비의 의의

인체를 구성하는 요소 중 물이 약 70%를 차지한다는 점에서도 알 수 있듯이 물은 인간의 존재에 가장 중요한 영향을 끼치고 있는 요소 중의 하나이며, 따라서 인간은 아주 옛날부터 물을 이용하면서 생활을 영위해 왔다. 건물의 개념이 없었던 원시시대에는 물론, 건물이 단순히 비바람을 막아주는 셸터(shelter)의 개념에 불과하여 인간의 주된 활동이 실외에서 이루어졌을 때는 급배수 · 위생설비를 비롯한 건축설비의 의미도 전혀 없었다.

그러나 인류문명의 시작과 함께, 한 지역에 많은 사람이 모여 살면서, 위생적인 물의 공급 및 배수가 이루어지지 않은 곳에서는 콜레라와 같은 전염성 질병이 발생하여 많은 사망자 및 환자가 생겼으며, 이를 방지하기 위해 도시에 상수도 및 하수도의 건설이 시작되었고 이윽고 건물 안에까지 이와 같은 급배수 · 위생설비가 갖추어지게 되었다.

건축물 내의 건축설비는 통상 건물의 냉난방 및 환기를 담당하는 공기조화설비와 전기의 원활한 공급을 행하고 있는 전기설비, 그리고 급수, 배수와 같이 거주자의 건강을 위한 급배수 · 위생설비로 분류하고 있다. 이 중 급배수 · 위생설비는 거주자의 건강, 즉 위생을 담당하고 있다는 의미에서 과거에는 위생설비라는 용어를 사용했었으나, 이 경우 병원 등에 설치되어 있는 의료 관련 위생설비로 오인할 수 있는 점 때문에 현재는 급배수 · 위생설비라는 용어가 일반화되어 있다.

이와 같이 급배수 · 위생설비란 건물 내 또는 그 대지 내에서의 급수, 급탕, 배수, 통기, 위생기구 등에 관련된 이른바 급배수설비와, 그 외 소화설비, 가스설비, 오수처리설비 등을 총칭하는 것이다. 건물을 인체에 비유한다면, 급배수 · 위생설비를 비롯한 건축설비는 사람이 정상적인 생활을 유지할 수 있게 해주는 인체 내 각종 기관이라고 할 수 있다. 그중, 급배수 · 위생설비에 관련된 각종 기기는 소화기 및 비뇨기로 생각할 수 있으며, 냉수 및 온수를 필요한 장소에 보내 주는 펌프 및 배관은 순환기로 비유할 수 있다.

실내에서 인간이 건강한 생활을 영위하기 위해서 물은 항상 깨끗한 상태에서 충분한 수량과 적절한 수압으로 공급되어야 하며, 또 사용된 물은 건물 안에 장시간 체류하지 않고 신속하게 건물 밖으로 배출되어야 한다. 이것이 급배수 · 위생설비의 기본적인 역할이라고 할 수 있다.

2. 급배수·위생설비의 구성

급배수 · 위생설비의 종류로는 기본적으로 다음과 같은 것들이 있다.

(1) 급수설비 : 음료, 취사, 세면, 세탁, 샤워, 변기 등에 필요한 상수 또는 잡용수를 공급하는 것으로, 각 기구에 필요한 수량을 적절한 수압으로 공급한다.

(2) 급탕설비 : 취사, 세면, 샤워 등에 필요한 적절한 온도의 온수를 공급한다.

(3) 배수 · 통기설비 : 변기로부터의 오수, 취사 · 세탁 · 샤워 등으로부터의 잡배수, 기름 · 약품 등을 다량 함유하는 특수배수 및 우수를 건물 밖으로 배출한다. 배수 및 오수가 건물 밖으로 배출되는 통로가 배수관이며, 배수관 내의 압력변동에 관계없이 배수가 원활하게 이루어질 수 있도록 설치하는 배관이 통기관이다.

(4) 위생기구설비 : 세면기, 변기, 욕조, 싱크, 급수전(수도꼭지) 등을 말한다.

(5) 오수처리설비 : 공공정화시설이 충분하지 않은 지역에서 오수 및 배수를 깨끗하게 처리해서 공공배수관으로 보낸다.

(6) 가스설비 : 취사, 급탕 등에 사용하는 가스의 공급과 연소를 위한 설비로, 가스로는 도시가스 및 액화석유가스(LPG, Liquefied Petroleum Gas)가 주로 이용되고 있다.

(7) 소화설비 : 옥내소화전, 옥외소화전, 스프링클러설비 등, 화재가 발생했을 때 물 또는 소화약제를 방출하는 설비로서 소방관련법에 규정되어 있다.

거의 모든 건물에 설치되는 상기와 같은 기본적인 구성요소 외에, 건물의 용도나 규모에 따라 아래와 같은 특수설비가 설치되는 경우가 있다.

(1) 중수설비 및 우수이용설비 : 수자원절약을 위해 설치하는 것으로, 중수설비는 세면기, 샤워기 등으로부터의 배수를 깨끗하게 처리하여 소변기, 대변기, 세차 등의 용수를 공급하고, 우수이용설비는 건물의 옥상에 떨어지는 빗물을 저장하여 중수와 마찬가지 용도로 사용한다.

(2) 주방설비 : 주방용 식자재의 보관 및 요리, 그리고 식기의 세척 및 보관 등을 행한다.

(3) 세탁설비 : 대량의 세탁이 단시간에 이루어지도록 한다.

(4) 의료용 배관설비 : 의료기기용으로 사용되는 특수한 용도의 배관설비로, 산소배관, 흡인배관, 압축공기배관, 질소가스배관 등이 있다.

(5) 공장 등의 특수배관설비 : 물품을 제조하는 과정에 필요한 증기, 압축공기, 공업용수

등을 공급한다.

(6) 폐수 및 방사성물질 처리설비 : 병원, 공장 등에서 배출되는 폐수(산, 알칼리, 중금속 등 포함) 및 방사성물질들의 유해한 정도를 감소시켜 배출시킨다.

(7) 쓰레기처리설비 : 대량의 쓰레기가 배출되거나 오염의 정도가 매우 심한 쓰레기가 배출되는 곳에서 높은 청결도의 쓰레기처리가 이루어지도록 한다.

이와 같은 구성 중, 본서에서는 급수, 급탕, 배수, 통기 등과 같이 모든 건물에 설치되는 요소에 대해서 다루기로 한다. 일부 건물에만 적용되는 특수설비에 대해서는 필요에 따라 관련문헌을 참고하기 바란다.

3. 급배수·위생설비의 계획

급배수 · 위생설비계획에서는 각 용도의 건물 및 실마다 목적하는 바의 급배수 · 위생환경을 달성하는 것을 기본 목표로 하고 있으며, 그 달성 과정에서 거주자의 건강성과 건물의 에너지절약성을 동시에 기해야 함은 물론이다. 동일한 규모의 건물이라 해도 계획의 방법은 건물의 종류 및 계획자 개인의 경험과 아이디어에 따라 다를 수 있다.
급배수 · 위생설비를 계획 · 설계하는 데 있어서의 구체적 기본목표는, 대상 건축물에 가장 적합한 급배수 · 위생방식, 기계실의 크기와 위치, 각 장비의 적정한 규격, 배관의 배치, 장비의 방음 · 방진, 에너지의 유효이용, 준공 후의 유지 · 보수 등 여러 사항에 대해, 급배수 · 위생설비 본연의 목적을 위한 기능적 성능이 충분히 발휘될 수 있도록 시스템을 구성하는 것이다.

(1) 계획 및 설계

급배수 · 위생설비를 계획하고 설계하는 과정이 뚜렷하게 규정되어 있지는 않다. 일반적으로 기본구상, 기본계획, 기본설계, 실시설계의 단계로 구별하고 있으나, 건물의 규모에 따라 기본구상 등의 단계를 생략하기도 한다. 표 1.1에 일반적인 급배수 · 위생설비의 계획 및 설계 단계를 나타낸다.

표 1.1 급배수 · 위생설비의 계획 · 설계 단계별 업무내용 및 성과품

구 분	업 무 내 용	성 과 품
기본구상	1) 건물 위치 예정지 주변의 기상조건, 전기 · 가스 · 수도 등의 도시 설비 파악 2) 계획의 기본이념 확립 3) 유사건물의 조사 4) 사업비 설정	1) 기본구상서
기본계획	1) 구상에서 파악된 기상조건, 도시설비 등의 정리 2) 건축물의 건축을 위한 법률 사항 확인 3) 개략적인 부하계산에 의해 기기의 개략적 용량 산정 4) 급배수 · 위생시스템 비교 · 검토	1) 기본계획서 2) 설비시스템 비교검토서
기본설계	1) 세밀한 부하계산에 의해 주요 기기의 용량 및 배관의 크기 결정 2) 기계실의 크기와 위치 검토 3) 장비 배치 검토 4) 배관용 샤프트 위치 및 크기 검토 5) 배관의 경로 검토 6) 개략적인 공사비용 산출	1) 기본설계도 2) 각종 기술자료 3) 개략 공사예산서
실시설계	1) 모든 기기의 용량, 능력, 크기 등 확정 2) 기계실의 크기 및 위치 확정 3) 장비 배치 확정 4) 배관용 샤프트 위치 및 크기 확정 5) 배관의 경로 확정 6) 공사비 산출	1) 실시설계도 2) 부하계산서 3) 설계계산서 4) 시방서(示方書) 5) 공사예산서

1) 기본구상

건물을 세우려고 하는 사업계획 및 그것을 위한 예산, 사업주(건축주)의 의향 등에 의해 설비계획의 안을 만들고 개요를 정립하는 과정이다. 이를 위해 건물이 세워질 예정지의 상하수도, 가스, 전력과 같은 사회기반시설의 상황 및 해당 지역의 조례 등을 자세히 확인할 필요가 있다. 따라서 경우에 따라서는 현지조사를 병행하면서 이와 같은 내용이 포함된 기본구상서를 완성하도록 한다.

2) 기본계획

기본구상의 내용을 구체적으로 정리하여 설비 전체의 개요를 나타내는 것으로, 통상 건축주와의 협의가 본격적으로 이루어지는 과정이다. 비교적 대규모 건물

로 급배수 · 위생설비시스템이 다양하게 검토될 수 있는 경우에는 각종 시스템의 비교 · 검토를 하여 가장 적절한 급수, 급탕, 배수, 통기계획 등을 수립함과 동시에 그 과정에서 에너지절약을 이룰 수 있는 방법도 함께 고려할 필요가 있다. 또한 장비의 설치를 위한 공간이 어느 정도 필요한가에 대해서도 검토가 진행되어야 한다. 이와 같은 과정을 거쳐, 설비의 시스템, 장비의 종류 및 개략적인 용량이 포함된 기본계획서를 작성하여 건축주와 협의를 거쳐 각종 급배수 · 위생설비시스템 및 그에 따른 장비의 종류 및 개략적인 용량을 정하게 된다.

3) 기본설계

기본계획에서 이루어진 내용에 의거해서 설비시스템을 개략적으로 도면화하는 과정이다. 기본설계 및 다음에 설명하는 실시설계 단계에서는 건축 및 전기설계자와의 의견 교환 및 조정의 과정이 필요한데, 이 과정에서 설비공간과 건축공간 간에 상충이 일어나는 등의 문제가 발생하고 또 그 문제의 조정이 여의치 않을 경우에는 기본계획의 내용을 일부 수정할 필요가 있다.

이와 같은 과정과 함께, 급수량, 급탕량과 같은 부하량을 세밀하게 계산하여 각종 장비의 용량 및 설치에 필요한 공간 등을 정확하게 결정하며, 그에 따른 배관의 종류, 크기 및 배관의 경로 등에 대해서도 면밀한 검토를 거쳐 도면화한다.

4) 실시설계

설계의 주요 내용은 기본설계에서 대부분 결정이 되며, 실시설계는 기본설계에서 결정된 내용을 실제 현장에서 사용하는 수준으로 도면화시키는 과정이다. 따라서 기본설계 과정에서 엄밀하게는 지키지 않았던 축척을 완전히 고려하면서 장비와 배관의 연결관계 및 배관 상호 간의 간섭관계를 체크해야 함은 물론, 건축 및 전기도면과 공간에 관한 상호 체크도 이 과정에서 이루어지도록 해야 한다.

(2) 장비용량 및 설치공간

계획의 초기단계에서 급배수 · 위생설비를 포함한 건축설비의 필요 장비용량과 설치공간을 개략치로라도 결정하는 것은 설비를 위한 공간을 확보하기 위한 건축계획뿐 아니라 설비에서의 기본계획을 진행하는 데에도 무척 중요하다. 이와 함께 건축설비설계의 기본계획 단계에서 기존 건축물의 데이터를 참고하는 것은 매우 유용하다. 건축물은 흔히 말하듯이 단품(單品)생산이기 때문에, 동일 지역이라 하더라도 용도와 면적 등에 따라 설비설계의 내용은 얼마든지 달라질 수 있다. 따라서 초기 단계에서는 동일 용도의 건물에 대한 자료를 가급적 다수 확보하고, 그 실적치에 근거하여 기본계획을 수립하는 방식을 취하는 것이 일반적인 설비설계 수법이다. 물론 각 문헌에서 제시하고 있는 설비용량 및 설비공간은 건물마다의 특성을 고려하지 않은 개략적인 수치이므로, 구체적인 설계가 진행되면서 건축설계자와의 의견 교환을 통해 일부 수정이 가해지는 것이 일반적이다. 급배수 · 위생의 각 설비별 필요 장비용량 등의 산정법에 대해서는 제2장 이후에 설명하기로 한다.

1) 기계실

급배수 · 위생설비를 비롯한 건축설비의 각종 장비는 그림 1.1과 같이 건물의 수명이 다할 때까지 몇 번이고 수리 및 교체를 해야 하므로, 장비의 설치를 위한 기계실의 위치 및 공간을 정할 때에는 단순히 장비가 놓여지는 것만을 고려해서는 안 되며 다음과 같은 점에 유의할 필요가 있다.

① 장비의 반입 · 반출이 지장 없이 이루어질 수 있는 위치 및 공간

② 운전 및 유지보수가 용이하고 안전하게 이루어질 수 있는 위치 및 공간

③ 배관의 경로가 충분히 확보될 수 있는 위치 및 공간

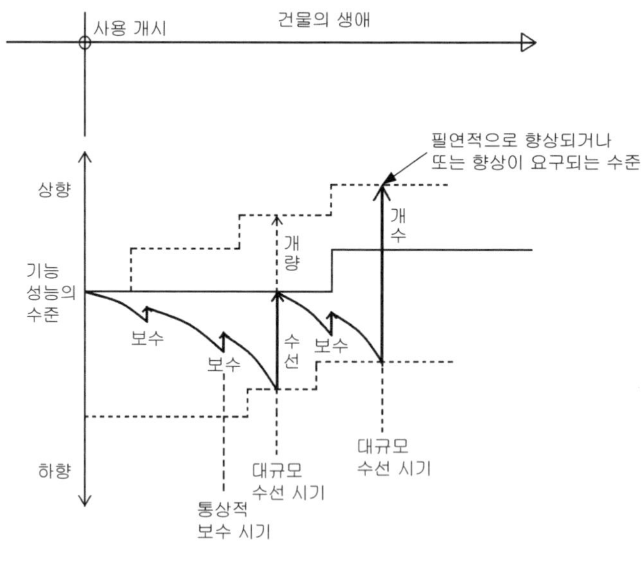

그림 1.1 건축설비의 성능저하 및 유지관리 개념도

건축 및 건축설비설계가 구체적으로 진행되면서 급배수·위생설비를 비롯한 건축설비에 필요한 각종 장비의 용량이 상세하게 산정되면 기계실의 장비 배치계획을 구체적으로 진행시키면서 설비공간을 확정하게 된다. 그림 1.2에 급배수·위생 및 공기조화용 장비가 함께 설치된 기계실 장비 배치계획의 한 예를 나타낸다.

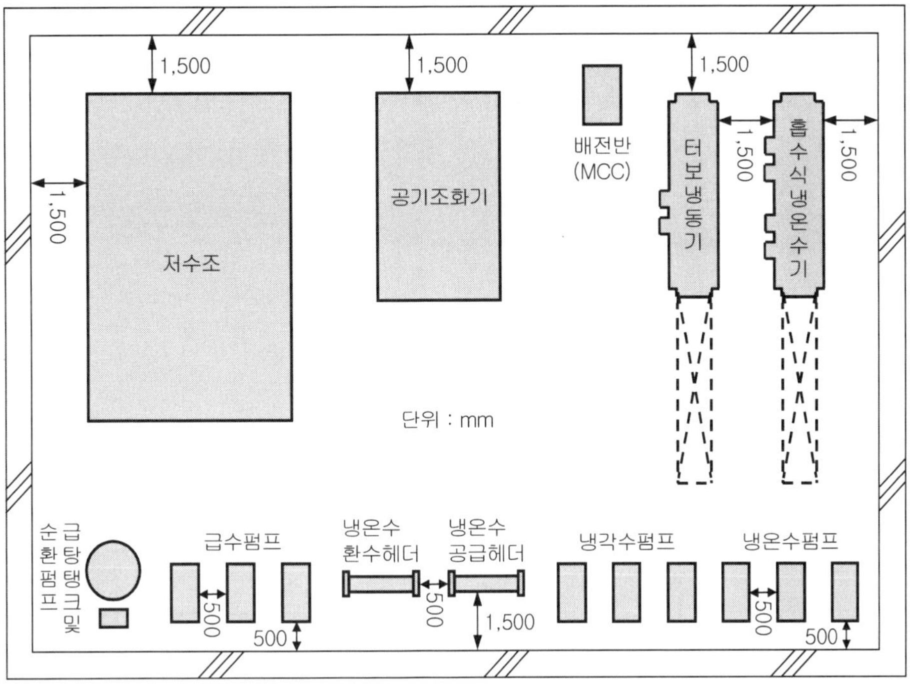

그림 1.2 기계실 장비 배치계획의 예

2) 샤프트

샤프트란 건물 각 층의 바닥에 의한 막힘이 없이 건물의 하층부에서 상층부까지 연결되어 있는 부분을 말한다. 예를 들어, 지하 저수조에서 각 층의 화장실까지 급수관이 가는 수직적 통로나 각 층 화장실에서 배출되는 배수가 옥외 공공배수관까지 가는 수직적 통로가 샤프트이다. 건축설비 전체적으로는 샤프트는 배관뿐 아니라 덕트가 통과하기도 하며 또 엘리베이터가 상하로 움직이는 부분도 샤프트(엘리베이터 샤프트)라 한다.

샤프트에는 급배수·위생설비용 배관뿐 아니라 공기조화용 배관이나 덕트까지 설치되므로 종합적으로 고려하여 공간을 확보해야 하며, 설비설계가 구체적으로 진행되면 필요한 수직배관 및 덕트의 종류와 크기가 결정되므로, 이 단계에서 구체적인 샤프트계획이 가능해진다. 샤프트 면적이 부족하게 되면 건물 기능에 지장을 초래하는 등 큰 문제가 되므로 여유있는 공간을 필요로 하지만, 지나치게 크면 낭비가 되므로 적절한 공간이 확보되도록 하는 것이 중요하다. 또 샤프트 면적은 필요한 배관 및 덕트가 겨우 들어갈 만한 공간이 되어서는 안 되며, 유지보수에 필요한 작업공간이 확보되도록 계획을 진행시켜야 한다.

그림 1.3에 배관샤프트 계획의 바람직한 예를 나타낸다. 배관과 샤프트 벽과는 유지보수를 위해 200mm 이상의 공간을 확보하는 것이 바람직하다. 또한 배관은 상호 150mm 이상 떨어뜨려 배치하는 것이 좋다. 아울러 샤프트의 형태는 정방형보다는 가급적 가로 · 세로의 비가 큰 장방형이 되도록 하는 것이 배관 배치에 유리하다. 한편, 그림에는 모든 배관에 보온이 되어 있는 것으로 표현되어 있으나, 배수관과 통기관에 대해서는 보온의 필요는 없다. 배수관을 통과하는 배수는 건물 밖으로 배출되는 것이고, 통기관에는 물이 아닌 공기가 통과하기 때문이다.

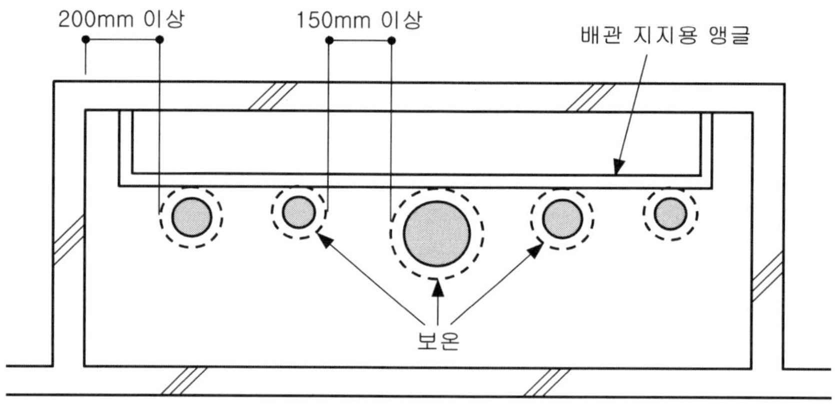

그림 1.3 샤프트계획의 예

그림 1.4와 그림 1.5는 샤프트 안에 배관이 설치된 모습을 나타내고 있다. 그림 1.4는 배관과 배관 사이에 공간이 확보되어 있어 유지보수를 손쉽게 할 수 있지만, 그림 1.5는 배관과 배관 사이의 공간이 거의 없어 유지보수가 용이하지 않게 된다.

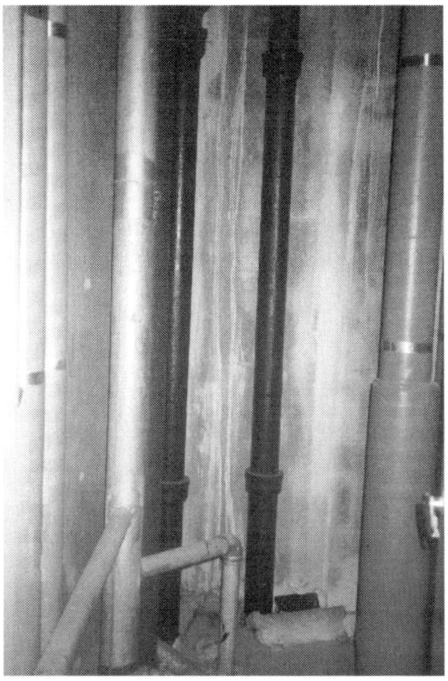

그림 1.4 샤프트 내 배관 배치(1)

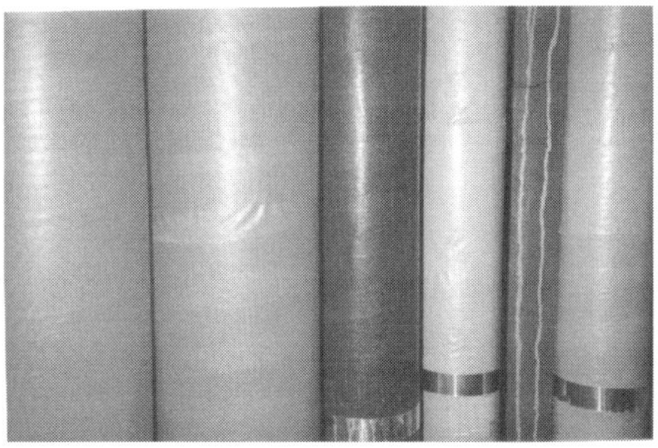

그림 1.5 샤프트 내 배관 배치(2)

(3) 경제성 검토

급배수 · 위생설비를 비롯한 건축설비분야뿐 아니라, 건축분야에서도 전기분야에서도 저렴한 공사비로 건물을 완성시킬 수 있으면 가장 바람직한 형태라고 할 수 있다. 그러나 건축설비의 경우 「(2) 1) 기계실」에서 설명한 바와 같이, 그 수명이 건물 자체의 수명보다 훨씬 짧기 때문에 건물이 수명을 다하기 전에 몇 번에 걸쳐 설비 갱신을 위한 비용이 발생된다. 또한 급배수 · 위생설비 중 급탕설비는 에너지를 다량 소비하는 분야이므로 건물이 완성된 후 운용을 하면서 어느 정도의 에너지 비용이 발생하는가도 건물 비용에 중요한 비중을 차지하게 된다. 따라서 급배수 · 위생설비를 비롯한 건축설비를 계획할 때에는 초기공사비뿐 아니라 운전비 개념이 포함된 수법으로 경제성 검토를 하면서 계획을 진행시켜야 한다.

건축설비의 경제성을 평가하는 대표적인 방법으로는 연간비용법, 회수년(回收年, PBP, Pay Back Period)법, LCC(Life Cycle Cost)법이 있다.

연간비용법은 대표적인 연도의 연간 경상비를 산출하는 것으로, 경상비란 초기공사비에 해당하는 고정비와 건물을 운용하기 위해 필요한 운전비(에너지비용, 유지관리비, 인건비 등)로 구성된다.

회수년법은 에너지절약을 위해 어떤 시스템을 도입했을 때, 그 시스템 도입을 위해 발생된 초기투자비 증액분을 1년 단위의 운전비 감액분으로 나누어서, 공사비 증액분이 몇 년 후에 회수되는가를 평가하는 방법이다. 회수년의 값이 적으면 적을수록 유리한 것은 물론이다. 이 방법은 매우 간편하게 경제성을 평가할 수 있는 방법이지만, 금리 등이 고려되지 않아 장기간에 걸친 평가를 하고자 할 경우에는 적합하지 않다.

단기뿐 아니라 장기에 걸친 평가에도 적절한 방법으로는 LCC법이 있으며, 이 방법이 급배수 · 위생설비를 포함한 건축설비의 경제성 평가의 유효한 방법으로 정착되고 있다. LCC란 건축 · 설비시스템, 장치 · 기기 등의 생산 · 운용 · 유지 · 갱신 · 폐기에 이르기까지의 건축물 전 생애에 걸친 총 비용의 합계를 의미한다. LCC 중 초기공사비는 통상 25~30%라고 일컬어지고 있어, 건축물이 완성된 이후의 운용 과정에서 소요되는 비용이 훨씬 크다는 것을 알 수 있다. 건축물에 대한 비용을 초기공사비가 아닌 LCC로 평가해야 한다는 근거가 여기에 있는 것이다.

급배수 · 위생설비의 경제성 검토는 최소의 비용으로 최대의 효과를 거둔다는 경제원칙을 추구한다는 면에서도 매우 중요한 요소이므로, 건물의 규모에 따라 적절한 수법을 채택하여 실행할 필요가 있다. 경제성을 평가하는 각 수법의 구체적인 방법에 대해서는 상세한 문헌을 참고하기 바란다.

4. 배관계 유체흐름에서의 연속의 식, 압력, 저항

(1) 연속의 식

그림 1.6에서, 강을 따라 흘러가는 물은 '1'이라는 지점에서 '2'라는 지점으로 가는 도중에 비가 오거나 상당한 양의 물이 증발로 인하여 공기 속으로 들어가지 않는 한 그 양은 거의 동일하다. 한편 '1' 지점의 폭과 '2' 지점의 폭이 같고 또 깊이도 같다면 '1' 지점을 통과하는 물의 속도와 '2' 지점을 통과하는 물의 속도도 같을 것이다. 그러나 '1' 지점과 '2' 지점의 폭이나 깊이가 서로 다르다면 각 지점을 통과하는 물의 속도는 다르게 된다. 그 이유는 산 위에서부터 흐르기 시작하는 물의 양이 시간에 관계없이 거의 동일하다면 '1' 지점을 통과하는 물의 양이나 '2' 지점을 통과하는 물의 양 또한 시간에 관계없이 거의 같을 수밖에 없으며, 따라서 어느 지점의 강의 폭이나 깊이가 작다면 통과할 수 있는 면적이 좁아지므로 그만큼 빨리 지나가

야 할 것이고, 반대로 어느 지점의 강의 폭이나 깊이가 크다면 통과할 수 있는 면적이 넓으므로 그만큼 천천히 통과해야 장소 및 시간에 관계없이 일정 유량이 통과하게 되기 때문이다. 이 현상을 식으로 표현한 것이 연속의 식으로 다음과 같이 나타낸다.

$$A_1 v_1 = A_2 v_2 \tag{1.1}$$

A_1, A_2 : '1' 지점과 '2' 지점의 단면적 [m^2]
v_1, v_2 : '1' 지점과 '2' 지점에서의 물의 속도 [m/s]

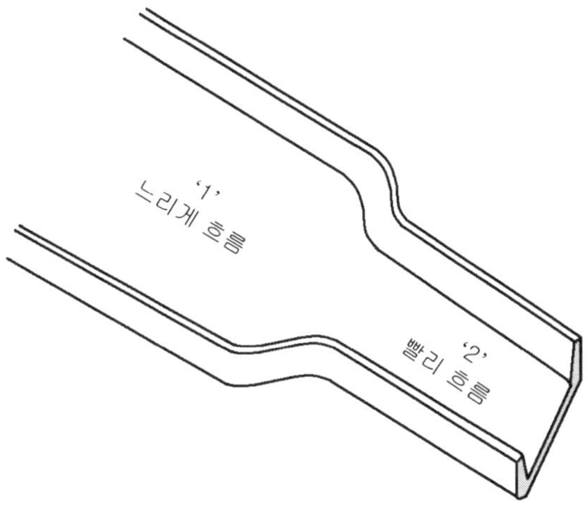

그림 1.6 강의 흐름과 연속의 식

연속의 식은 배관계통의 설계를 하는 과정에서 배관 각 부분에서의 유속을 체크하는 방법에 활용된다.

(2) 압력

1) 압력의 의미

급배수 · 위생설비를 비롯한 건축설비에서 압력의 의미를 이해하는 것은 매우 중요하다. 지하에 설치된 저수조(물탱크)나 급탕탱크(저탕탱크)로부터 필요한 장소까지 물을 공급한다거나, 화재가 발생했을 때 건물에 설치되어 있는 소화설비로부터 즉시 물을 방사할 수 있는 것은 그 물들이 압력을 가지고 있기 때문이다.

건물에서 사용되는 물은 펌프를 통해 압력을 부여받으면서 소정의 위치까지 이동하는 것이 일반적이다.

우리는 보통 압력을 내리누르는 힘으로만 생각하는데, 건축설비를 비롯한 일반적인 공학에서는 어떤 물체가 위로 올라가는 힘도, 앞으로 전진하는 힘도 압력이 있기 때문이라고 한다. 이것은 놀이터의 시소에서, 시소의 한쪽이 내려가게 되면 그 힘을 받아서 다른 한쪽이 올라가는 것에서 쉽게 이해할 수 있다.

압력의 단위로는 [Pa](파스칼), [kg/m^2, kg/cm^2], [mmAq, mAq](또는 간단히 mm, m) 등이 있는데, [Pa](파스칼)은 세계적으로 단위를 통일하고자 하는 목적에서 제안된 SI단위계에서의 압력단위이며, [kg/m^2, kg/cm^2]와 [mmAq, mAq]는 아직 대부분의 실무업계에서 흔히 이용되고 있는 공학단위계에서의 압력단위이다.

[kg/m^2]란 그 단위의 의미대로 1m^{2}의 평면 위에 1kg의 물체가 놓여 있을 때 그 평면이 받는 힘, 즉 압력을 나타낸다. [mmAq]의 Aq는 그리스어의 물에 해당되는 Aqua의 약자로서 1mmAq란 1mm의 높이를 가진 물이 내리누르는 힘을 의미한다.

그림 1.7과 같이 1m^{2}의 평면 위에 1,000kg의 물체가 놓여 있을 때와, 1,000mm 즉 1m의 물기둥이 놓여 있을 때 그 평면이 받는 힘, 즉 압력은 동일하게 되는데, 그림의 왼쪽에 있는 1m^{2}의 평면 위에 놓여 있는 물체의 무게가 1,000kg이므로, 오른쪽에 있는 1m^{2}의 평면 위에 놓여 있는 것이 높이 1m의 물기둥이라 하고 이 물기둥의 무게가 1,000kg이라면 [kg/m^2]와 [mmAq]는 동일하게 사용할 수 있는 압력단위라는 것이 증명된다.

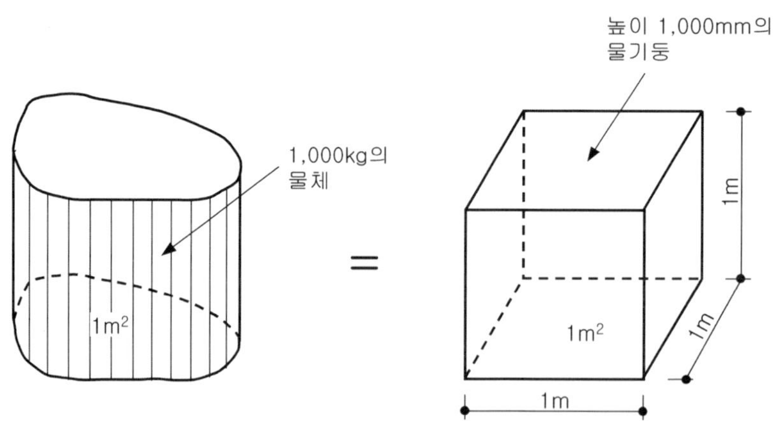

그림 1.7 압력단위의 관계(두 바닥면이 받는 힘은 같다)

그림 1.7에서 오른쪽 물체의 체적은 가로, 세로, 높이가 모두 1m로 그 체적은 $1m^3$가 된다. 또 물의 무게와 체적과의 관계는 물의 온도에 따라 달라지지만 실무적으로는 물 $1m^3$가 1,000kg이라 해도 무방하다. 따라서 오른쪽 물체가 물이라면 그 무게는 1,000kg이 되어 왼쪽에 있는 물체와 동일하게 된다. 즉, $1{,}000kg/m^2 = 1mAq = 1{,}000mmAq$가 되므로 [$kg/m^2$]와 [mmAq]는 동일한 단위로 생각할 수 있다는 것을 알 수 있다.

한편, 그림 1.7에서는 양쪽의 바닥면적을 동일한 $1m^2$로 하였지만 [mmAq]라는 단위에서는 바닥면적에 대한 기준이 없다. 즉, [mmAq]에서는 높이라는 것에만 의미가 있을 뿐 바닥 부분의 면적에는 관계가 없는데, 이 관계를 그림 1.8에 나타낸다.

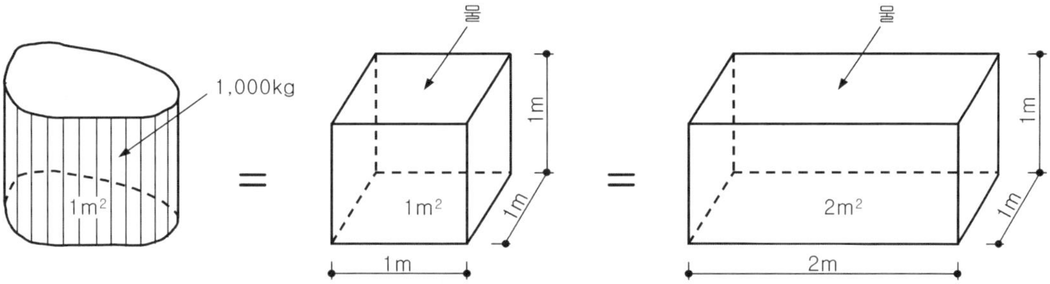

그림 1.8 압력단위의 관계(세 바닥면이 받는 힘은 같다)

그림 1.8에서 오른쪽 부분의 물기둥은 체적이 $2m^3$로 그 무게도 2,000kg이 되어, 가운데 부분의 물기둥보다 2배의 무게로 바닥 평면을 누르고 있으나 바닥 평면 역시 $2m^2$로, 가운데 부분의 바닥 평면보다 2배가 되므로 단위면적당 받는 힘은 동일하게 된다. 따라서 [mmAq]로 압력의 단위를 나타낼 때는 바닥면적은 관계없이 높이만 관계하고 있음을 알 수 있다. 이 사실은 급배수설계를 할 때, 배관 속을 흐르는 물의 압력이 배관의 크기, 즉 배관의 단면적과는 관계가 없고 배관의 높이에만 관계있다는 점으로 응용할 수 있게 된다. 한편, [kg/m^2]와 [mmAq]는 그 앞의 숫자가 너무 작거나 너무 크게 되는 경우가 있어 [kg/cm^2]와 [mAq]로 바꾸어서 사용하는 경우도 많다. 이 두 단위의 환산관계는 $1kg/cm^2 = 10mAq$이며, 이 관계는 $1kg/cm^2 = 10{,}000kg/m^2 = 10{,}000mmAq = 10mAq$가 되는 것에서 쉽게 이해할 수 있다.

한편, 앞서 언급했듯이 현재 대부분의 실무업계에서는 여전히 [kg/cm^2]나 [mAq]와 같은 공학단위를 사용하고 있으나, 공식문서에서는 SI단위를 사용하도록 되어 있으므로, SI단위계에서의 [Pa]과 공학단위계에서의 [kg/cm^2]의 관계를 익혀 둘 필요가 있으며 그 관계는 다음과 같다.

$$1kg/cm^2 = 9.8 \times 10^4 Pa \fallingdotseq 0.1MPa, \quad 1kg/m^2 = 9.8Pa$$

2) 절대압력과 게이지압력

우리가 살고 있는 지상에는 공기의 압력, 즉 대기압이 존재하는데, 이 대기압의 크기를 나타내는 단위에는 여러 가지가 있다. 그중 건축설비의 실무분야에서 주로 이용되는 단위로 kg/cm^2가 있으며, 이 단위는 절대압력과 게이지압력 두 가지에 이용되고 있다. 대기압을 $1.033kg/cm^2$로 나타낼 경우 이 수치를 절대압력이라 하여 $1.033kg/cm^2 \cdot abs$라고 표현하고 있으며, 압력계라는 기기로 대기압을 측정하면 $0kg/cm^2$로 나타나므로 대기압을 $0kg/cm^2$라고 할 경우 이 수치를 게이지압력이라 하면서 $0kg/cm^2 \cdot G$로 나타내고 있다. 따라서 절대압력과 게이지압력과는 다음의 관계식이 성립된다.

$$\text{절대압력}[kg/cm^2 \cdot abs] = \text{게이지압력}[kg/cm^2 \cdot G] + 1.033[kg/cm^2] \qquad (1.2)$$

건축설비분야에서는 통상 게이지 압력을 사용하고 있으므로 대기압을 $0kg/cm^2$로 나타내면서 이때 기호 G는 생략하는 것이 일반적이다. 따라서 건축설비분야에서 절대압력으로 수치를 나타낼 경우는 절대압력이라는 말을 붙여주거나 또는 단위에 abs를 첨부한다.

(3) 저항

「(2) 1) 압력의 의미」에서 물이 소정의 위치까지 갈 수 있게 하는 힘이 압력이라 했는데, 저항은 압력과 반대로 물이 어떤 곳으로 이동할 때 방해가 되는 요소이다. 우리가 앞으로 달려갈 때 흔히 공기의 저항을 받는다는 말을 하는데, 맞바람과 같이 공기의 저항이 클수록 우리는 앞으로 진행하기가 힘들어진다. 또, 얼음판 위에서 미끌어지면서 앞으로 나아갈 때와 아스팔트 위에서 미끌어지면서 앞으로 나아갈 때 진행거리가 다른 것은, 얼음판이 아스팔트보다 표면이 매끄러워 신발 바닥과의 마찰로 인한 저항이 훨씬 작기 때문이다.

급수나 급탕을 위한 물이 배관을 통해 목적하는 곳까지 가는 과정에서 물과 배관의 내표면과 마찰이 발생하며 이 마찰로 인해 물의 진행은 방해, 즉 저항을 받게 된다.

따라서 배관을 통과하면서 발생하는 저항의 크기를 계산해서 그 저항을 이길 수 있는 압력을 부여해야 급수나 급탕용 물이 소정의 위치까지 갈 수 있게 되는 것이다. 배관계에서의 저항은 배관 내표면과의 마찰 외에도 물의 진행방향이 90° 바뀐다든가 또는 밸브를 통과한다든가 할 때도 발생하게 되는데, 이 경우 앞서 설명한 마찰저항과 달리 국부적 형상으로 인해 발생한다는 의미에서 국부(局部)저항이라 한다. 저항의 계산방법에 대해서는 제2장에서 설명하기로 한다.

제2장 급수설비

제2장 급수설비

1. 개 요

인간이 생명을 유지하고, 위생적이고 안전하며 쾌적한 생활을 영위하는 데 물은 필수불가결한 것으로 우리가 거주하는 주택, 사무소, 공장 등에 깨끗한 물이 공급되어야 함은 말할 나위도 없다. 일반적인 상태에서는 세면기, 변기, 싱크와 같은 위생기구 및 그 부속품에는 그 기능을 발휘하기 위해 충분한 수량과 적절한 수압으로 물 공급이 이루어져야 하는데, 급수설비라는 것은 이러한 목적을 달성하기 위해 설치되는 설비의 총칭이다.

각 건물에 공급되는 물은 법률적으로「수도법」및「먹는 물 수질기준 및 검사 등에 관한 규칙」등에 따른 요건을 갖추어야 한다. 그러나 수돗물의 수질 확보는 각 지역의 상수도 사업소 등으로부터 각 가정, 빌딩 및 공장 등의 수요자에게 공급되기까지는 공공기관의 책임이지만, 빌딩 등의 건축설비인 급수장치로 들어간 이후의 수질에 대해서는 상수도사업소와 같은 공공기관의 책임은 없고 수요자인 빌딩 측에서 수질을 유지해야 한다. 따라서 건물 내 거주자의 건강 및 위생관리를 위해서는 급수설비의 설계, 시공 및 유지관리 모두가 수질에 관한 법적 기준을 만족할 수 있도록 이루어져야 한다.

(1) 공급수의 조건

세면기, 샤워기, 대변기, 소변기 등 건물 내 각 급수용 기구에 공급되는 공급수는 다음과 같은 조건을 만족시켜야 한다.

① 필요수량의 공급
② 사용목적에 적합한 수압
③ 위생적으로 안전한 물

1) 필요수량의 공급

필요한 수량을 공급하기 위해서는 급수배관이 적절한 크기를 가져야 함과 동시에 필요한 수압이 확보되어야 한다. 필요한 수압이 확보되지 않을 경우 급수기구로부터 공급수의 토출이 원활히 이루어지지 않게 되며, 따라서 필요한 수량의 공급이 이루어지지 않기 때문이다. 또, 물을 이송하기 위한 펌프 및 물을 저장하기 위한 탱크의 용량도 적절하게 선정되어야 각 급수설비에서 필요로 하는 만큼의 급수가 이루어진다.

2) 사용목적에 적합한 수압

급수설비에 이용되는 각종 위생기구 및 장치는 각각의 기능에 적합한 수압이 필요하게 된다. 예를 들어 수압이 부족하면 수도꼭지(급수전)에서 물이 만족스럽게 나오지 않고 변기의 세정도 불충분하게 되는 한편, 수압이 과대하게 되면 손바닥이 아프게 느껴질 수도 있고 세면기 바닥으로부터 물이 너무 세게 튈 수도 있다. 과대한 수압이 수년간 지속되면 기구와 장치가 파손될 수도 있다.

3) 위생적으로 안전한 물

급수설비에서 음료용으로 공급되는 물은 우리의 몸속으로 직접 들어가게 되므로 급수 수질의 좋고 나쁨은 우리의 건강에 직접적으로 영향을 미치게 된다. 언제나 위생적으로 안전한 물을 공급하기 위해서는 급수설비 전체가 항상 오염되지 않도록 보호되어야 한다.

(2) 상수와 중수

현재 범세계적으로 수자원 고갈에 대한 문제가 심각하게 대두되고 있는데, 물에 관한 한 자원부국이라고 생각했던 우리나라도 UN으로부터 물부족 국가로 분류되는 실정에 이르고 말았다. 우리나라의 1인당 하루 수돗물 사용은 외국과 비교할 때 과다한 경향이 있어, 정부에서는 수도요금을 올린다든가, 건축물을 설계할 때 절수설비를 의무화한다든가 하는 방법으로 물 사용량을 억제하고자 노력하고 있는데, 수자원 절약에 대한 유력한 방법 중의 하나로 중수 이용이 권장되고 있다.
중수(中水)란 상수(上水)와 하수(下水)의 중간이라는 개념으로 호칭되고 있으며, 일반적으로 하수처리수, 건물배수처리수, 우수, 하천수 등이 중수로서 사용되고 있다. 상수가 음료, 취사, 세탁, 세면, 수영장 등에 사용되는 반면, 중수는 변기 세정, 살수, 세차 등과 같이 우리 몸속에 들어가지 않고 피부에도 닿지 않는 경우에 사용되고 있다. 모든 용도에 상수를 사용하는 것이 가장 바람직하지만 한번 사용된 물을 그대로 버리지 않고 한번 더 사용한다는 것이 중수 이용의 개념이므로 향후 수자원 부족에 대비하는 유력한 방법 중의 하나가 될 수 있다. 그러나 수도요금이 저렴한 현재로서는 각 건물에서 중수도 설비를 위한 설비비 및 유지비가 상대적으로 비싸므로 물 사용량이 많은 대형 건물 이외에는 경제적 측면으로 인해 많이 보급되어 있지는 않다. 따라서 일정 규모 이상의 건물에 중수설비 채용을 의무화하는 현재의 법적 내용을 더 강화시킬 필요가 있다고 여겨진다.

그림 2.1에 상수 · 중수 2계통 급수설비의 예를 나타낸다. 그림에서 세면기, 욕조 등에 이용되는 상수는 상수도사업소와 같은 공공기관으로부터 건물 외부의 수도본관을 통해 공급받게 되며, 세면기, 욕조 등으로부터 배출되는 배수는 건물 내에 설치된 배수처리장치 등을 통해 중수가 되어 변기 세정용으로 이용된다. 변기로부터 배출되는 배수는 세면기 등으로부터 배출되는 배수보다 오염도가 더 심하므로 중수 제조용으로 이용되지 않고 오수관을 통해 건물 밖 하수관으로 흘러가게 된다.

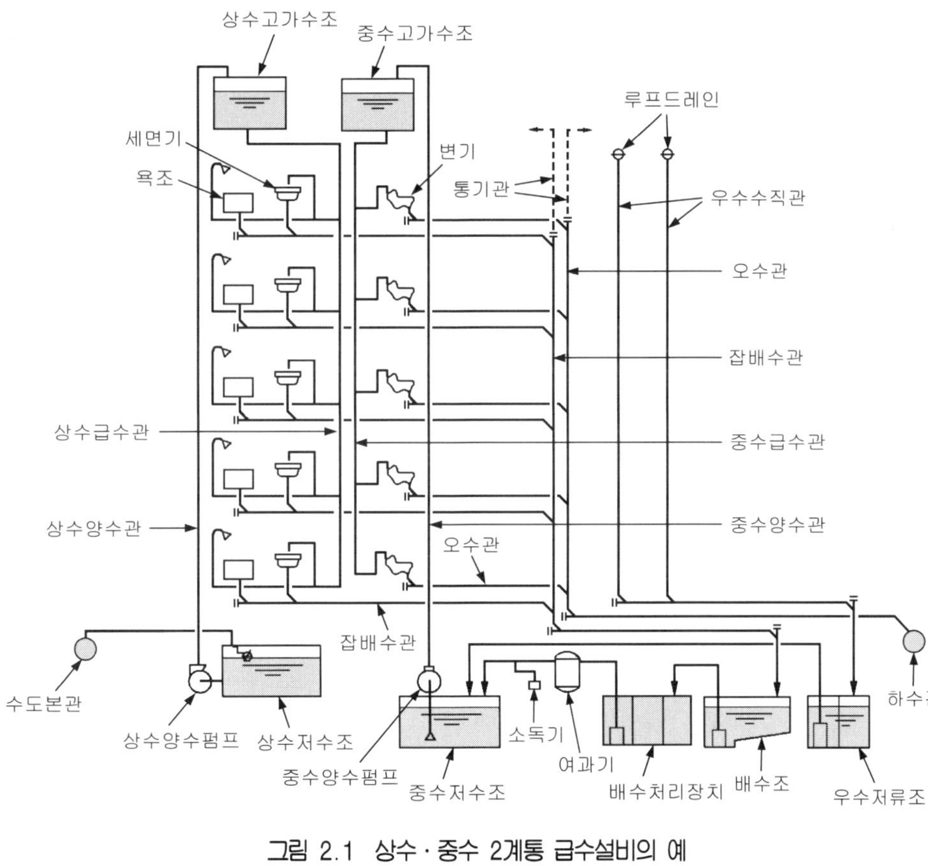

그림 2.1 상수 · 중수 2계통 급수설비의 예

또한 우수는 상수만큼 깨끗하지 않지만 중수로서는 충분히 이용 가능하므로 별도의 처리를 거치지 않고 그대로 중수로 이용되고 있음을 알 수 있다.

한편, 그림 2.1에는 급수설비 이외에도 배수관 및 통기관이 함께 표현되어 있는데, 이에 대한 내용은 제4장에서 설명하기로 한다.

상수와 중수 2계통의 급수설비가 설치되는 건물에서는 중수가 상수로 사용되는 일이 없도록 주의해야 한다. 예를 들어 중수가 사용되는 잔디의 살수용 또는 세차용의 수도꼭지(수전)에는 「이것은 음료용이 아닙니다」와 같은 주의판을 붙일 필요가 있으며, 증축과 개축 시에 실수로 상수배관과 중수배관이 접속되지 않도록 각 배관의 색을 달리 하는 등의 주의가 필요하다.

(3) 적수(赤水, 녹물)

「(1) 공급수의 조건」에서도 그 중요성을 언급했듯이, 급수설비의 가장 중요한 사명은 언제나 위생적으로 안전한 물을 공급하는 것이며, 따라서 급수를 위한 배관 및 기기들은 항상 깨끗한 상태를 유지하고 있어야 한다. 그러나 건물 준공 후 일정 기간이 지나게 되면 필연적으로 설비의 노후화가 이루어지며 그로 인해 수도꼭지(수도전, 급수전)로부터 녹물(적수)이 나오는 경우가 발생한다.

적수 발생의 가장 큰 원인은 배관의 부식이다. 급수배관으로는 강관에 아연을 도금한 아연도강관(亞鉛鍍鋼管, 아연도금강관)이 주로 이용되었는데, 아연도강관은 일정 기간이 지나면 도금한 아연이 벗겨지면서 철 부분이 노출되고 그 부분에 녹이 발생하여 적수가 생성된다. 적수 문제를 해결하기 위해서는 노후된 수도관을 교체해야 하는 것은 물론이지만, 지금까지 많이 이용된 아연도강관이 아닌 동관이나 스테인리스강관 또는 염화비닐라이닝강관과 같이 부식의 염려가 없는 배관으로 시공할 필요가 있으며, 현재 국내 건설현장에서도 이러한 추세가 이루어지고 있다.

(4) 급수설비 설계순서

급수설비의 설계는 먼저 건물의 규모, 용도, 사용인원, 사용시간과 같은 건물 개요를 파악한 후, 건물의 예상 거주 인원수 등으로부터 1일 급수량을 산정한다. 이때 건물에서 상수만을 사용하지 않고 잡용수(중수)도 같이 이용할 경우에는 상수 및 잡용수의 1일 급수량을 각각 산정한다.

1일 급수량을 파악한 후에는 건물의 규모 및 용도에 따라 적절한 급수방식, 급수조닝을 결정하고, 급수설비를 구성하는 기기와 배관의 설계를 행하는 것이 일반적인 설계순서이다. 그림 2.2에 급수설비 설계순서의 예를 나타낸다.

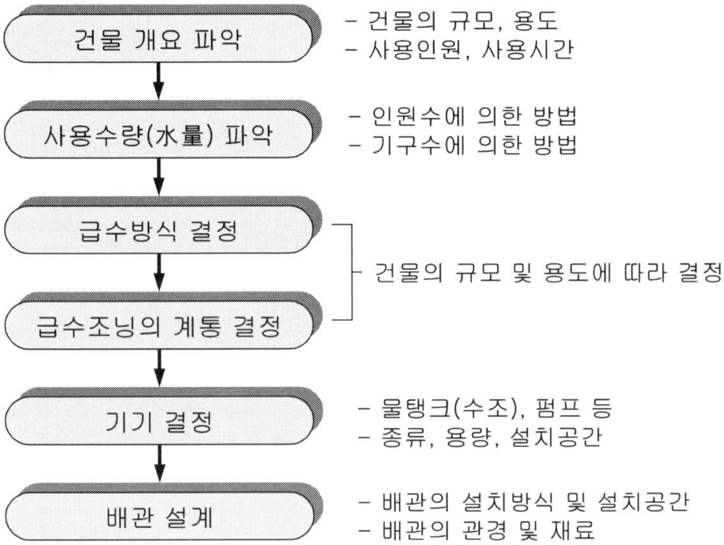

그림 2.2 급수설비 설계순서의 예

2. 사용수량(급수량)

건물 내에서 음료, 취사, 위생용 등으로 사용하기 위해 공급되는 물의 양을 사용수량(水量) 또는 급수량이라 하는데, 건물의 종류와 규모, 설비내용에 따라 달라진다. 특히 주택, 병원 등은 건물의 수준에 따라서 급수량도 변하므로 사전에 조사 및 협의를 거쳐 산정을 해야 하지만, 일반적으로는 건물에 거주할 것으로 추정되는 인원수에 의한 방법 또는 건물에 설치될 급수용 기구수에 의한 방법에 의해 급수량을 산정한다. 인원수에 의한 방법은 표 2.1에 나타나 있는 건물 종류별 1인당 사용수량 및 1일 평균사용시간에 의거해서 필요한 급수량을 산정하는 것이고, 기구수에 의한 방법은 표 2.2에 나타나 있는 각 위생기구별 사용량과 사용횟수 및 표 2.3의 기구의 동시사용률을 이용하는 것이다.

한편 급수전(수도꼭지), 샤워기, 대·소변기 등과 같은 위생기구에 공급하는 급수 이외에도, 건물에 따라서는 냉방용으로 이용되는 냉각수 및 발전기용 냉각수, 그리고 수영장이 설치되어 있는 곳에서는 수영장 보급수 등을 필요에 따라 가산해야 한다.

표 2.1 건물 종류별 1인당 사용수량, 사용시간 및 인원

건물종류	1일 평균 사용수량 [l/d.인]	1일 평균 사용시간 [h/d]	사 용 자	유효면적당 인원 [인/m²]	유효면적/연면적 [%]
사 무 소	100~120	8	근무자 1인당	0.2	55~60
병 원	고급 1,000 이상	10	1병상당	1병상당 3.5인	45~48
	중급 500 이상				
	기타 250 이상				
극 장	30	5	객석 1인당		53~55
영 화 관	10	3	연인원에 대해	1객석당 1.5인	
백 화 점	3	8	손님 1인당	1.0	55~60
	100		점원 1인당		
점 포	100	7	점원 1인당	0.16	
	160		점포 내 거주자 1인당		
식 당	15	7	손님 1인당	1.0	
주 택	160~200	8~10	거주자 1인당	0.16	50~53
고급주택	250	8~10	거주자 1인당	0.16	42~45
아 파 트	160~250	8~10	거주자 1인당	0.16	45~50
호 텔	250~300	10	손님 1인당	0.17	
초등,중학교	40~50	5~6	학생 1인당	0.14~0.25	58~60
고교 이상	80	6	학생 1인당	0.1	
	100		교사 1인당		
연 구 소	100~200	8	직원 1인당	0.06	
도 서 관	25	6	열람자 1인당	0.4	
공 장	60~140		1교대 1인당	좌식(座式)작업 0.3	
	(남 80, 여 100)			입식(立式)작업 0.1	

표 2.2 각종 위생기구의 유량, 사용횟수 및 접속관 관경

기 구 종 류	1회당 사용량 [l/회]	1시간당 사용횟수 [회/h]	순간 최대유량 [l/min]	접속관 관경 [mm]
대변기(세정밸브)	13.5~16.5	6~12	110~180	25
대변기(세정탱크)	15	6~12	10	15
소변기(세정밸브)	4~6	12~20	30~60	20
소변기(세정탱크)(2~4인용)	9~18	12	8	15
소변기(세정탱크)(5~7인용)	22.5~31.5	12	10	15
세 면 기	10	6~12	10	15
싱크류(15mm 수전)	15	6~12	15	15
싱크류(20mm 수전)	25	6~12	15~25	20
욕 조	125	6~12	25~30	20
샤 워 기	24~60	3	12~20	15~20

표 2.3 기구의 동시사용률 [%]

기구 종류 \ 기구수	1	2	4	8	12	16	24	32	40	50	70	100
대변기(세정밸브)	100	50	50	40	30	27	23	19	17	15	12	10
일 반 기 구	100	100	70	55	48	45	42	40	39	38	35	33

【주】 표에 없는 기구수의 경우는 표에 있는 기구수를 기준으로 비례배분하여 정한다.

(1) 인원수에 의한 방법

계획단계부터 대상 인원을 명확히 파악할 수 있는 경우에는 그 수치를 이용하여 각 급수량을 계산할 수 있으나, 대부분의 경우 계획단계에서 대상 인원을 명확히 파악할 수 없으므로 먼저 식 2.1을 이용하여 대상 인원을 개략 산정한 후 급수량을 예측한다.

1) 대상 인원

$$N = A \times k \times n \tag{2.1}$$

N : 대상 인원 [인]

A : 건물 연면적 [m^2]

k : 연면적 대비 유효면적 비율 (표 2.1)

n : 유효면적당 인원 [인/m^2] (표 2.1)

식 2.1에서 유효면적이란 건물 내에서 거주자가 상주하는 공간을 의미한다. 예를 들어 화장실, 복도, 계단실 등은 거주자가 상주하는 공간이 아니므로 유효면적에서 제외된다.

2) 1일 급수량

각 건물에서 하루 동안 사용하는 급수량을 나타낸다.

$$Q_d = N \times q_d + Q_c \tag{2.2}$$

Q_d : 1일 급수량 [l/d]

N : 대상 인원 [인] (식 2.1)

q_d : 건물 종류별 1인 1일 급수량 [l/d.인] (표 2.1)

Q_c : 기기류 보급수량 [l/d]

1일 급수량을 산정할 때 필요한 계산 항목 중 하나인 기기류 보급수량의 대표적인 것으로 냉각탑 보급수량이 있는데, 냉각탑 순환수량의 2% 정도를 보급수량으로 고려하여 다음의 식으로 계산하는 것이 일반적이다.

$$Q_c = Q_{CRT} \times R_t \times 0.02 \times 60 \times T \qquad (2.3)$$

Q_c : 냉각탑 보급수량 [l/d]

Q_{CRT} : 냉각탑 순환수량 [l/min.USRT]

R_t : 냉각탑 용량 [USRT]

T : 냉각탑 1일 사용시간 [h/d]

위 식에서 냉각탑 순환수량은 건물의 냉방용으로 설치하는 냉동기의 용량에 따라 정해지는 것으로, 냉동기가 압축식인 경우는 냉동기 용량 1USRT당 13l/min, 흡수식인 경우는 16l/min 정도가 순환된다. 냉동기, 냉각탑 및 냉각탑 순환수량에 대한 상세한 내용은 관련문헌을 참고하기 바란다.

한편, 식에서 상수 0.02는 앞서 설명한 바와 같이 냉각탑 보급수량이 냉각탑 순환수량의 2% 정도가 되기 때문이고, 60은 냉각탑 순환수량의 시간 단위인 분(min)과 냉각탑 1일 사용시간에서의 시간 단위인 시(h)를 맞추기 위한 숫자이다.

3) 시간 평균급수량

건물의 사용시간 동안 매시간의 평균적인 급수량을 나타낸다.

$$Q_h = Q_d \ / \ T \qquad (2.4)$$

Q_h : 시간 평균급수량 [l/h]

Q_d : 1일 급수량 [l/d] (식 2.2)

T : 1일 건물 사용시간 [h/d] (표 2.1)

4) 시간 최대급수량

건물의 사용시간 중 물 사용량이 가장 많은 시간대의 급수량을 나타내는 것으로, 대개 점심시간대 등이 이에 해당된다.

$$Q_m = Q_h \times (1.5 \sim 2.0) \qquad (2.5)$$

Q_m : 시간 최대급수량 [l/h]

Q_h : 시간 평균급수량 [l/h] (식 2.4)

5) 순간 최대급수량

건물에서 순간적으로 사용수량이 집중될 때의 급수량을 나타낸 것이며, 따라서 시간 단위가 아닌 분 단위로 산정한다.

$$Q_p = Q_h \times (3.0 \sim 4.0) \,/\, 60 \qquad (2.6)$$

Q_p : 순간 최대급수량 [l/min]

Q_h : 시간 평균급수량 [l/h] (식 2.4)

(2) 기구수에 의한 방법

해당 건물에 계획되어 있는 위생기구의 개수, 즉 세면기, 대변기, 소변기, 샤워기 등의 수효에 따라 급수량을 예측하는 방법이다. 인원수에 의한 방법에서는 1일 급수량을 산정한 후에 시간 평균급수량을 산정했으나, 이 방법에서는 시간 평균급수량을 산정한 후에 1일 급수량을 산정하게 된다.

1) 시간 평균급수량

$$Q_h = \sum (Q_e \times N_h) \qquad (2.7)$$

Q_h : 시간 평균급수량 [l/h]

Q_e : 기구별 1회당 사용수량 [l/회] (표 2.2)

N_h : 1시간당 기구 사용횟수 [회/h] (표 2.2)

2) 1일 급수량

$$Q_d = Q_h \times T + Q_c \qquad (2.8)$$

Q_d : 1일 급수량 [l/d]

Q_h : 시간 평균급수량 [l/h] (식 2.7)

T : 1일 건물 사용시간 [h/d] (표 2.1)

Q_c : 기기류 보급수량 [l/d]

3) 시간 최대급수량

$$Q_m = Q_h \times (1.5 \sim 2.0) \qquad (2.9)$$

Q_m : 시간 최대급수량 [l/h]

Q_h : 시간 평균급수량 [l/h] (식 2.7)

4) 순간 최대급수량

$$Q_p = \sum (Q_r \times N_e) \times \eta \qquad (2.10)$$

Q_p : 순간 최대급수량 [l/min]

Q_r : 기구의 순간 최대유량 [l/min] (표 2.2)

N_e : 설치기구수

η : 동시사용률 (표 2.3)

식 2.10에서 동시사용률이란, 어느 건물에 위생기구가 여러 개 설치되어 있을 경우 그 기구들이 동시에 사용되는 비율을 나타낸 것이다. 따라서 표 2.3에 나타나 있는 바와 같이 기구의 개수가 1개일 때는 동시사용률의 개념이 적용되지 않아 100%가 되지만, 기구의 개수가 많아질수록 동시에 사용되는 기구의 수가 적어지므로 동시사용률도 작아진다.

이상과 같은 방법으로 산정하게 되는 각 급수량은 일반적으로 다음과 같은 요소를 산정하는 데 이용된다.

① 1일 급수량
- 저수조 용량의 산정

② 시간 평균급수량
- 수도본관으로부터 건물 안으로의 급수관 인입 관경의 산정
- 고가수조 용량의 산정

③ 시간 최대급수량
- 고가수조방식에서의 양수펌프 용량 산정

④ 순간 최대급수량
- 건물 내 급수관의 관경 산정
- 압력수조방식 및 펌프직송방식에서의 급수펌프 용량 산정

【예제 2.1】

연면적 10,000m²인 사무소건물에 필요한 1일 급수량, 시간 평균급수량, 시간 최대급수량, 순간 최대급수량은 어느 정도인가? 선정된 냉동기는 압축식냉동기이고 용량은 300USRT라고 가정한다.

풀이

건물종류와 연면적을 알고 있으므로 인원수에 의한 방법으로 구한다.

(1) 1일 평균 사용시간은 8시간으로 한다(표 2.1).

(2) 1인 1일 평균 사용수량은 120l로 한다(표 2.1).

(3) 연면적 대비 유효면적은 60%로 한다(표 2.1). 따라서 유효면적은 10,000[m²]×0.6=6,000 [m²]

(4) 인원 산정은 0.2인/m²로 한다(표 2.1). 따라서 6,000[m²]×0.2[인/m²]=1,200 [인]

(5) 1일 급수량 산출

- 인원에 대한 급수량=120[l/d.인]×1,200[인]=144,000 [l/d]
- 냉각탑 보급수량 Q_r

  압축식냉동기의 경우 1USRT당 약 13l/min의 냉각수가 순환되고, 냉각수 순환량의 2% 정도가 냉각탑 보급수로 공급되므로, 식 2.3에서

  Q_c=300[USRT]×13[l/min.USRT]×0.02×60[min/h]×8[h/d]=37,440 [l/d]

  ∴ 1일 급수량 Q_d=144,000[l/d]+37,440[l/d]=181,440 [l/d]

(6) 시간 평균급수량 산출(식 2.4)

Q_h=181,440[l/d] / 8[h/d]=22,680 [l/h]

(7) 시간 최대급수량 산출(식 2.5)

Q_m=22,680[l/d]×2.0=45,360 [l/h]

(8) 순간 최대급수량 산출(식 2.6)

Q_p=22,680[l/h]×4.0/60[min/h]=1,512 [l/min]

【예제 2.2】

어느 건물에 대변기(세정밸브식) 100개, 소변기(세정밸브식) 100개, 세면기 30개, 청소싱크(15mm 수전) 10개, 샤워기 50개가 계획되어 있다. 이 건물의 1일 급수량, 시간 평균급수량, 시간 최대급수량, 순간 최대급수량을 추정하시오. 이 건물의 1일 사용시간은 8시간으로 하고, 여름철의 냉각탑 보급수량은 1일 50,000l로 가정한다.

풀이

표 2.2를 이용한 기구수에 의한 방법으로 산정하며, 표의 값이 일정 범위에 걸쳐 있는 것은 그중 최대값을 기준으로 산정하기로 한다.

(1) 시간 평균급수량 산출(식 2.7)

Q_h=16.5[l/회]×12[회/h]×100[개](대변기)+6[l/회]×20[회/h]×100[개](소변기)+10[l/회]×12[회/h]×30[개](세면기)+15[l/회]×12[회/h]×10[개](청소싱크)+60[l/회]×3[회/h]×50[개](샤워기)=46,200 [l/h]

(2) 1일 급수량(식 2.8)

Q_d=46,200[l/h]×8[h/d]+50,000(냉각탑 보급수)=419,600 [l/d]

(3) 시간 최대급수량(식 2.9)

Q_m=46,200[l/h]×2.0=92,400 [l/h]

(4) 순간 최대급수량

기구의 순간 최대유량(표 2.2)과 동시사용률(표 2.3)을 고려하여 산정하며, 이 때 기구의 동시사용률은 세정밸브식 대변기와 기타 기구가 다르므로 별도로 고려하여 산정하도록 한다. 또, 표 2.3에는 기구수가 100개까지만 나타나 있는데, 본 예제에서는 대변기는 100개이고 일반기구수는 190개이므로 대변기의 동시사용률은 10%로 하고, 일반기구의 동시사용률은 추정에 의해 30%로 하기로 한다.

· 대변기(세정밸브) : Q_p=180[l/min]×100[개]×0.1=1,800 [l/min]

· 기타기구 : Q_p={60[l/min]×100[개](소변기)+10[l/min]×30[개](세면기)+15[l/min]×10[개](청소싱크)+20[l/min]×50[개](샤워기)}×0.3=2,235 [l/min]

∴ 순간 최대급수량 Q_p=1,800+2,235=4,035 [l/min]

표 2.3에 나타나 있듯이, 본서에서는 기구의 동시사용률을 세정밸브형 대변기와 그 외 기구의 두 종류로 나누어서 제시하고 있으나, 문헌에 따라서는 이 두 가지를 구별하지 않고 모든 기구의 개수에 따른 동시사용률을 나타내고 있기도 하다. 동일한 개념으로, 본 예제의 풀이에서는 대변기(세정밸브)와 기타 기구의 동시사용률을 별도로 고려하여 순간 최대급수량을 산정하고 있으나, 이 두 종류의 동시사용률인 10%와 30%의 평균값 또는 가중평균값으로 순간 최대급수량을 산정하기도 한다. 대변기의 동시사용률 10%와 기타 기구의 동시사용률 30%의 단순 평균값인 20%를 동시사용률이라고 한다면, 본 예제에서의 순간

최대급수량은

Q_p={180[l/min]×100[개](대변기)+60[l/min]×100[개](소변기)+10[l/min]×30[개](세면기)+15[l/min]×10[개](청소싱크)+20[l/min]×50[개](샤워기)}×0.2=5,090 [l/min]가 된다.

3. 급수방식

건물 내 급수설비의 급수방식에는 일반적으로 수도직결방식, 고가수조방식, 압력수조방식, 펌프직송방식의 4종류가 있으며, 건물의 용도, 규모, 입지조건 등에 따라 최적의 방식을 선정하게 되나, 이 방식들이 병용되는 경우도 있다.

(1) 수도직결방식

상수도사업소와 같은 공공기관에서 공급하고 있는 상수의 공급압에 의해 급수하는 방식으로, 가장 위생적으로 물을 공급할 수 있다. 상수의 공급압만으로 급수하는 것이 일반적이나, 최근에는 건물 내의 급수관 도중에 증압(增壓)펌프를 개재시켜 고층의 건물에도 급수가 가능하도록 하는 방식도 검토되고 있다. 증압펌프가 포함된 시스템을 함께 고려할 경우 기존의 방식을 수도직결 직압(直壓)방식, 증압펌프가 포함된 방식을 수도직결 증압(增壓)방식으로 분류하고 있다.

1) 수도직결 직압방식

수도본관으로부터 건물 안으로 상수를 끌어오는 급수관 이외에는 물을 저장하는 시설(저수조 및 고가수조)도, 물을 공급하는 시설(펌프)도 불필요하므로 시설비 및 위생적인 면에서 가장 유리한 반면, 단수가 되었을 때 물 공급이 중단되는 단점이 있다. 또, 상수도사업소와 같은 공공기관에서 부여하는 수압에는 한계가 있기 때문에 이 방식은 2~3층 이하의 소규모 건물 또는 주택에서 적용된다.

그림 2.3에 수도직결 직압방식의 개념도를 나타낸다.

수도본관을 통해 지나가는 상수는 건물이 위치해 있는 지역에 따라 공급압력에 차이가 있게 되며, 또 같은 지역이라 해도 물 사용량이 특히 많은 여름철에는 각 건물에 공급하는 공급압력이 저하될 수 있으므로, 이 방식을 채택할 때에는 해당 지역 행정기관을 통해, 수도본관에서 각 건물로 급수관이 분기되는 지점에서의 여름철 수도관 압력을 조사하고, 다음 식에 의해 급수가 가능한지를 검토해야 한다.

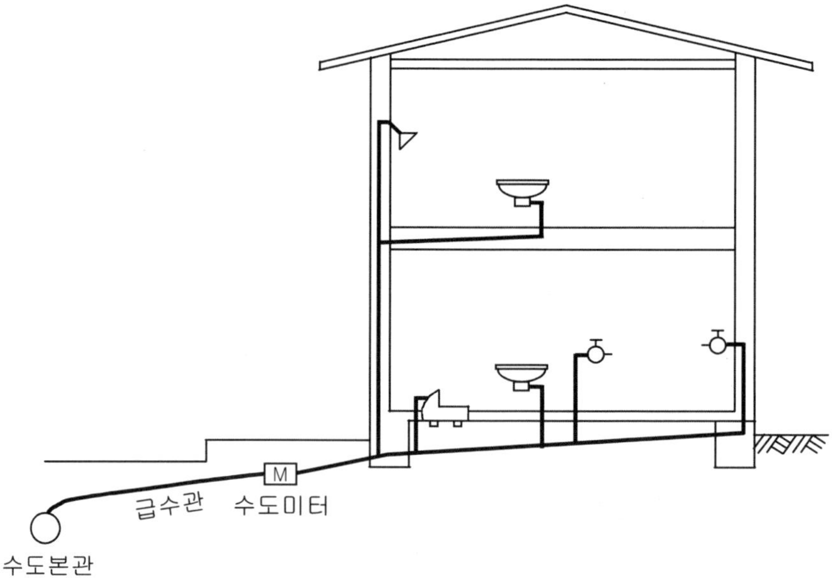

그림 2.3 수도직결 직압방식 개념도

$$P \geq P_1 + P_2 + P_3 \tag{2.11}$$

P : 수도본관의 압력 [kg/cm²]

P_1 : 수도본관에서부터 최상부에 있는 기구까지의 높이에 상당하는 압력 [kg/cm²]

P_2 : 수도본관에서부터 최상부에 있는 기구까지의 배관, 밸브, 수도미터 등과의 마찰 등으로 인한 압력손실 [kg/cm²]

P_3 : 최상부에 있는 기구의 최소필요압력 [kg/cm²]

상기 내용 중 기구의 높이에 상당하는 압력(P_1)이 있는데, 예를 들어 1kg/cm²란 1cm²의 면 위에 1kg의 물체가 놓여 있을 때 그 면이 받는 압력을 의미한다(「제1장 4. (2) 1) 압력의 의미」 참조). 면 위에 놓여 있는 물체가 밑면적 1cm²인 물이라고 가정한다면 그 물의 높이가 10m일 때에 1kg이 된다. 즉 1kg/cm²의 압력이란 높이 10m인 물기둥이 내리누르는 힘과 동일한 것으로, 이것은 역으로 말하면 1kg/cm²의 압력을 가지고 수도관을 지나고 있는 물이라면 10m 정도의 높이까지는 펌프의 힘을 빌리지 않고 스스로 올라갈 수 있다는 뜻이 된다. 따라서, 가령 수도본관으로부터 최상부에 있는 기구까지의 높이가 7m라면 상기 식에서 P_1은 0.7kg/cm²가 된다. 마찰 등으로 인한 압력손실(P_2)이란 물이 배관, 밸브 등을 통과하는 과정에서 배관의 표면과 접촉하면서, 또 밸브나 곡관부 등을 통과하면서 앞으로 전진할 수 있는 힘이 점점 빠지게 되는 현상을 말한다. 이것은 우리가 아무런 장애물이 없는 넓은 운동장을 달릴 때에 비해 몸 하나가 겨우 빠져나갈 수 있을 정도의 좁은 통로를 달릴 때가 훨씬 더 힘이 들고, 직선부를 달릴 때보다 곡선부를 달릴 때가 더 힘이 드는 것과 같은 이치이다. 「제1장 4. (3) 저항」에서 설명했듯이, 이 압력손실은 배관 내면의 거칠기, 밸브의 내부구조, 배관계의 구성형태 등에 따라 값이 달라지는데, 배관 내면이 거칠고 밸브 등의 내부구조가 복잡할수록, 또 곡관부가 많을수록 그 값은 커진다. 압력손실의 산정방법에 대해서는 「4. (2) 3) 양정」에서 설명하기로 한다.

「1. (1) 공급수의 조건」에서도 언급했듯이 각 기구를 통해 물이 공급될 때 적절한 수압이 확보되지 않으면 물이 잘 나오지 않게 되어 기구로서의 기능을 발휘하지 못하게 된다. 따라서 각 기구마다 그 기구의 기능을 유지하기 위한 최소한의 압력을 확보해야 하는데 이것을 기구의 최소필요압력이라 하며, 상기 식 2.11의 P_3가 이것을 나타낸다. 표 2.4에 기구의 최소필요압력을 나타낸다.

표 2.4 기구의 최소필요압력

기구	최소필요압력 [kg/cm²]
세면기, 싱크 등의 일반수전	0.3
세정밸브형 대·소변기	0.7
샤 워 기	0.7
가스 순간온수기	0.4~0.8

【예제 2.3】

그림과 같은 급수방식에서 2층에 있는 샤워기에 급수가 원활하게 이루어지게 하기 위해서 수도본관의 압력은 최소 어느 정도 필요한가? 단, 샤워기까지의 수도미터, 배관 등과의 마찰 등으로 인한 손실압력은 0.4kg/cm²로 가정한다.

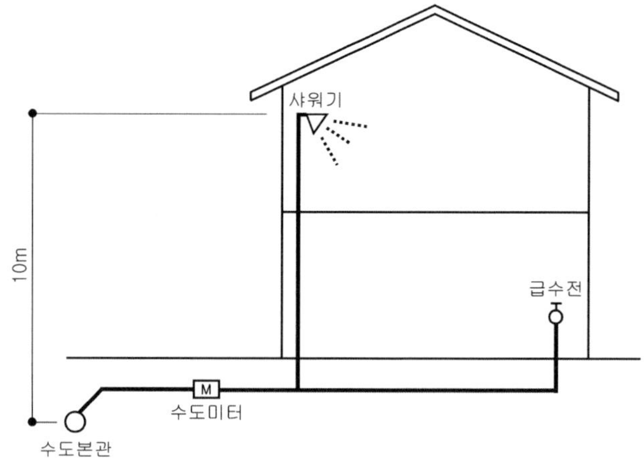

풀이

표 2.4에서 샤워기의 최소필요압력은 0.7kg/cm^{2}이고, 수도본관에서 샤워기까지의 높이 10m는 1.0kg/cm^{2}의 압력에 해당한다. 또, 수도본관에서 샤워기까지의 수도미터, 배관 등과의 마찰 등으로 인한 손실압력은 0.4kg/cm^{2}로 가정하였으므로, 식 2.11에서 수도본관의 최소필요압력 $P=1.0+0.4+0.7=2.1$ [kg/cm^2]가 된다.

2) 수도직결 증압방식

그림 2.4에 나타나 있는 바와 같이, 수도본관으로부터 건물 안으로 분기되는 급수관 도중에 증압펌프를 설치하여 건물 내 필요 장소에 급수하는 방식이다.

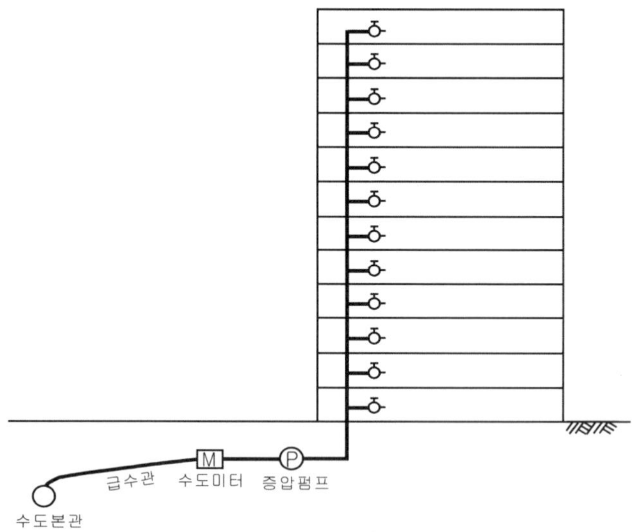

그림 2.4 수도직결 증압방식 개념도

기존의 수도직결 직압방식과 마찬가지로 저수조 및 고가수조가 필요하지 않으므로 수질의 악화를 방지할 수 있고, 상수의 공급압을 유지하면서 추가로 증압을 하는 것이므로 펌프에서 사용하는 에너지의 절약을 도모할 수 있다.

이 방식은 수도직결 직압방식에 비해 대규모 고층건물에도 적용할 수 있으나, 물을 저장하는 시설이 없기 때문에 일시적으로 다량의 물을 사용할 가능성이 있는 학교와 같은 건물이나 단수의 영향을 크게 받을 수 있는 병원과 같은 건물에는 적용하기가 어렵다.

(2) 고가수조방식

상수도 본관으로부터의 공급수를 건물 지하실에 설치된 저수조에 일단 저장해 두고, 주기적으로 고가수조로 양수한 후 고가수조로부터 화장실, 주방 등 필요 개소에 중력식으로 하향 급수하는 방식이다. 아파트를 비롯해서 3층 이상의 일반적인 건물에 많이 적용해 왔으나 위생적인 물 공급이 중요시되면서 이 방식은 점차 감소하고 있다. 그림 2.5에 고가수조방식의 개념도를 나타낸다.

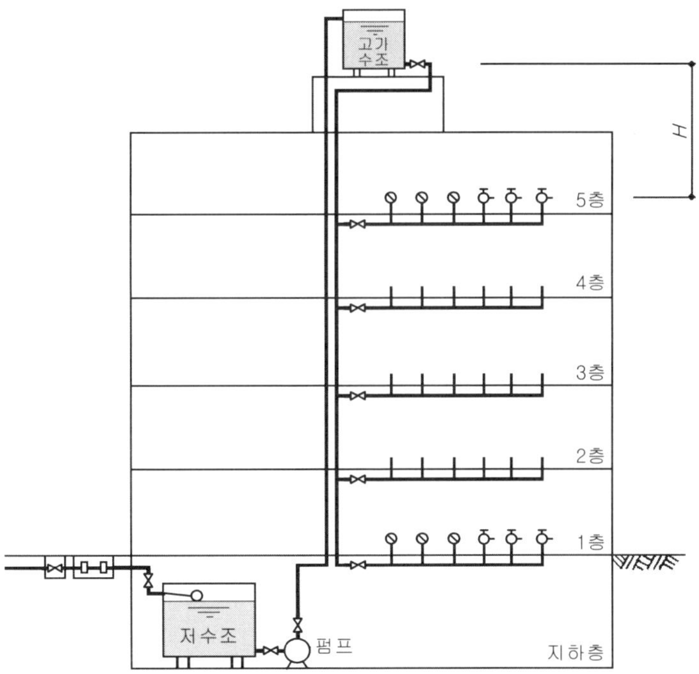

그림 2.5 고가수조방식 개념도

이 방식은 건물에 단수가 발생했을 때에도 지하저수조 및 옥상의 고가수조에 저장되어 있는 물을 사용할 수 있으며, 취급이 용이하고 고장이 적고, 또 중력에 의해 공급되므로 수도꼭지 등으로부터 나오는 물의 급수압력이 항상 일정하다는 장점이 있다. 반면 저수조와 고가수조가 설치되므로 설비비가 커지고, 건물의 높은 곳에 무거운 고가수조를 설치하게 되므로 구조적 · 미관적으로 문제가 있으며, 또 수조 자체의 오염 및 수조 내에서의 물의 정체로 인해 수질오염의 염려가 크다는 단점이 있다. 고가수조방식은 옥상 등에 설치되는 고가수조로부터 중력작용에 의해 물이 공급되므로, 건물의 최상부에 있는 위생기구(수도꼭지, 샤워기 등)와 고가수조와의 높이차가 충분하지 않으면 그 기구가 필요로 하는 최소필요압력(표 2.4)을 만족시킬 수 없는 경우가 있다. 따라서 안정적이고 원활하게 급수를 하기 위해 고가수조는 다음 식에 의한 높이 H가 확보되어야 한다. 여기에서 H는 그림 2.5에 나타내는 바와 같이, 고가수조와 위생기구를 연결하고 있는 급수관과 최고 높이에 설치되는 기구(아파트나 주택의 경우 주로 샤워기)와의 높이차를 나타낸다.

$$H \geq H_1 + H_2 \tag{2.12}$$

H : 건물의 최상부에 있는 기구로부터 고가수조 저수위면(低水位面, 통상 고가수조와 위생기구를 연결하는 급수관의 설치 위치)까지의 높이 [m]

H_1 : 건물의 최상부에 있는 기구의 최소필요압력에 상당하는 높이 [m] (표 2.4)

H_2 : 고가수조에서부터 최상부 기구까지의 배관마찰 등으로 인한 압력손실 수두(水頭) [m]

고가수조의 필요 높이 H를 산정할 때 고가수조와 위생기구를 연결하는 급수관의 높이를 기준으로 하는 것은, 고가수조 내 수면 높이에 따라 각 위생기구에서의 수압이 달라지며(수면이 높을수록 물의 양이 많아지며 따라서 더 무겁게 누르게 되므로 수압은 커짐), 따라서 가장 수압이 약하게 되는 수면을 기준으로 최소 필요높이를 산정해야 각 기구에서 최소로 필요로 하는 수압 이상의 압력이 확보되기 때문이다.

식 2.11에서 설명했듯이 압력의 단위 kg/cm^2와 물의 높이(수두)의 단위 m와는 $1kg/cm^2=10m$의 관계가 있으므로, 식 2.12에서의 H_1을 산정하기 위해 표 2.4의 값을 대입할 때는 $1kg/cm^2=10m$의 관계식을 적용하면 된다.

【예제 2.4】

그림과 같이 최상층에 급수전이 있을 때 고가수조의 저수위면(급수관 연결면)과 급수전과는 최소 어느 정도의 거리(그림에서 *H*)가 필요한가? 단, 고가수조에서부터 급수전까지 물이 통과하면서 발생하는 배관마찰 등에 의한 손실압력은 $0.2kg/cm^2$로 한다.

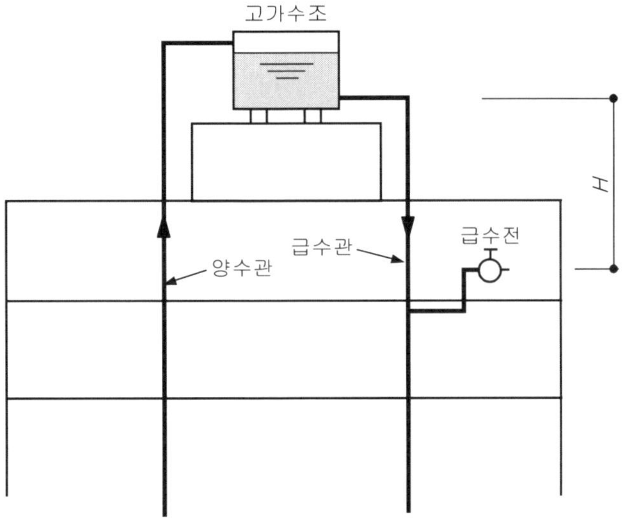

풀이

표 2.4에서 급수전의 최소필요압력은 $0.3kg/cm^2$이므로 수두(水頭)로는 3m가 되며, 고가수조에서부터 급수전까지의 배관마찰 등에 의한 손실압력 $0.2kg/cm^2$는 2m 높이에 해당되므로 고가수조 저수위면과 급수전과의 최소필요거리는 식 2.12로부터 $H=3+2=5$[m]이다.

(3) 압력수조방식

상수도 본관으로부터의 물을 저수조에 저장시킨 후 급수한다는 면에서는 고가수조방식과 동일하지만, 본 방식은 지하공간과 같이 고가수조를 설치할 만한 장소가 없거나, 건축디자인상 옥상에 수조를 설치하기 어려울 경우에 채택된다. 압력수조는 공기를 채워놓은 밀폐용기로서, 이 수조에 펌프로 물을 보내 수조 내의 공기를 압축시켜 압력을 올린 후 그 압력으로 필요 개소에 급수한다.

고가수조가 없으므로 건물의 구조상 및 미관상 유리하며, 가정용과 같은 소규모 건물에서는 설비비도 저렴하다. 반면, 펌프의 on/off 작동 횟수가 많아서 고장이 심하고, 수조 내 압력이 변동되므로 급수압력이 변화하는 단점이 있다. 이와 같은 단점과 함께, 뒤에 언급하는 펌프직송방식을 적용하면 고가수조를 설치할 필요가 없어

압력수조방식 본연의 장점도 퇴색되었으며, 이에 따라 최근에는 이 방식을 채택하는 건물은 거의 없는 실정이다. 그림 2.6에 압력수조방식의 개념도를 나타낸다.

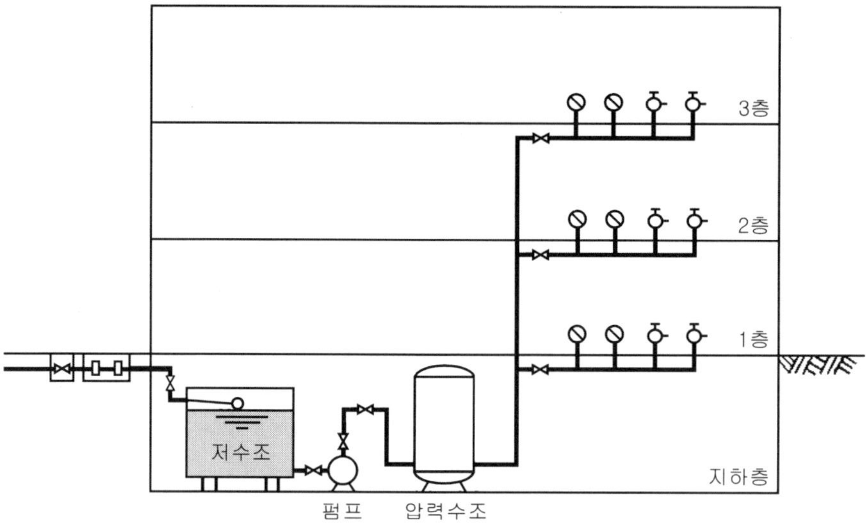

그림 2.6 압력수조방식 개념도

이 방식에서 가장 중요한 요소인 압력수조는 그 기능을 수행하기 위해 내부에 항상 일정 압력을 유지하고 있어야 하며, 그 압력은 다음 식을 만족시켜야 한다.

$$P \geq P_1 + P_2 + P_3 \qquad (2.13)$$

P : 압력수조의 최소필요압력 [kg/cm²]

P_1 : 압력수조에서부터 최상부에 있는 기구까지의 높이에 상당하는 압력 [kg/cm²]

P_2 : 압력수조에서부터 최상부에 있는 기구까지의 배관마찰 등으로 인한 압력손실 [kg/cm²]

P_3 : 최상부에 있는 기구의 최소필요압력 [kg/cm²] (표 2.4)

(4) 펌프직송방식(부스터방식)

수도직결방식이 상수도관(수도본관)으로부터 직접 건물의 필요 장소에 물을 공급하는 방식임에 반해, 펌프직송방식은 그림 2.7과 같이 저수조에 저장되어 있는 물을 펌프를 이용하여 필요 장소로 급수하는 방식으로 부스터방식이라고도 불리고 있다.

수도직결방식에서 언급한 수도직결 증압방식과 유사하나 이 방식은 지하저수조로부터 공급한다는 점에서 다르다. 건물 내에서는 물 사용량이 시시각각 변하게 되는데 그때마다 센서에 의해 사용량을 감지하여 펌프의 회전수를 변화시켜 송수량을 조절하거나, 펌프의 운전대수를 변화시켜 송수량을 조절하는 방식을 취하고 있다. 전자를 변속(變速)운전방식, 후자를 정속(定速)운전방식이라 하며, 실제 운전에서는 이 두 방식을 조합하여 운용하는 것이 일반적이다. 변속방식 중에는 펌프의 회전수를 변화시켜 급수량을 조절하는 인버터(inverter) 제어방식이 널리 이용되고 있는데, 인버터 제어에 의한 변속방식은 펌프 가동으로 인한 전기사용량을 상당히 절감할 수 있어 에너지절약의 유력한 방법 중의 하나로 주목받고 있다.

중력식이 아닌 상향공급임에도 급수압력의 변화가 거의 없고, 고가수조가 없어 위생면에서 우수하여, 설비비면에서 약간 불리한 점이 있음에도 불구하고 주택 외의 건물에서는 가장 일반화되고 있는 방식이다.

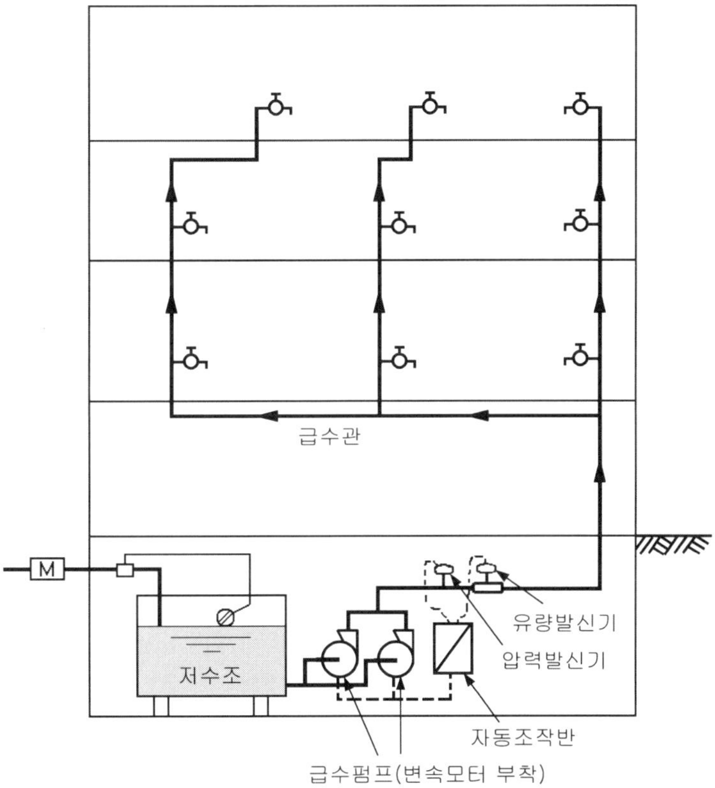

그림 2.7 펌프직송방식 개념도

이상과 같은 각 급수방식의 특징 및 장단점을 표 2.5에 나타낸다.

표 2.5 각 급수방식의 비교

구 분	수도직결방식		고가수조방식	압력수조방식	펌프직송방식
	수도직결 직압방식	수도직결 증압방식			
수질오염 가능성	1	1	3	2	2
급수압력의 변화	수도본관의 압력에 따라 변화	거의 일정	거의 일정	변화 큼(압력수조 출구에 압력수조 조정밸브 설치하면 거의 일정)	거의 일정
단수 시 급수	3	3	1	2	2
	불가능	불가능	저수조와 고가수조에 남아 있는 물을 이용 가능	저수조에 남아 있는 물을 이용 가능	저수조에 남아 있는 물을 이용 가능
정전 시 급수	1	3	2	3	3
	전혀 문제없음	불가능	고가수조에 남아 있는 물을 이용 가능	불가능	불가능
기기의 설치공간	1	2	5	4	3
	불필요	증압펌프 등 상수의 증압을 위한 기기의 설치공간 필요	기계실 내에 저수조 및 펌프 등의 설치공간, 옥상에 고가수조 설치공간 필요	기계실 내에 저수조, 압력수조, 펌프 등의 설치공간 필요	기계실 내에 저수조, 펌프 등의 설치공간 필요
설비비 (초기투자비)	1	3	3	2	3
	기기가 없으므로 가장 저렴	증압펌프 유닛을 위한 비용 필요	저수조, 고가수조 및 양수펌프의 비용 필요	저수조 및 압력수조 유닛의 비용 필요	저수조 및 직송펌프 유닛의 비용 필요
유지관리	1	2	3	4	4
	거의 필요없음	증압펌프 유닛의 점검이 필요	저수조 및 고가수조의 보수점검과 청소가 필요	저수조의 보수점검과 청소, 그리고 압력수조 및 가압펌프의 점검조정이 필요	저수조의 보수점검과 청소, 그리고 직송펌프 유닛의 점검조정이 필요
적용 건물	2~3층 이하의 소규모 건물	중소규모 건물	중대규모 건물	소규모 건물	중대규모 건물

【주】 숫자가 표기되어 있는 것은 작을수록 유리한 것임.

한편, 대부분의 건물에서는 위와 같은 4가지 방식 중 한 가지를 급수방식으로 채택하게 되나, 일부 건물에서는 이 방식들을 병용하는 경우도 있다. 고층건물에서 아래 「(5) 급수조닝」에서 설명하는 조닝을 고려하여 고층부를 고가수조방식으로, 저층부를 펌프직송방식으로 구성한 예를 그림 2.8에 나타낸다.

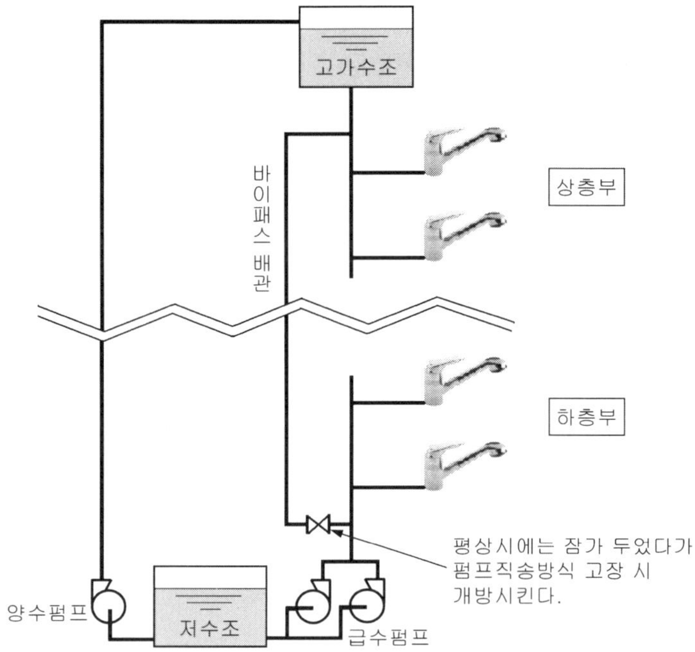

그림 2.8 고가수조 · 펌프직송 병용방식의 예

(5) 급수조닝(zoning)

이미 언급했듯이, 각 기구에 공급되는 급수의 압력이 충분하지 않으면 기구의 기능을 발휘할 수 없게 되므로 표 2.4와 같이 기구별로 최소필요압력을 확보해야 한다. 한편 급수압력이 지나치게 커지면 기구로부터 물이 너무 세게 나와 튀게 되고, 배관 내 유속이 빨라져서 소음이 커지며, 배관 및 기구에 지나친 압력을 가하게 되므로 배관과 기구의 수명이 짧아지는 등의 부작용이 있게 된다.

건물에서는 어떠한 급수방식을 채택하더라도 최하층이 가장 높은 압력으로 급수가 되고 최상층은 가장 낮은 압력으로 급수가 되므로 급수설계를 할 때에는 최상층을 기준으로 최소필요압력이 확보되도록 해야 하는데, 그 결과로서 낮은 층일수록 급수압력이 커져서 물 흐르는 소리라든가 수격작용(水撃作用, water hammer)의 문제가 발생된다. 따라서, 특히 고층건물인 경우 급수계통을 단일계통으로 하게 되면 하부층에서는 상당한 급수압을 받게 되므로 상기와 같은 피해가 발생된다.

지나친 급수압력으로 인한 피해 중, 특히 소음의 문제는 24시간 사용하는 건물인 주거시설, 그중에서도 공동주택에서는 건물의 질을 떨어뜨리는 요인이 되므로 건물의 어느 층에서도 과대한 수압이 되지 않도록 해야 한다. 일반적으로 급수압력은 호텔, 아파트 등과 같은 생활공간은 3~4kg/cm², 기타 용도의 건물은 4~5kg/cm²로 제한하고 있다. 즉, 호텔, 아파트 등에서는 30~40m 높이, 기타의 경우는 40~50m 높이로 구분하여 급수계통을 분리하게 된다. 이와 같이 급수의 계통을 분리하는 것을 급수조닝이라 하며, 분리 방법으로는 중간수조 또는 감압밸브를 설치하는 것이 일반적이다. 그림 2.9와 그림 2.10에 고가수조방식에서의 급수조닝의 예를 나타낸다.

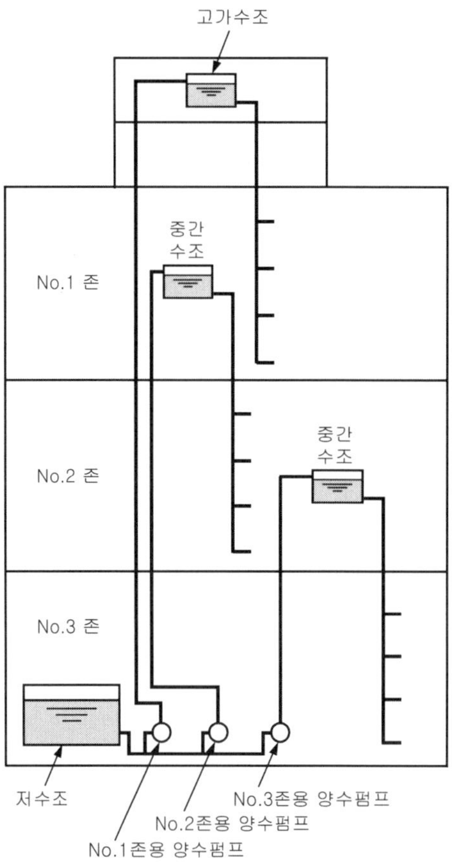

그림 2.9 중간수조에 의한 급수조닝

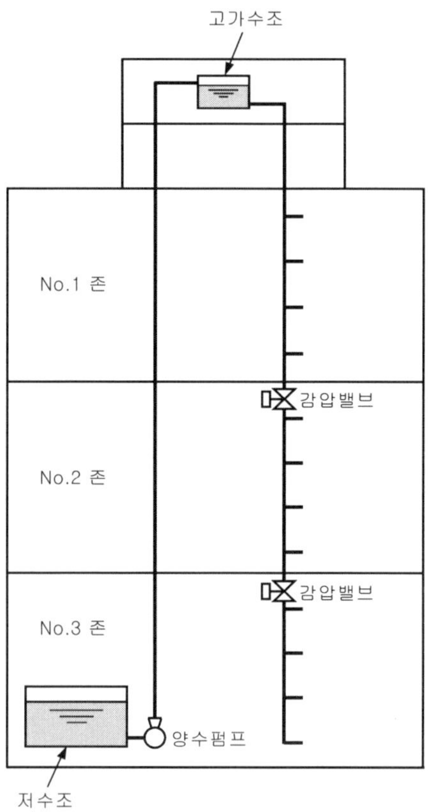

그림 2.10 감압밸브에 의한 급수조닝

그림 2.9는 건물의 옥상뿐 아니라 적절한 중간층에 중간수조를 설치하는 것이고, 그림 2.10은 급수 수직관 도중에 감압밸브를 설치하여 급수압을 낮추는 방법이다. 두 방법 모두 효과는 동일하므로 어느 방식을 적용해도 관계없지만, 아파트와 같은 공동주택의 경우 대부분 각 층의 평면적 배치를 동일하게 하고 있어 특정층에 중간수조를 설치하기가 곤란하므로 그림 2.10의 감압밸브에 의한 급수조닝을 채택하는 것이 일반적이다.

한편, 이미 언급한 바와 같이 최근에는 급수방식 중 펌프직송방식이 많이 적용되고 있는데, 펌프직송방식에서의 급수조닝은 그림 2.11과 같이 이루어진다.

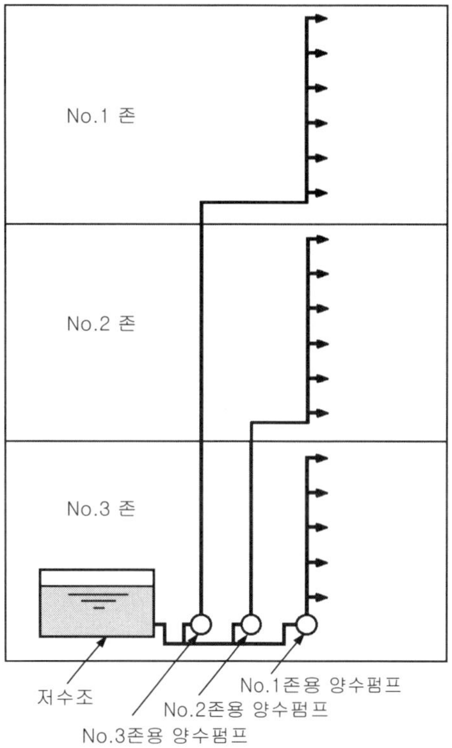

그림 2.11 펌프직송방식에서의 급수조닝

4. 기기·재료

(1) 수조(저수조, 고가수조)

1) 구조 및 재료

예전의 저수조는 그림 2.12에 나타나 있는 바와 같이 건물의 바닥슬래브 하부 구조체의 일부를 이용한 경우가 많았으나, 이러한 저수조는 외부로부터의 점검이 불가능하고 배수가 흘러들어 갈 염려가 있으므로 위생상 바람직하지 못했다. 따라서 지하에 설치되는 요즈음의 저수조는 대부분 그림 2.13과 같은 기준에 따라 설치하고 있다. 지하층은 지하수가 스며들어올 수 있으므로 그림과 같이 바닥 및 벽으로부터 일정 거리 이상의 간격을 두도록 하고 있다. 한편 고가수조는 지하에 설치되는 것이 아니므로 바닥 및 벽으로부터의 간격에 대한 규정은 없다. 그러나 이 경우에도 수조 주위를 점검할 수 있는 공간은 확보될 수 있도록 벽으로부터 떨어뜨려 설치하는 것이 바람직하다.

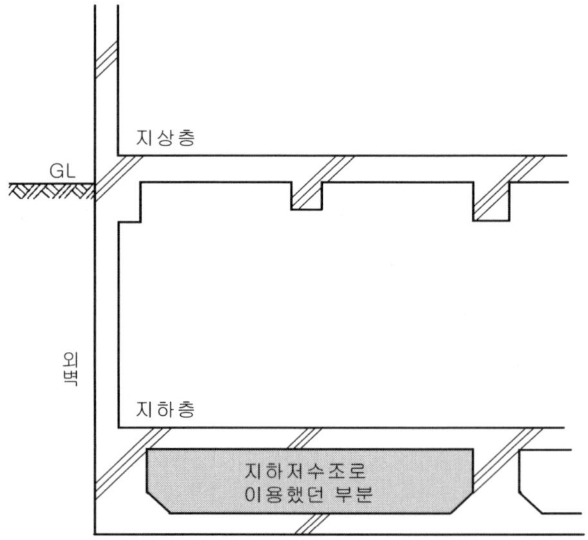

그림 2.12 예전의 지하저수조 설치의 예

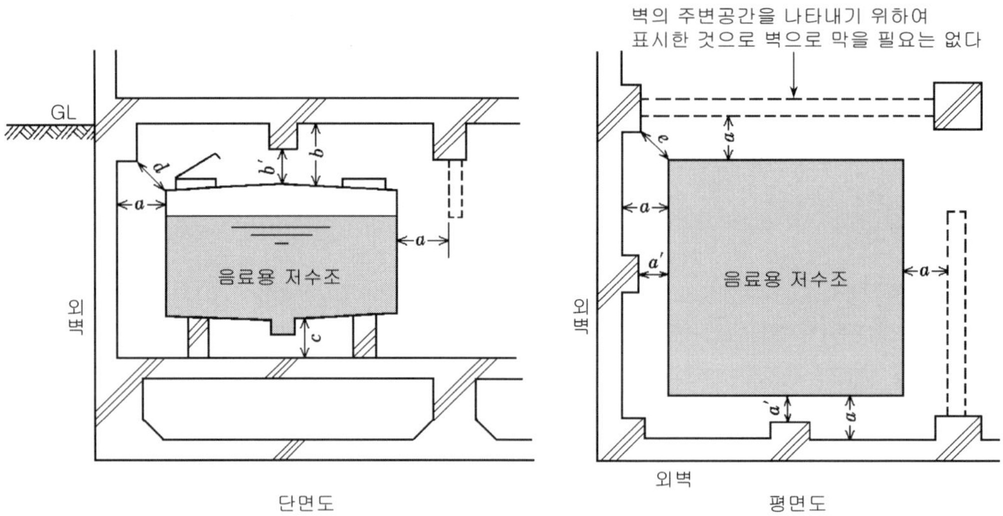

【주】 a, b, c 모두 보수 · 점검이 용이한 거리를 확보할 것(표준적으로는 a와 c는 60cm 이상, b는 100cm 이상). a′, b′, d, e는 보수 · 점검에 지장이 없는 거리로 할 것.

그림 2.13 저수조 설치기준

수조의 재료로는 FRP(Fiber Reinforced Plastic, 강화플라스틱), 강판, 스테인리스강판, 목재 등이 사용되고 있으나, 위생적 측면에서 현재 FRP와 스테인리스강판이 많이 사용되고 있다. 수조는 보수, 점검 및 청소를 고려해서 2개의 수조를 붙여 놓은

2조식으로 하거나, 수조 내부에 중간벽을 두어 한쪽씩 청소 및 점검을 할 수 있도록 하는 것이 바람직하다. 그림 2.14에 FRP로 제작된 수조(물탱크)의 형상을 나타낸다.

그림 2.14 수조(물탱크) 형상

2) 용량

수도본관으로부터 물을 항상 대량으로 공급받을 수 있다면 수조는 크게 할 필요가 없다. 필요 이상으로 수조가 커서 물이 수조 안에 장시간 체류하게 되면 소독약의 역할을 하는 잔류염소량이 증발하면서 줄어들어 바람직한 수질을 유지할 수 없기 때문이다.

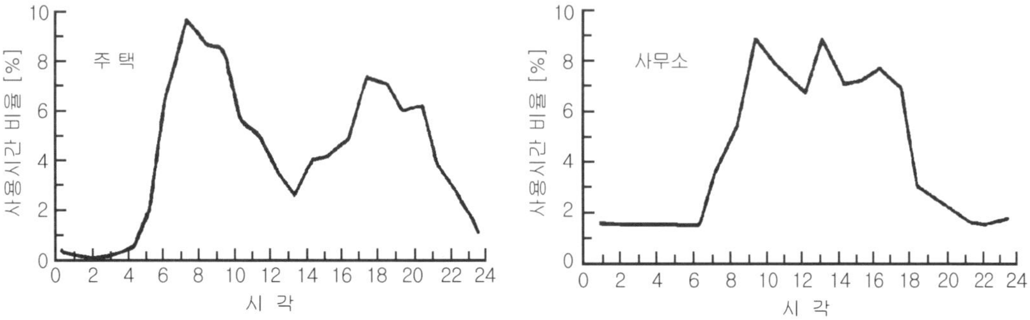

그림 2.15 시각별 물 사용량의 변화(주택, 사무소)

그러나 건물 내에서의 물 사용량은 그림 2.15의 예에서 알 수 있듯이 시간에 따라 변화하게 되고, 또한 건물에서의 순간 최대급수량을 수도본관으로부터 확보하는 것은 어렵기 때문에 일정 규모의 수조를 설치하는 것이 필요하다.

저수조 용량은 수도본관의 급수능력과 관계가 있어서 수도본관의 급수능력이 크면 저수조는 작아도 된다. 그러나 일반적으로 수도본관의 급수능력은 수도본관의 압력에 따라 달라지는 등 정확한 수량을 파악하기가 힘들며 수도본관에서의 단수 염려도 있기 때문에, 실무적으로는 건물 1일 급수량의 1/2 정도를 저수조 용량으로 하는 것이 일반적이다. 한편, 단수의 염려가 큰 곳은 1일 급수량만큼을 적용하는 경우도 있다.

고가수조의 용량은 저수조에서 고가수조로 송수하는 양수펌프의 용량과 관계가 있어서, 양수펌프의 용량이 크면 고가수조는 작아도 되고 반대로 고가수조 용량이 크면 양수펌프를 작게 할 수 있다. 일반적으로는 건물에서의 1일 사용수량의 1/8~1/10, 즉 시간 평균급수량 정도를 고가수조 용량으로 정하고 있다.

(2) 펌프

펌프란 물과 같은 액체를 이송하기 위한 것으로, 외부로부터 동력(예를 들어, 전기)을 받아 액체에 에너지를 부여하면서, 낮은 곳에 있는 액체를 높은 곳으로 올려보내거나 또는 낮은 압력의 액체를 높은 압력을 가진 액체로 만들어 주는 기기이다. 예를 들어 급수설비의 경우 지하저수조로부터 고가수조 또는 각 위생기구까지 물을 보내는 역할을 하는 것이 펌프이다.

1) 종류

펌프의 능력(용량)을 나타내는 주요 요소로 수량(유량)과 양정이 있다. 수량은 물을 소정의 위치에 어느 정도 많이 보낼 수 있는가를 나타내는 것이고, 양정(揚程)은 물을 어느 정도 높이까지 또는 멀리까지 보낼 수 있는가를 나타내는 것이다. 펌프는 내부구조에 따른 종류에 따라 이 두 가지 요소, 즉 수량과 양정의 상대적인 크기에 차이가 있다. 예를 들어 농업용수를 공급하기 위한 펌프라면 높은 건물에 공급하는 것이 아니기 때문에 양정에 비해 수량을 크게 할 수 있는 펌프를 선정하는 것이 바람직하다.

이와 같이 각 용도에 따라 적절한 종류의 펌프를 선정하게 되는데, 급수설비를 비롯한 건축설비에서 이용되는 펌프는 대부분 벌루트(volute)펌프라고 불리는 것이다. 이 펌프의 작동 원리는 그림 2.16에 나타나 있는 바와 같이 날개(임펠러, impeller)를 회전시켜 펌프 내부로 들어온 물에 원심력을 부여하여 토출시키는 것이다. 이는 선풍기 날개가 회전하면서 바람을 전방으로 보내는 것과 같은 원리로 생각할 수 있다.

벌루트펌프는 펌프를 작동원리에 따라 분류했을 때의 한 종류이며, 펌프는 이와 같은 작동원리 이외에도 다음과 같이 분류하고 있다. 먼저, 그림 2.16에 나타나 있는 것과 같은 날개 부분이 한 개만 있는 것을 단단(單段)펌프(그림 2.17), 복수로 있는 것을 다단(多段)펌프(그림 2.18)라 하는데, 다단펌프는 날개 부분이 많을수록 더 높이까지 또는 더 멀리까지 물을 보낼 수 있다. 그림 2.19에 다단펌프의 원리를 나타낸다. 그림에서 알 수 있듯이, 날개가 많이 있을수록 더 높은 곳까지 또는 더 먼 곳까지 물을 보낼 수 있게 된다.

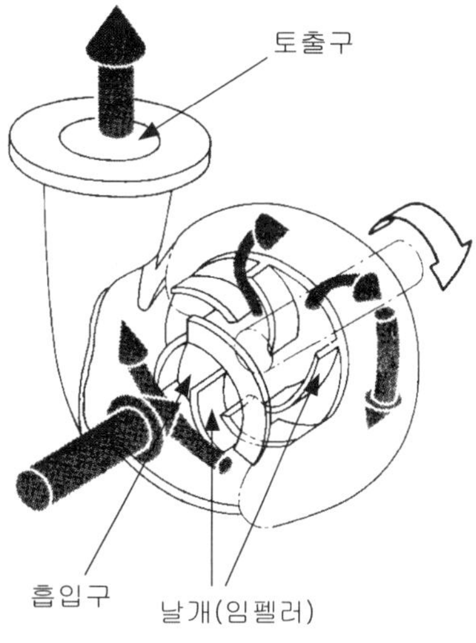

그림 2.16 벌루트펌프의 원리

그림 2.17 단단 벌루트펌프

그림 2.18 다단 벌루트펌프

그림 2.19 다단펌프의 원리(출전 : 續・百万人の空氣調和, オーム社)

펌프의 축방향에 따라서는 그림 2.17 및 2.18과 같이 누워 있는 형태인 횡형(橫型)과 그림 2.20과 같이 서 있는 형태인 입형(立型)으로 구분하고 있으며, 설치면적이 충분하지 않을 경우에는 입형이 유리하다. 설치장소에 따라서는 지면에 설치하는 육상(陸上)펌프와 액체 속에 설치하는 수중(水中)펌프로 분류하고 있는데, 대부분의 급수설비에서는 육상펌프가 이용되지만, 땅속의 지하수를 끌어올릴 경우 수중펌프를 적용하는 경우가 있다. 이는 지하수 위치가 일정 깊이 이상이 되면 펌프의 원리상 지면에 설치한 펌프로는 지하수를 끌어올리는 것이 불가능하기 때문이다. 그림 2.21에 수중펌프의 모습을 나타낸다.

그림 2.20 입형펌프 형태 및 설치 모습

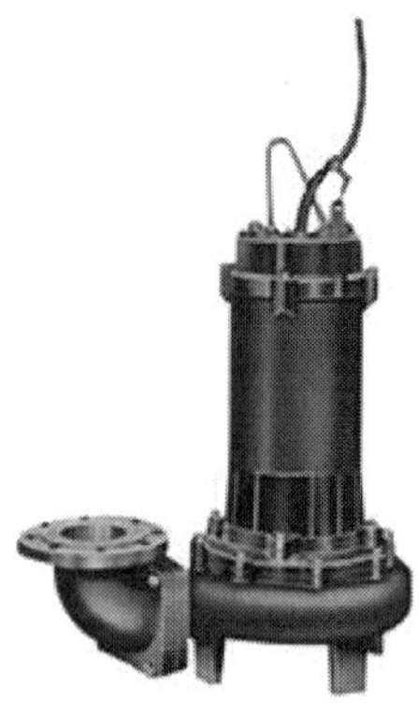

그림 2.21 수중펌프

2) 유량

각 건물의 급수설비에 필요한 펌프는 그 펌프가 보내야 할 유량과 보내야 할 위치에 관한 양정에 의해 산정하게 되는데, 펌프의 유량에 대해서는 급수방식에 따라 다음과 같은 산정기준에 따라 정해지게 된다.

① 고가수조방식

일반적으로 고가수조를 20~30분 정도에 만수(滿水)시킬 수 있는 능력으로 하고 있으며, 고가수조의 용량은 「(1) 2) 용량」에서 설명한 바와 같이 통상 각 건물의 1일 급수량의 1/8~1/10, 즉 시간 평균급수량으로 하고 있다. 따라서 어느 건물의 1일 급수량을 산정했더니 10,000*l* 가 되었다면 고가수조의 용량은 약 1,000*l* 로 산정할 수 있고, 양수펌프의 용량은 1,000/(20~30)=(33~50)*l*/min로 산정할 수 있다.

② 수도직결 증압방식 및 펌프직송방식

각 건물에서의 순간 최대급수량 이상으로 한다. 건물의 순간 최대급수량은 「2. 사용수량(급수량)」에 나타나 있는 산정방법에 의해 산정한다. 따라서 앞의 「① 고가수조방식」에서와 마찬가지로 어느 건물의 1일 급수량을 산정했더니 10,000*l*가 되었다면 그 건물에서의 시간 평균급수량은 약 1,000*l*/h가 되고, 순간 최대급수량은 1,000×4/60≒67*l*/min가 되므로 수도직결 증압방식 및 펌프직송방식에서의 펌프 용량은 67*l*/min 이상으로 선정할 수 있다.

3) 양정

펌프가 물과 같은 액체를 목적지에 보내고자 할 때 어느 정도 높이까지 또 어느 정도 멀리까지 보낼 수 있는가를 나타내는 것을 양정(揚程)이라 했는데, 양정의 의미가 높이 또는 거리에 관한 것이므로 그 단위는 m가 된다. 한편, 양정은 원래의 의미가 올라가는 정도를 나타내는 것이므로 어느 펌프의 물에 대한 양정이 10m라고 한다면 그 펌프는 물을 10m 위로 올릴 수 있는 힘을 가지고 있다는 것을 의미하며, 따라서 물의 진행방향이 수직방향이 아니고 수평방향이라면 10m보다 훨씬 멀리까지 보낼 수 있게 된다.

또한 동일한 펌프라 해도 그 펌프가 많은 물을 보내고자 할 때와 적은 물을 보내고자 할 때는 유량에 대한 부담이 다르므로 양정도 달라진다. 즉, 동일한 펌프가 많은 물을 보낼 때는 적은 물을 보낼 때보다 더 낮은 높이까지만 송수가 가능해지므로 양정이 작게 된다.

펌프의 양정에는 물을 몇 m 높이까지 올릴 수 있는가 하는 실양정(實揚程)과 배관 속을 흐르면서 배관 내벽과의 마찰 등으로 인하여 발생하는 손실양정, 그리고 물의 속도에 대한 속도양정이 있으며, 이 세 가지를 합한 것을 전양정이라 한다. 식 2.14에 전양정의 계산식을 나타낸다.

$$H = H_a + H_f + H_v \tag{2.14}$$

H : 전양정 [m]

H_a : 실양정 [m]

H_f : 손실양정(손실수두) [m]

H_v : 속도양정(속도수두) [m]

한편, 급수관 말단에 표 2.4와 같은 최소필요압력이 필요한 기구가 설치되어 있다면 그 기구에서의 토출압력도 펌프의 전양정에 포함되며, 따라서 식 2.14의 전양정 식은 식 2.15와 같이 확장된다.

$$H = H_a + H_f + H_v + H_p \tag{2.15}$$

H_p : 기구의 최소필요압력에 해당하는 수두 [m]

식 2.14와 식 2.15에서 속도양정(H_v)은 배관계통에 물이 흡입될 때와 배관계통에서 물이 토출될 때의 속도수두의 차에 대한 것으로서 다음의 식으로 표현된다.

$$H_v = H_{vd} - H_{vs} = \frac{v_d^{\,2} - v_s^{\,2}}{2g} \tag{2.16}$$

H_v : 속도양정 [m]

H_{vd} : 토출관 속도수두 [m]

H_{vs} : 흡입관 속도수두 [m]

v_d, v_s : 토출관과 흡입관에서의 유속 [m/s]

배관계통에서 흡입부의 배관경과 토출부의 배관경이 같으면 두 곳에서의 물의 속도도 같게 되므로 식 2.16에 의해 속도양정은 '0'이 된다. 또 흡입부와 토출부의 관경이 다르다 해도 그 값은 작기 때문에 통상 무시된다. 따라서 일반적으로 실양정과 손실양정(손실수두)의 합에 기구의 최소필요압력을 더한 것이 펌프의 전양정이 된다.

① 실양정

그림 2.22에 펌프의 실양정을 나타낸다. 그림 2.22의 (a)는 아래쪽 수조 수면에서 위쪽 수조 상부까지 물을 올려야 하므로 이 두 곳의 높이차가 실양정이 된다. (b)는 배관계 하부에서 'a' 위치까지는 실양정에 포함되지 않는다. 그 이유는 수조 수면에서 배관계 하부까지 물이 가득 차 있으므로 이 물이 내리누르는 힘이 배관계 하부에서부터 'a' 위치까지 물을 올리는 원동력이 되기 때문이다. 「제1장 4. (2) 1) 압력의 의미」에서 압력의 의미를 설명하면서, 시소의 한쪽이 내려가면서 다른 한쪽이 올라가게 되는 것을 예로 나타냈는데, 'a' 위치까지가 실양정에 포함되지 않는 것은 이러한 원리에 의한 것이다. 결국 (b)와 같은 시스템에서의 펌프의 실양정은 배관계 'a' 위치에서부터 'b' 위치까지의 수직거리가 된다.

(c)는 제3장의 급탕설비에서 구성되는 시스템의 예를 나타낸 것으로, 배관계 하부에서부터 최상부까지의 수직거리와 동일한 위치에서부터 물이 배관계를 내리누르고 있으므로 실양정은 없게 된다. 따라서 (c)와 같은 경우의 펌프 양정은 아래에 설명하는 손실양정만 고려하면 된다.

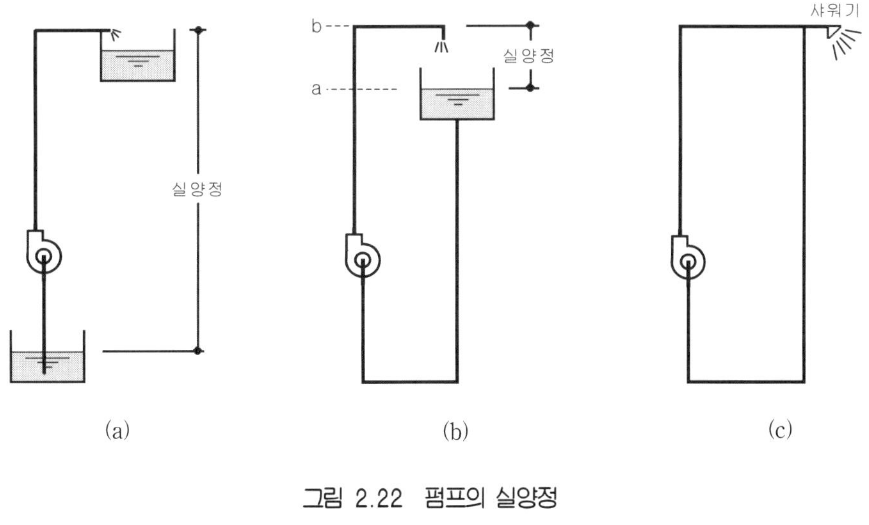

그림 2.22 펌프의 실양정

② 손실양정

식 2.11의 요소 중, 수도본관에서 최상부에 있는 기구까지의 배관, 밸브, 수도미터 등에 의한 마찰 등으로 인한 압력손실이 있었는데, 이에 대한 설명에서 언급했듯이, 예를 들어 저수조에서 나온 물이 수도꼭지나 샤워기까지 배관을 통해 가는 과정에서 그 물과 배관 내벽면과의 마찰로 인하여 물의 흐름이 저하되고, 또 배관계통 중의 곡관부, 분기부, 합류부, 기타 부속기기류 등을 통과하면서 물의 흐름은 여분의 방해를 받게 된다. 이와 같이 물이 배관계통을 흐르면서 물이 가지고 있던 힘 즉 압력의 손실이 발생되는데 이것을 손실양정이라 한다. 손실양정에는 배관 내벽면과의 마찰로 인한 마찰저항과 곡관부 등 국부적인 곳에서의 형태변화에 의한 국부저항이 있다.

㉮ 마찰저항

배관에서의 마찰저항은 다음에 나타내는 다르시-바이스바하(Darcy-Weisbach) 식에 의해 산정된다.

$$\Delta P_f = \lambda \cdot \frac{l}{d} \cdot \frac{v^2}{2g} \cdot \gamma \ [\mathrm{kg/m^2 = mmAq}] \tag{2.17}$$

λ : 배관의 마찰계수

l : 배관의 길이 [m]

d : 배관의 크기(지름) [m]

v : 배관 내 물의 속도 [m/s]

γ : 물의 비중 [kg/m³]

상기 식에서 마찰계수는 배관 내를 흐르는 유체의 형태(층류, 난류), 속도, 배관의 안지름, 배관 내면의 거칠기 정도 등에 따라 달라지는 값으로, 일반적으로는 그림 2.23에 나타내는 무디(Moody)선도(線圖)에서 구할 수 있다.

그림 2.23에서 ϵ는 배관 내면의 거칠기를 나타내는 것으로 강관의 경우 0.05~0.3mm 정도이다. ϵ/d는 상대적인 거칠기로서, 이것은 같은 ϵ라도 배관이 크면 그 내면이 상대적으로 매끈하다는 것을 뜻한다. 또, R_e는 레이놀즈 수(Reynold's number)라고 하는 것으로, 배관 속을 흐르는 유체의 형태(층류, 난류)를 판명하는 요소로 다음의 식으로 나타내어진다.

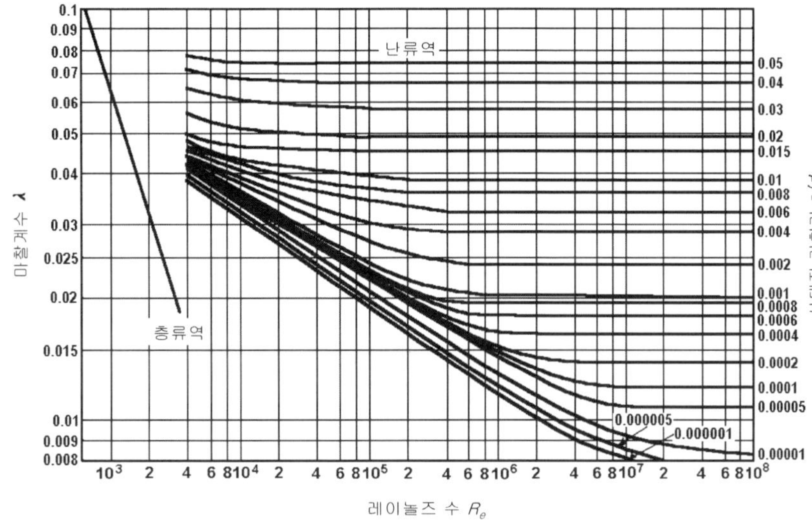

그림 2.23 무디(Moody)선도

$$R_e = \frac{vd}{\nu} \tag{2.18}$$

R_e : 레이놀즈 수
v : 유체의 속도 [m/s]
d : 배관의 지름 [m]
ν : 유체의 동점성계수 [m²/s]

유체의 형태를 나타내는 층류와 난류의 의미는 다음과 같다. 유체가 배관 속을 흐를 때 그 유체 흐름의 형태는 한 가지 형태가 아니고, 유체와 배관 내벽과의 마찰 등으로 인해 그림 2.24와 같이 층류와 난류 그리고 층류에서 난류로 바뀌는 중간적 형태 등이 된다. 층류(層流)란 유체 흐름이 앞으로만 진행되는 형태이고, 난류(亂流)란 앞뿐 아니라 위, 아래, 경우에 따라서는 뒤쪽으로까지 이동되면서 전체적으로 앞 방향으로 진행되는 형태이다. 유체 흐름이 층류인 구역을 층류역, 난류인 구역을 난류역, 중간 구역을 천이역(遷移域)이라 하는데, 유체의 흐름이 층류이냐, 난류이냐에 따라 유체의 열전달을 비롯한 각종 현상이 다르게 된다. 마찰계수, 유체흐름의 형태 등에 대한 보다 상세한 내용은 관련문헌을 참조하기 바란다.

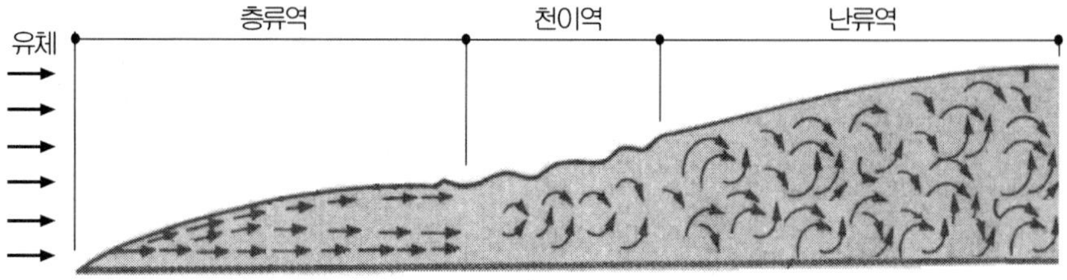

그림 2.24 유체 흐름의 형태

한편, 식 2.17을 구성하는 항목 중에 배관의 크기가 있는데, 급수설계 과정 중 급수관의 크기를 산정하기 위해서는 거꾸로 마찰저항(마찰손실)을 임의로 가정할 필요가 있어, 실무적으로는 상기 식에 의거하지 않고 임의로 가정한 단위길이당 마찰저항 값을 펌프의 양정 계산에 활용하는 것이 일반적이다.

㉯ 국부저항

우리가 운동장을 달릴 때, 앞으로 곧장 달리다가 갑자기 옆으로 가게 되면 순간적으로 속도도 떨어지고 힘도 더 들게 된다. 또 운동장 바닥이 평탄한 경우와 울퉁불퉁한 경우도 힘이 드는 정도가 다르다. 배관 내를 흐르는 물도 마찬가지로, 직관부를 통과하는 경우와 곡관부를 통과하는 경우는 물이 가지고 있는 힘, 즉 압력이 떨어지는 정도가 달라지며, 밸브와 같이 내부구조가 배관에 비해 복잡한 부속기기류를 통과할 때도 직관부를 통과할 때보다 힘이 더 빠지게 된다. 이렇게 물이 직관부 이외의 곳에서 압력이 손실되는 원인이 되는 것을 국부저항이라 하며, 국부저항에 관한 손실양정은 다음 식으로 구해진다.

$$\Delta P_d = \zeta \cdot \frac{v^2}{2g} \cdot \gamma \ [\mathrm{kg/m^2 = mmAq}] \qquad (2.19)$$

ζ : 국부저항계수

v, γ : 식 2.17에서와 동일

상기 식에서 국부저항계수란 국부저항을 일으키게 하는 각 요소들(곡관부, 밸브 등)이 물의 흐름을 어느 정도 저해하는가 하는 정도를 나타내는 값으로서, 국부저항계수가 큰 요소를 통과할수록 물의 압력손실은 더 커진다. 표 2.6에 각 요소들의 국부저항계수를 나타내며, 각 요소들의 형상이나 기능은 후술하기로 한다.

표 2.6 배관계통 내 밸브, 이음류 등의 국부저항계수

명 칭	형 식	국부저항계수
게이트밸브	40A 이하	0.27
	50A 이상	0.18
글로브밸브	40A 이하	15.0
	50A 이상	7.0
앵글밸브	40A 이하	0.27
	50A 이상	0.18
체크밸브	스윙형	2.0
엘 보	90°	0.26
티	분류	1.5
	직류	0.68

마찰저항과 국부저항은 모두 유체 흐름에 대한 저항으로서 유체의 압력손실을 일으키게 하는 요소이므로, 두 요소를 각기 다른 식으로 표현하지 않고 하나의 식으로 나타낼 수 있으면 계산이 용이해진다. 예를 들어 어느 게이트밸브의 국부저항을 계산했더니 200mmAq가 되었고, 또 10m 길이의 직관부에서의 마찰저항을 계산했더니 마찬가지로 200mmAq가 되었다면, 물이 게이트밸브를 통과할 때 발생하는 압력손실과 직관부를 10m 진행할 때 발생하는 압력손실이 동일하므로 10m를 그 게이트밸브의 직관상당길이라고 할 수 있다. 따라서 어느 배관계통의 길이가 50m이고 그 중간에 게이트밸브가 하나 설치되어 있을 경우의 압력손실을 구하고자 한다면 국부저항을 별도로 계산하지 않고 배관의 길이가 50+10=60m라고 가정하여 마찰저항 값만을 구해도 같은 결과가 나오게 된다. 실무적으로는 국부저항의 직관상당길이를 이용하여 배관계통의 압력손실을 구하는 것이 일반적이다. 물론, 같은 종류의 밸브라 해도 그 크기에 따라 국부저항계수가 다르듯이, 국부저항의 직관상당길이도 국부저항의 각 요소별 및 각 크기별로 다양한 값이 나오게 된다.

국부저항의 직관상당길이는 표를 이용하여 편리하게 산정할 수 있다. 표

2.7은 강관용의 이음 및 밸브 등의 직관상당길이를 나타내고 있으며, 표 2.8은 동관용 및 스테인리스강관용에 대한 직관상당길이를 나타내고 있다.

표 2.7 강관용 기기류의 직관상당길이

배관경 [mm]	직관상당길이 [m]							
	90°엘보	45°엘보	90°티(분류)	90°티(직류)	게이트밸브	글로브밸브	앵글밸브	체크밸브
15	0.6	0.36	0.9	0.18	0.12	4.5	2.4	1.2
20	0.75	0.45	1.2	0.24	0.15	6.0	3.6	1.6
25	0.9	0.54	1.5	0.27	0.18	7.5	4.5	2.0
32	1.2	0.72	1.8	0.36	0.24	10.5	5.4	2.5
40	1.5	0.9	2.1	0.45	0.30	13.5	6.6	3.1
50	2.1	1.2	3.0	0.6	0.39	16.5	8.4	4.0
65	2.4	1.5	3.6	0.75	0.48	19.5	10.2	4.6
80	3.0	1.8	4.5	0.9	0.63	24.0	12.0	5.7
100	4.2	2.4	6.3	1.2	0.81	37.5	16.5	7.6
125	5.1	3.0	7.5	1.5	0.99	42.0	21.0	10.0
150	6.0	3.6	9.0	1.8	1.2	49.5	24.0	12.0
200	6.5	3.8	14.0	4.0	1.4	70.0	33.0	15.0
250	8.0	4.2	20.0	5.0	1.7	90.0	43.0	19.0

표 2.8 동관 및 스테인리스강관용 기기류의 직관상당길이

배관경		직관상당길이 [m]							
A	Su	90°엘보	45°엘보	90°티(분류)	90°티(직류)	게이트밸브	글로브밸브	앵글밸브, 풋밸브, 체크밸브	소켓
15	13	0.30	0.18	0.45	0.09	0.06	2.27	2.4	0.09
20	20	0.38	0.23	0.61	0.12	0.08	3.03	3.6	0.12
25	25	0.45	0.30	0.76	0.14	0.09	3.79	4.5	0.14
32	40	0.61	0.36	0.91	0.18	0.12	5.45	5.4	0.18
40	50	0.76	0.45	1.06	0.24	0.15	6.97	6.8	0.24
50	60	1.06	0.61	1.52	0.30	0.21	8.48	8.4	0.30
65	75	1.21	0.76	1.82	0.39	0.24	10.00	10.2	0.39
80	80	1.52	0.91	2.27	0.45	0.30	12.12	12.0	0.45
100	100	2.12	1.21	3.18	0.61	0.42	19.09	16.5	0.61
125	125	2.73	1.52	3.94	0.76	0.52	21.21	21.0	0.76
150	150	3.03	1.82	4.55	0.91	0.61	25.45	26.0	0.91
200	200							33.0	
250	250							43.0	

③ 기구의 최소필요압력

식 2.15에 대한 설명에서 언급했듯이, 펌프로부터 나온 물의 목적지가 어떤 종류의 급수기구인가에 따라 일정 수두(水頭)를 더해 주어야 한다. 예를 들어 펌프로부터 나온 물이 세면기로 가는데 식 2.14에 의한 양정만을 부여받았다면 세면기까지는 가지만 더 이상 힘이 남아있지 않기 때문에 세면기 수전으로부터 나오는 물은 힘없이 나오게 된다. 따라서 펌프의 양정을 계산할 때에는 식 2.14에 표 2.4에 나타나 있는 해당 기구별 최소필요압력을 더해 준 식 2.15를 이용해야 한다.

【예제 2.5】

저수조와 고가수조 간에 다음과 같이 구성되어 있는 배관계에서 펌프의 양정을 산정하시오. 배관의 단위길이당 마찰손실(마찰저항)은 30mmAq/m로 하고 배관계 내 곡관부, 밸브 등에 의한 국부저항의 직관상당길이는 배관길이의 100%로 가정한다. 고가수조로 물이 들어갈 때의 토출압력은 0.1kg/cm²로 가정한다.

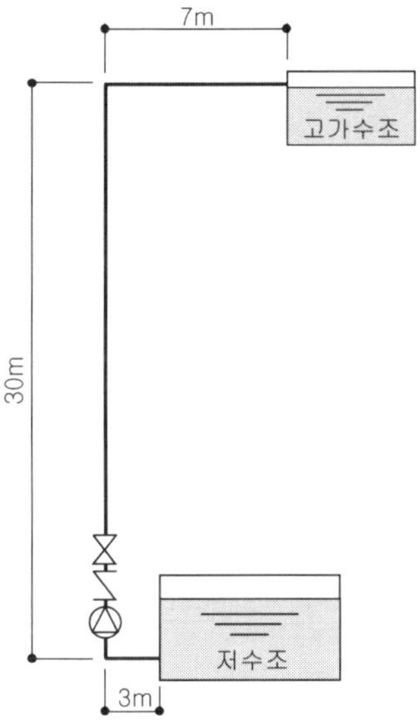

풀이

(1) 실양정 : 저수조의 배관 연결부에서 고가수조의 배관 연결부까지의 수직거리이므로 30m

(2) 손실양정 : 손실양정은 배관계 마찰저항에 의한 것과 국부저항에 의한 것이 있으며, 국부저항은 직관상당길이로 환산하는 것이 일반적이다. 배관의 총 길이는 40m이고, 국부

저항의 직관상당길이는 배관길이의 100%로 가정했으므로 마찬가지로 40m가 된다. 따라서 배관의 총 길이는 80m로 환산할 수 있다. 문제에서 배관의 마찰손실은 1m당 30mmAq로 했으므로 마찰저항 및 국부저항에 의한 손실양정은 80m×0.03m(=30mm)/m=2.4m가 된다.

(3) 속도양정 : 통상 무시된다.

(4) 기구의 최소필요압력 : 고가수조로 들어갈 때의 토출압력을 0.1kg/cm^{2}로 가정했고, 0.1kg/cm^{2}는 수두로는 1m이다.

따라서 펌프의 양정은 실양정+손실양정+기구 최소필요압력=30m+2.4m+1m=33.4m가 된다.

【예제 2.6】

다음과 같이 구성되어 있는 급탕배관계에서 급탕순환펌프의 양정을 산정하시오. 배관의 단위길이당 마찰손실(마찰저항)은 50mmAq/m로 하고 배관계 내 곡관부, 밸브 등에 의한 국부저항의 직관상당길이는 배관길이의 50%로 가정한다.

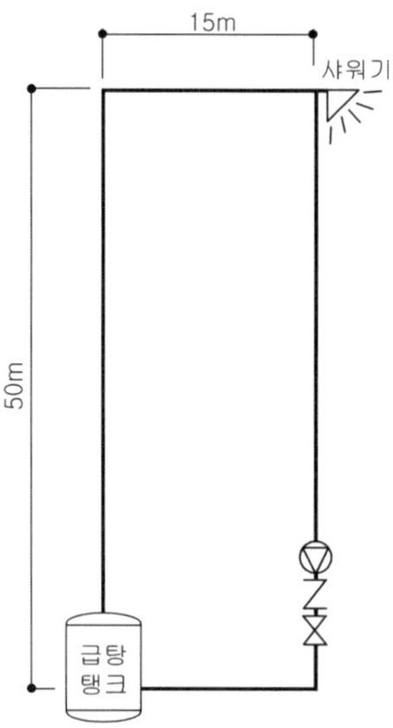

풀이

(1) 실양정 : 그림 2.2의 (c)와 같은 형태이므로 실양정은 '0'이다.

(2) 손실양정 : 예제 2.5에서의 설명과 마찬가지로, 손실양정은 배관계 마찰저항에 의한 것과 국부저항에 의한 것이 있으며, 국부저항은 직관상당길이로 환산하는 것이 일반적이다. 배관의 총 길이는 130m이고, 국부저항의 직관상당길이는 배관길이의 50%로 가정했으므로 65m가 된다. 따라서 배관의 총 길이는 195m로 환산할 수 있다. 문제에서 배

관의 마찰손실은 1m당 50mmAq로 하였으므로 마찰저항 및 국부저항에 의한 손실양정은 195m×0.05m(=50mm)/m=9.75m가 된다.

(3) 속도양정 : 통상 무시된다.

따라서 펌프의 양정은 실양정+손실양정=0m+9.75m=9.75m가 된다.

본 예제에서 펌프는 급탕순환펌프로, 말 그대로 급탕의 순환에만 이용되는 것이므로 샤워기의 최소필요압력은 고려하지 않는다. 샤워기에서의 토출압력은 별도의 시스템으로 고려하며 이에 대해서는 제3장에서 설명하기로 한다.

4) 선정

펌프가 보내야 할 물의 양(유량)과 보내야 할 높이 및 거리(양정)가 결정되면 펌프 제조업체의 카탈로그 등을 통해 펌프를 선정할 수 있다. 앞에서도 설명했듯이, 동일한 펌프라 해도 보내야 할 유량이 많아지면 양정은 작아지고, 역으로 보내야 할 유량이 적으면 더 높이까지 또는 더 멀리까지 보낼 수 있으므로 양정은 커진다. 따라서 유량과 양정을 동시에 고려하여 펌프를 선정하게 된다. 그림 2.25에 펌프 선정의 개념도를 나타낸다.

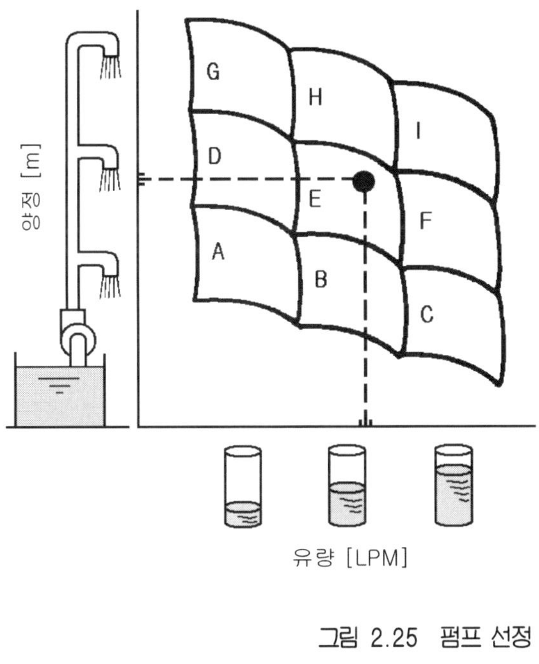

산정된 유량과 양정에 대해 각각 가로축과 세로축의 해당 지점으로부터 선을 그어 만나는 점에 위치한 펌프를 선정한다.

그림 2.25 펌프 선정 개념도

5) 축동력

앞에서 펌프는 전기와 같은 외부 동력의 힘을 받아서 유체에 에너지를 부여하는 기기라고 했는데, 펌프가 필요한 수량을 필요한 곳까지 보내기 위해 필요로 하는 동력을 축동력이라 한다. 펌프의 축동력은 다음 식으로 나타내어진다.

$$P = \frac{QH}{6,120\eta} \tag{2.20}$$

P : 축동력 [kW]

Q : 수량 [l/min, LPM]

H : 전양정 [m]

η : 펌프 효율

식 2.20의 내용 중 펌프 효율은 펌프 작동 시 펌프가 사용하는 전기동력과 실제 펌프가 일을 하는 비율을 나타내는 것으로, 같은 일을 하더라도 효율이 낮으면 전기소비는 더 많아진다. 펌프의 효율은 제조업체에 따라 또 펌프의 기종에 따라 많은 차이가 있으므로 제조업체의 카탈로그를 참고로 해야 하나, 전동기 출력별 개략적인 수치는 표 2.9와 같다.

표 2.9 펌프의 효율

전동기 출력 [kW]	~0.4	0.75~3.7	5.5~15	20~
효 율	0.6	0.8	0.85	0.9

또, 분모에 있는 수치 6,120은 우변 각 항목의 단위와 좌변 축동력의 단위인 kW와의 환산을 위한 값이며, 환산 과정은 다음과 같다. 먼저, 1kW라는 전기는 물리적으로 102kg · m/s라는 힘으로 변환될 수 있다. 가령 1kW라는 배터리를 장착시킨 전기로켓이 있고, 이 로켓의 무게가 102kg이라면 이 로켓은 1m/s의 속도로 상승할 수 있다는 뜻이 된다. 또, 같은 1kW의 배터리를 장착시킨 전기로켓의 무게가 204kg이라면 이 로켓은 0.5m/s의 속도로 상승할 수 있는 것이다. 단위 환산의 과정에서 102의 단위에는 무게로서 kg으로 되어 있고 식 2.20의 수량의 단위에는 부피로서 *l*로 되어 있으나, 물의 경우 1*l*≒1kg이므로 *l*를 kg으로 바꾸어 환산할 수 있다.

1kW당 102kg · m/s의 힘을 부여할 수 있으며, 따라서 102라는 수치를 분모에 넣어주면 필요한 kW가 나오게 된다. 또 102의 단위에는 시간이 '초'로 되어 있는

반면 식 2.20의 분자에 있는 수량에는 시간이 '분'으로 되어 있으므로, 이 두 종류의 시간 단위를 맞추기 위해 60이라는 수치를 분모에 넣어주어야 한다. 결과적으로 102와 60이 분모에 필요하게 되며 이 둘을 곱한 값이 6,120이 되는 것이다. 펌프를 움직이게 하는 전동기(모터)의 용량을 선정할 때는 안전계수로서 상기 축동력에 1.1~1.2를 곱해주는 것이 일반적이다.

펌프의 축동력에 대해서 제조업체에 따라서는 [kW]가 아닌 [PS](마력)로 나타내는 경우도 있다. 1마력은 75kg · m/s이므로 식 2.20의 6,120은 4,500으로 바뀌어 다음과 같이 표현된다.

$$P = \frac{QH}{4,500\eta} \tag{2.21}$$

마력의 단위로 위에 나타낸 [PS]와 함께 흔히 이용하는 [HP]는 야드 · 파운드법에 속하는 단위로서 엄밀하게는 75kg · m/s가 아니고 약 76kg · m/s이므로 식 2.21의 분모에 4,500을 사용하기 위해서는 단위로서 [HP]가 아닌 [PS]를 사용해야 한다.

【예제 2.7】

지하저수조에서 고가수조로 펌프를 이용하여 물을 보내고자 한다. 지하저수조에서 고가수조까지 보내야 할 수량은 2,000LPM(l/min)이고, 양정은 30m로 계산되었다. 펌프의 효율이 55%라고 한다면 이 펌프를 가동시키는 데 필요한 전기동력은 어느 정도가 되겠는가?

풀이

식 2.20을 이용하여,

$$P = \frac{2,000 \times 30}{6,120 \times 0.55} \fallingdotseq 17.8 \text{ [kW]}$$

6) 성능

① 특성곡선

펌프를 선정하거나 그 능력을 파악하고자 할 때 관련되는 요소에는 토출량, 양정, 축동력, 효율 등이 있으며, 이들의 관계를 그래프로 나타낸 것이 펌프의 특성곡선(성능곡선이라고도 함)이다. 펌프의 특성곡선은 가로축에 토출량(유량), 세로축에 양정, 효율, 축동력을 나타낸 것으로 펌프의 종류마다 각기 다른 형태를 띠고 있다. 그림 2.26에 벌루트펌프 특성곡선의 한 예를 나타낸다.

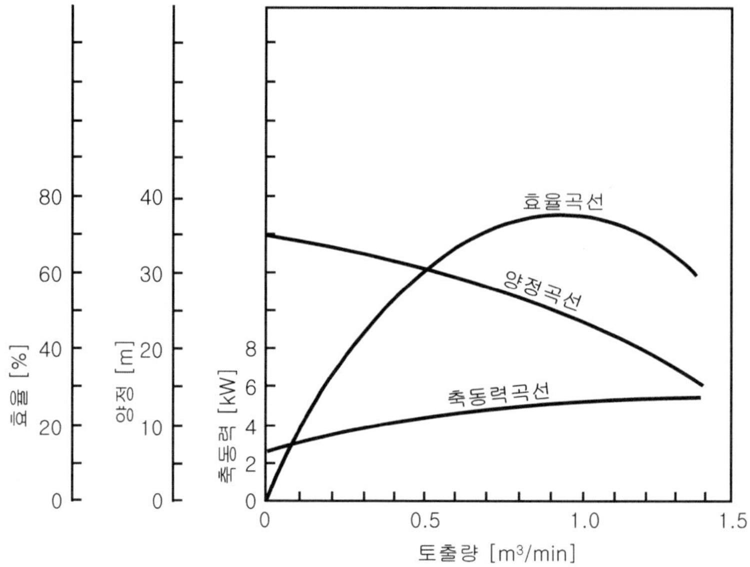

그림 2.26 펌프 특성곡선의 예

양정곡선은 유량과 양정과의 관계를 나타낸 것으로, 오른쪽 하강의 형태를 하고 있어 펌프 토출량의 증가에 따라 양정이 작아짐을 알 수 있다. 즉, 같은 펌프에서는 송수량이 적을수록 더 높은 곳까지 물을 올릴 수 있다는 것을 의미한다. 축동력곡선은 유량과 축동력과의 관계를 나타낸 것으로 일반적으로 유량이 많을수록 커진다. 즉 많은 양의 물을 보낼수록 필요한 전기동력은 크게 된다. 물론 이것은 유량과 동력과의 관계이므로 유량이 많아도 양정이 작으면 축동력이 작아질 수도 있다.

펌프 효율은 펌프가 가동되면서 사용한 전기동력과 실제로 한 일량과의 비율을 나타낸 것으로, 동일한 펌프라도 토출량에 따라 달라진다. 효율곡선은 토출량에 따른 펌프 효율의 변화를 나타낸 것으로, 효율곡선에서 최고점이 되는 유량이 그 펌프의 기준유량이 된다. 따라서 배관계통의 필요유량이 계산되면 가급적 최고 효율에 가깝게 되도록 펌프를 선정하는 것이 바람직하다.

② 배관계통의 저항곡선과 펌프의 운전점

배관계통에서의 유체흐름에 대한 저항을 나타낸 식 2.17에서 저항은 유체 속도의 제곱에 비례한다는 것을 알 수 있다. 배관 내에서 유체의 속도가 빠르다는 것은 곧 배관 내에서의 유량이 같은 비율로 많다는 것을 의미하므로, 유체 속도의 제곱에 비례한다는 것은 유량의 제곱에 비례한다는 것과 같다고 생각할 수 있다.

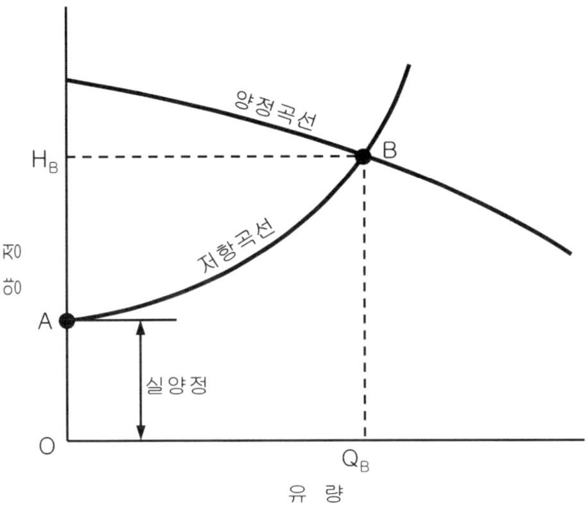

그림 2.27 펌프의 운전점

그림 2.26의 특성곡선에서 가로축이 펌프의 토출량으로 표현되어 있으나, 펌프의 토출량과 배관 내 유량과는 같은 의미이므로 가로축에 유량을 세로축에 양정을 표현한 그래프로서 그림 2.27과 같이 양정곡선과 저항곡선을 나타낼 수 있다. 양정곡선은 그림 2.26에 있는 것과 같은 형태로 되며, 또 저항곡선은 위에서 언급한 대로 유량의 제곱에 비례하는 2차 곡선의 형태로 된다.

「3) 양정」에서 전양정은 일반적으로 실양정과 손실양정의 합이라고 했는데, 그림 2.27에서 OA의 길이에 해당되는 것이 실양정, 2차 곡선 형태로 상승하는 부분이 손실양정에 해당된다. 즉, 실양정은 수직적 높이를 의미하므로 유체의 흐름이 '0'이라도 존재하는 것이고, 손실양정은 유체가 흐르면서 발생되는 마찰저항과 국부저항을 의미하므로 유량의 증가에 따라 커지는 것이다. 그림 2.28과 같이 지하저수조에서 고가수조로 물을 양수하는 양수펌프의 경우라면, 지하저수조의 수면에서부터 고가수조의 수면까지가 실양정에 해당되며(실제로는 수면이 수시로 변동되기 때문에 그림의 'H'와 같이 지하저수조의 급수관 연결부분과 고가수조의 급수관 연결부분 사이의 거리를 실양정으로 고려한다), 지하저수조에서부터 고가수조까지의 배관을 통과하면서 발생되는 마찰저항 및 국부저항이 손실양정이 되는 것이다.

한편, 식 2.15에서와 같이 기구의 최소필요압력(토출압력)이 전양정에 포함된다면 그림 2.27에서의 실양정 부분은 실양정에 기구의 최소필요압력에 해당하는 수두[m]를 더한 것이 된다.

펌프의 양정이란 펌프가 물을 어느 정도 높이까지, 또 어느 정도 멀리까지 보내는가를 나타내는 것이므로, 펌프의 양정은 곧 배관계통에서의 실양정과 손실양정의 합만큼 필요하게 된다. 즉, 그림 2.27에서 물을 보낼 수 있는 능력을 나타내는 양정곡선과, 그 물을 보내는 것을 방해하는 저항곡선이 만나는 점(그림에서 B점)이 펌프의 운전점이 되어 그 펌프는 B점의 유량(Q_B)을 B점의 양정(H_B)만큼 보내게 되는 것이다. 만일 유량이 Q_B보다 왼쪽에 있게 되면 양정이 저항보다 크게 되어 펌프의 힘이 남으므로 보다 높은 곳으로 보내려 하거나 또는 보다 많은 유량을 보내려 할 것이고, Q_B보다 오른쪽에 있게 된다면 저항이 양정보다 크게 되어 펌프는 그 유량을 보낼 수 없게 되므로 보다 적은 유량만을 또는 보다 낮은 곳까지만 보낼 수 있게 된다.

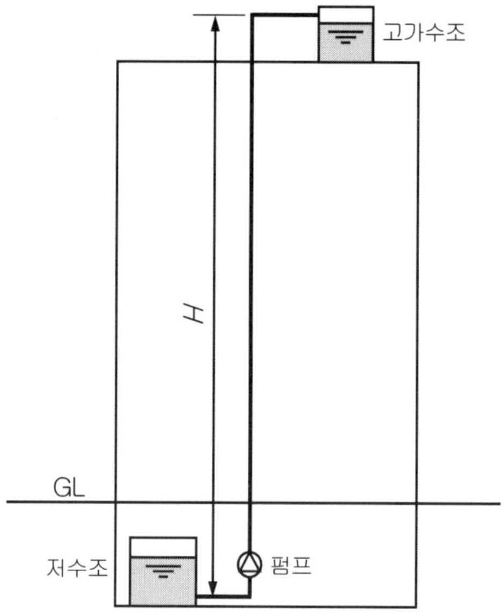

그림 2.28 펌프의 실양정과 손실양정

③ 회전수 변화에 따른 유량, 양정, 축동력의 변화

그림 2.26과 같은 특성곡선은 펌프 날개(임펠러)의 회전수가 일정한 상태에서 얻어진 것이다. 그러나 같은 펌프라도 회전수를 변화시키면 그 성능이 변화하며, 변화량은 식 2.22~식 2.24와 같이 유량은 회전수에 비례하고, 양정은 회전수의 제곱에 비례하며, 축동력은 회전수의 세제곱에 비례하게 된다.

$$Q_2 = Q_1 \frac{N_2}{N_1} \tag{2.22}$$

$$H_2 = H_1 (\frac{N_2}{N_1})^2 \qquad (2.23)$$

$$P_2 = P_1 (\frac{N_2}{N_1})^3 \qquad (2.24)$$

Q_1, H_1, P_1 : 회전수 N_1 일 때의 유량, 양정, 축동력

Q_2, H_2, P_2 : 회전수 N_2 일 때의 유량, 양정, 축동력

p.57의 그림 2.15에서도 나타냈듯이 건물에서의 물 사용량은 시시각각 변하고 있으며, 따라서 공급해야 할 물의 양도 시간대에 따라 달라진다. 하루 중 어느 시간대의 필요 유량이 피크 때에 비해 절반이라고 하면, 그 시간대에는 식 2.22에 의해 회전수도 절반으로 하면 되는데, 그때의 축동력은 식 2.24에 의해 1/8로 줄어들게 되어 대폭적인 에너지절감이 가능해진다. 그러나 필요 유량에 따라 펌프 날개의 회전수가 적절히 조절되는 것은 그 기능을 위한 부가적인 장치가 필요하게 되어 초기투자비가 증가하게 된다. 따라서 설계자는 초기투자비의 증가와 에너지절약에 의한 운전비의 절감을 면밀히 검토해서 결정해야 하지만, 이렇게 필요 유량에 따라 회전수가 적절히 조절되는 기능을 갖추도록 하는 것이 최근 건축물에서의 에너지절약에 대한 유력한 방법 중 하나로 이루어지고 있다.

【예제 2.8】

어느 펌프에서 회전수를 원래보다 20% 감소시켰다. 이 펌프의 토출량, 양정 및 축동력은 원래에 비해 어느 정도가 되겠는가?

풀이

식 2.22～식 2.24를 이용한다. 회전수가 20% 감소되므로 $N_1=1$, $N_2=0.8$로 생각할 수 있다. 따라서,

$$Q_2 = Q_1 \frac{N_2}{N_1} = Q_1 \frac{0.8}{1} = 0.8\,Q_1 \text{(20\% 감소)}$$

$$H_2 = H_1 (\frac{N_2}{N_1})^2 = H_1 (\frac{0.8}{1})^2 = 0.64 H_1 \text{(36\% 감소)}$$

$$P_2 = P_1 (\frac{N_2}{N_1})^3 = P_1 (\frac{0.8}{1})^3 \fallingdotseq 0.51 P_1 \text{(49\% 감소)}$$

④ 직렬 및 병렬운전

소규모 건물을 제외한 일반적인 건물에서는 고가수조방식에서의 양수펌프도 펌프직송방식에서의 직송펌프도 통상 1대의 펌프가 아닌 여러 대의 펌프를 조합해서 운전하는 것이 일반적이다. 이때 동일한 특성을 갖는 펌프를 2대 작동시킨다 해도 유량이나 양정이 2배로 증가하는 것은 아니고, 펌프를 직렬로 연결시킬 때와(그림 2.29의 (a)) 병렬로 연결시킬 때(그림 2.29의 (b)) 유량 및 양정의 증가 형태가 달라진다.

(a) 직렬운전 (b) 병렬운전

그림 2.29 펌프의 조합운전 형태

펌프를 직렬로 연결시킬 때는 동일 유량에서 각 펌프의 양정의 합으로 이루어진 곡선이 새로운 특성곡선(양정곡선)이 되며, 병렬로 연결시킬 때는 동일 양정에서 각 펌프의 유량의 합으로 이루어진 곡선이 새로운 특성곡선(양정곡선)이 된다.

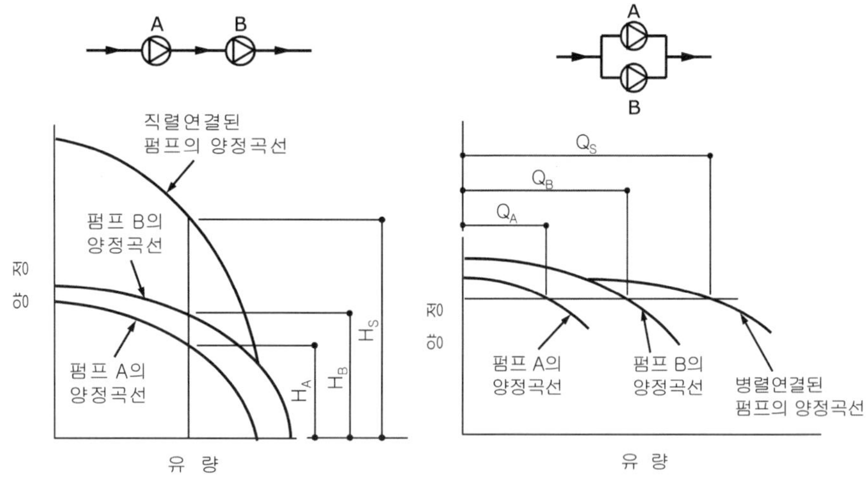

(a) 직렬운전 (b) 병렬운전

그림 2.30 펌프의 조합운전 특성

즉, 그림 2.30의 (a)에 나타내고 있는 직렬연결에서는 $H_S=H_A+H_B$가 되며, (b)에 나타내고 있는 병렬연결에서는 $Q_S = Q_A + Q_B$가 된다.

그림 2.31에 동일 특성의 펌프 2대를 직렬로 연결시킬 때의 펌프 운전상태를 나타낸다. 2대의 펌프가 동일한 특성을 가지고 있으므로 직렬연결시킨 경우에는 동일 유량점에서 양정이 2배가 된다. 그러나 실제의 운전점은 그림에서 알 수 있듯이 배관계 저항곡선과의 교점이 되므로 양정과 유량이 동시에 증가하는 결과가 되어($H_1 \rightarrow H_2$, $Q_1 \rightarrow Q_2$) 양정이 2배가 되지는 않는다. 직렬연결은 가급적 수량보다는 양정을 크게 하고자 할 때 적용하며, 이러한 직렬연결 운전으로서의 효과는 저항곡선의 경사가 급할수록 커진다.

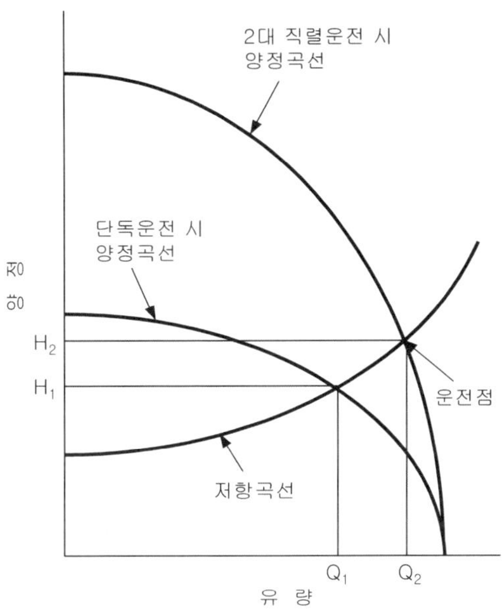

그림 2.31 펌프의 직렬운전 시 운전상태

그림 2.32는 동일 특성의 펌프 2대를 병렬로 연결시킬 때의 운전상태를 나타낸 것이다. 2대의 펌프가 동일한 특성을 가지고 있으므로 병렬연결시킨 경우에는 동일 양정점에서 토출량(유량)이 2배로 된다. 그러나 그림 2.31에서와 마찬가지로 실제의 운전점은 배관계통의 저항곡선과의 교점이 되어 유량과 양정이 동시에 증가하는 결과가 되므로($Q_1 \rightarrow Q_2$, $H_1 \rightarrow H_2$) 토출량(유량)이 2배로 되지는 않는다. 병렬연결은 가급적 양정보다는 수량을 크게 하고자 할 때 적용하며, 이러한 병렬연결 운전으로서의 효과는 저항곡선의 경사가 완만

할수록 커진다.

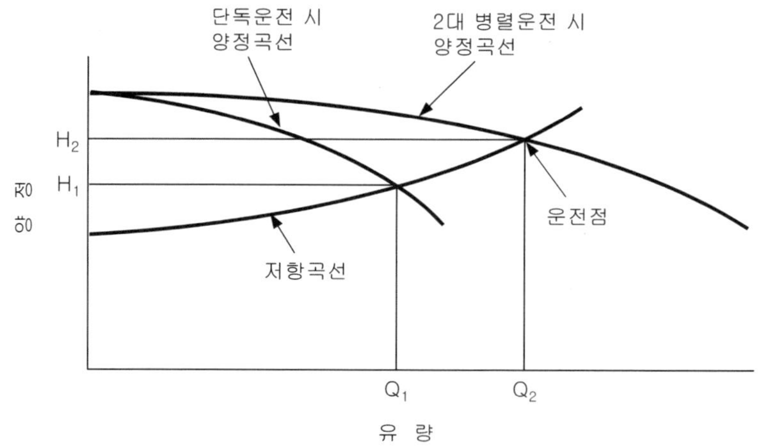

그림 2.32 펌프의 병렬운전 시 운전상태

앞에서도 언급했듯이, 소규모 건물을 제외하고는 대부분 2대 이상의 펌프가 적용되고 있으므로 급수설비를 설계할 때에는 이와 같은 펌프의 특성을 파악하여 적절한 유량과 양정이 확보되도록 해야 한다.

7) 캐비테이션과 NPSH

지상에서는 일반적으로 100℃에서 물의 증발이 활발히 일어나지만 지상보다 기압이 낮은 높은 산 위에서는 이보다 낮은 온도에서 본격적인 증발이 시작된다. 이것은 기압에 따라 물이 활발하게 증발되는 온도가 달라지기 때문이며, 따라서 어느 공간에서의 압력이 상당히 낮아지면 100℃보다 훨씬 낮은 온도의 물도 증발을 일으킬 수 있게 된다.

이론적으로는 어느 온도를 가진 액체의 압력이 그 온도에서의 포화증기압보다 낮아지면 증발이 활발하게 이루어진다고 하고 있다. 여기서 포화증기압이란 포화상태의 증기가 가지고 있는 압력을 말하며, 포화상태란 액체(예를 들어, 물)와 기체(예를 들어, 수증기)가 서로 평형을 이루고 있는 상태를 말한다.

우리가 거주하고 있는 지상의 공기압력, 즉 대기압에서는 액체인 물의 온도가 상승하여 100℃가 되면 기체인 증기로 변하게 되며, 또 예를 들어 150℃인 증기의 온도가 하강하여 100℃가 되면 역으로 액체인 물로 변하게 된다. 즉, 대기압에서는 100℃가 액체와 기체의 분기점이 되면서 평형을 이루는 온도이므로 100℃ 물의 포화증기압은 대기압이 되는 것이다. 따라서 이론적인 정의에서 언급한 바와 같이, 어느 온도를 가진 액체의 압력이 그 온도에서의 포화증기압보다 낮아지면 증발이 이루어지므로, 만일 아직 본격적인 증발을 하고 있지 않은 100℃의 물을 그 온도 그대로 유지하면서 높은 산 위로 가지고 올라간다고 가정하면 가지고 올라간 물은 즉시 증발을 하게 된다. 왜냐하면 그 산 위의 기압은 100℃ 물의 포화증기압인 대기압보다 낮기 때문이다. 100℃ 물 또는 100℃ 증기의 포화압력이 대기압, 즉 1.033kg/cm^2(건축설비에서 일반적으로 사용하는 게이지압력으로는 0kg/cm^2)이듯이 모든 온도의 물이나 증기는 각각 포화압력이 정해져 있다.

배관계통을 흐르는 물은 급탕용으로 사용되는 온수라 하더라도 50~60℃ 정도이므로 배관계통 전체가 대기압을 유지하고 있다면 배관계 내에서 물이 증발되는 일은 발생하지 않는다. 그러나 펌프를 사용하는 배관계의 경우, 펌프가 압력을 부여하는 가압(加壓)작용을 하는 장치이므로 펌프의 토출 측은 고압이 되어 물을 밀어내는 작용을 하는 반면, 펌프의 흡입 측은 저압이 되어 물을 빨아들이는 작용을 하게 된다. 이렇게 되어 펌프의 흡입 측은 대기압보다 저압이 되며 그 압력이 배관계를 흐르는 물의 온도에 해당되는 포화증기압보다 낮아질 경우 물의 일부가 증발을 하여 기포가 발생되는데, 이 현상을 캐비테이션(cavitation)이라 한다. 발생된 기포는 펌프의 가압부에서 압력에 의해 소멸되며, 이러한 기포의 생성과 소멸이 반복되면 펌프는 비정상적인 소음과 진동을 발생시키면서 수명이 단축된다.

펌프의 캐비테이션을 방지하기 위한 수치적 조건을 나타내는 데는 펌프의 설치 환경에 따라 정해지는 유효흡입수두(NPSH, net positive suction head)와 펌프 자신의 내부조건이나 운전조건에 의해 정해지는 필요(소요)유효흡입수두(필요 NPSH, required NPSH)의 2가지가 이용된다.

유효흡입수두(NPSH)란 펌프 흡입구에서의 물의 압력과 그 수온에 해당되는 포화증기압과의 차를 수두(水頭)로 나타낸 것으로 다음 식으로 표현된다. 식에서 사용되고 있는 압력은 절대압력 기준이다.

$$H_{sv} = H_a + H_s - H_f - H_{vp} \qquad (2.25)$$

H_{sv} : 유효흡입수두(NPSH) [m]

H_a : 흡입 측 수조의 수면에 걸리는 압력에 상당하는 수두(水頭) [m]

(대기에 개방된 수면에서는 대기압에 해당하는 10.33m)

H_s : 흡입수면에서 펌프중심까지의 높이 [m]

(펌프가 수면보다 낮은 경우에는 +, 높은 경우에는 −)

H_f : 흡입관 내에서의 손실수두 [m]

H_{vp} : 그때의 액체 온도에서의 포화증기압에 상당하는 수두 [m]

필요NPSH란 펌프가 캐비테이션을 일으키지 않기 위해 펌프가 필요로 하는 유효흡입수두(NPSH)를 의미하는 것으로, 펌프의 구조 및 운전상태에 따라 달라지므로 펌프 제조업체의 운전시험에 의해 구해진 실측 필요NPSH를 사용하는 경우가 많다.

펌프가 캐비테이션을 일으키지 않기 위해서는 식 2.25에 의해 구해진 NPSH가 필요NPSH(required NPSH)보다 커야 하는데, 필요NPSH는 펌프의 구조 및 운전상태에 따라 정해지는 것으로 급수설계 과정에서 조정할 수 없는 것이므로, 배관계통의 설계 과정에서 캐비테이션을 방지하기 위한 대책으로는 NPSH가 크게 되도록 펌프의 설치환경을 구성할 필요가 있다. 그 구체적인 방법으로는 다음과 같은 것들이 있다.

① 펌프의 설치높이를 가능한 한 낮춰 흡입양정을 작게 한다. 즉, 식 2.25에서 펌프가 수면보다 낮을수록 H_s의 값이 커지므로 NPSH가 커진다.

② 펌프의 설치높이를 낮추어도 흡입관의 손실수두가 크면 NPSH가 작아지므로, 캐비테이션의 염려가 있을 경우에는 흡입관경을 크게 하고 부속류의 수를 적게 하여 손실수두(손실양정)를 최대한 줄이도록 한다.

【예제 2.9】

다음 그림과 같은 펌프 설치 상태에서의 NPSH를 구하시오. 수조 내 물의 온도는 30℃이며, 30℃인 물의 포화증기압은 절대압력으로 약 0.05kg/cm²이다. 또, 흡입관 내 손실수두는 0.25m로 한다.

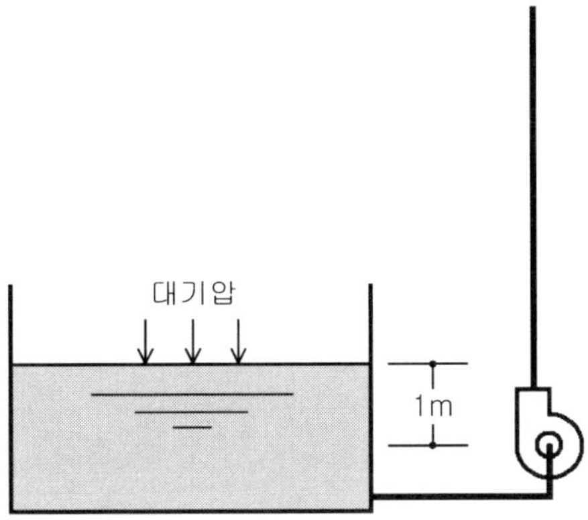

풀이

식 2.25를 이용한다.

(1) 수조 수면이 대기에 개방되어 있으므로 H_a=10.33m

(2) 펌프가 수면보다 낮은 위치에 있으므로 H_s=+1m

(3) 흡입관 내 손실수두는 0.25m로 가정했으므로 H_f=0.25m

(4) 수조 내 물의 온도에 대한 포화증기압은 0.05kg/cm^{2}이므로 수두로는 H_{vp}=0.5m(kg/cm^{2}와 m와의 관계는 식 2.11에 대한 설명 참조)

따라서 NPSH는 $H_{sv}=10.33+1-0.25-0.5=10.58$ [m]가 된다.

8) 서징

펌프 및 배관계통에 외부로부터의 작용이 없음에도 불구하고 배관 내의 유량과 압력에 주기적인 변동이 지속되는 경우가 있는데, 이것을 서징(surging)이라고 한다.

그림 2.33(a)와 같이 송수관의 도중에 수조가 있는 배관계에서 송수량은 Q_p이고 수조 출구에서의 수량은 Q_o로서 균형을 이루고 있다고 가정한다. 수조 출구의 밸브 V_2를 조금 잠가서 ΔQ_o만큼 수량을 급격히 감소시켜도 펌프의 토출량 Q_p는 그에 따라 감소되지는 않으므로 수조의 수위는 상승한다. 수위가 상승하면 양정 H가 커지는데, 펌프의 운전점이 그림 2.33(b)의 점 A와 같이 특성곡선의 오른쪽 하향구배 부분이라면 그림에서 알 수 있듯이 양정의 증가에 따라 펌프의 토출수량 Q_p가 감소하면서 수조의 수위가 낮아져서 결국에는 펌프의 토출량과 수조 출구에서의 수량은 균형을 이루게 된다.

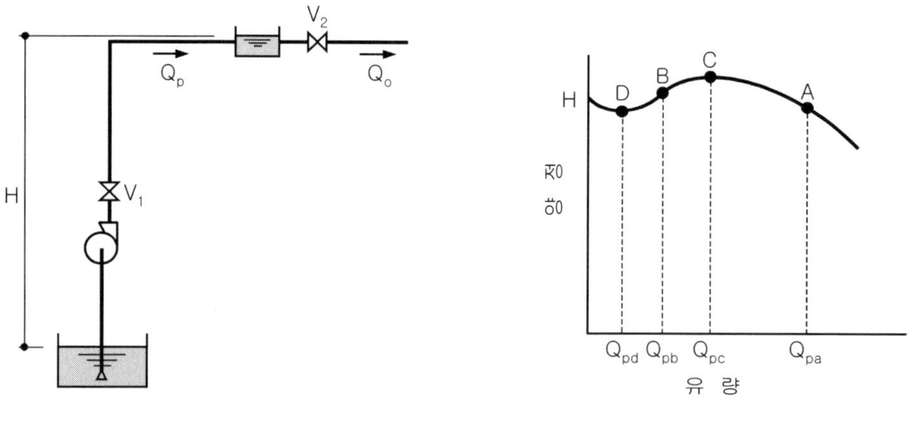

(a) (b)

그림 2.33 서징

펌프의 운전점이 점 B와 같이 오른쪽 상향구배 부분이라면 수위 상승에 따라 양정이 커지면서 Q_p도 증가한다. 따라서 수조 수위는 계속 상승하면서 특성곡선의 극대점 C에 상당하는 Q_{pc}에 도달하면 이번에는 반대로 토출량이 감소하기 시작한다. 따라서, 수조 수위는 하강하면서 특성곡선상의 극소점 D에 상당하는 Q_{pd}에 도달한다. 이렇게 해서 펌프의 토출량은 Q_{pc}와 Q_{pd}사이를 왕복하면서 수조의 수위는 상승 · 하강을 반복하게 되는 것이다.

서징이 발생되면 배관을 통해 흐르는 수량도 일정하게 되지 않고, 수조의 수위가 상승 · 하강을 반복하면서 수조에서 나오는 물의 압력도 변화하게 되므로 바람직하지 않다. 서징은 펌프의 양정 특성곡선이 오른쪽 상향구배 구간에서 발생되므로 펌프의 양정 특성곡선이 전체 영역에 걸쳐 오른쪽 하향구배를 가지고 있을 경우에는 피할 수 있다. 따라서 펌프를 선정할 때 그러한 특성을 갖는 것을 채용하는 것이 바람직하다.

(3) 배관재 및 부속기기

1) 배관재

급수배관을 통과하는 물은 우리가 직접 마시는 음료용 및 우리 피부에 닿는 세면용, 샤워용 등으로 사용되는 것이므로 급수배관용 배관재는 위생적이어야 하는 것이 가장 중요하며, 그 외에도 내식성(耐蝕性), 내충격성(耐衝擊性), 시공성, 경제성 등도 고려되어야 한다. 급수설비에 이용되는 배관재의 종류로는 다음과 같은 것들이 있다.

① 아연도강관

아연이 도금된 강철로 제조된 배관으로, 과거에는 가장 널리 이용되어 왔으나 부식(녹)의 문제로 최근에는 급수용 배관으로는 그다지 이용되지 않는다.

② 동관

강관에 비해 무게가 1/3 정도로 가볍고 내식성 및 시공성도 뛰어나 강관을 대체하여 급수관으로 널리 이용되었으나, 충격에 약한 단점과 경제성 측면에서 최근에는 적용 예가 많지 않다.

③ 스테인리스강관

동관과 마찬가지로 경량이고 내식성이 뛰어나며, 동관에 비해 충격에 강한 장점이 있어, 최근 급수관으로 널리 이용되고 있다.

④ 플라스틱관

흔히 PVC(Polyvinyl chloride)관이라고 불리는 것으로, 소재에 따라 경질염화비닐관을 비롯해 많은 종류가 있다. 내식성이 탁월하고 경량이면서 시공성이 매우 좋으나, 열 및 충격에 약한 단점이 있다.

⑤ 라이닝강관

배관용 탄소강강관 등을 원관(原管)으로 하고, 그 내면 또는 외면을 플라스틱으로 피복한 것으로, 피복한 플라스틱의 종류에 따라 경질염화비닐라이닝강관, 폴리에틸렌분체(粉體)라이닝강관 등이 있다. 이들 관은 강관의 특징인 내구성과 플라스틱의 특징인 내식성을 겸비하고 있는 반면 경제성이 떨어지는 단점이 있다.

2) 배관 이음

공장에서 제작되는 배관의 길이는 통상 6m 정도인데, 건물에서는 이보다 훨씬 긴 길이의 배관을 설치하는 경우가 많으며, 또 배관은 직선 방향으로만 설치되는 것이 아니고 90° 방향으로 꺾일 수도 있으므로 배관과 배관을 이어주는 역할을 하는 부속기기가 필요하게 된다. 배관의 이음은 이와 같은 배관의 접속, 방향전환은 물론, 분기, 집합, 말단부의 폐쇄, 배관과 각종 기기와의 접속 등의 목적으로 사용된다.

① 이음의 종류

㉮ 엘보(elbow)

배관의 진행방향이 90°나 45° 등의 방향으로 변경될 때, 즉 어떤 각도를 이루는 두 개의 배관을 접속하는 데 사용하는 것으로, 45° 엘보, 90° 엘보 등이 있으나 90° 엘보의 사용 예가 압도적으로 많으므로 각도 표시 없이 단지 엘보라고만 하면 90° 엘보를 가리킨다. 그림 2.34에 90° 엘보의 사용 예를, 그림 2.36(a)에 90° 엘보를 각각 나타낸다.

㉯ 티(tee)

주배관에서 가지배관이 분기될 때와 같이 하나의 배관이 두 개로 분기되거나, 또는 역으로 두 개의 배관이 하나로 합쳐질 때 사용되는 이음이다. 그림 2.35에 티의 사용 예를, 그림 2.36(b)에 티의 형상을 각각 나타낸다.

㉰ 소켓(socket)

공장에서 제작되는 배관의 길이는 통상 6m이므로 그 이상의 직선배관이 필요할 때는 이음을 이용하여 연결해야 한다. 소켓은 그림 2.36(c)와 같이 양 끝에 암나사가 만들어져 있는 원통형 이음으로, 배관을 직선상으로 접합할 때 사용한다.

㉱ 유니언(union)

직선상의 배관을 접속하는 것은 소켓과 같으나, 유니언은 그림 2.36(d)와 같이 가운데 부분이 너트로 되어 있어 배관의 연결 및 분리가 용이하다.

㉲ 리듀서(reducer)

소켓과 유니언은 접속하는 두 배관의 크기가 동일한 배관에서 사용되는 반면, 리듀서는 주배관의 도중에 가지배관이 분기하여 주배관의 크기가 달라졌을 때, 크기가 다른 두 개의 배관을 접속하는 데 사용하는 이음이다. 그림 2.36(e)

㉳ 부싱(bushing)

용도는 리듀서와 마찬가지로 배관경을 조절하기 위한 것으로, 그림 2.36(f)와 같이 한쪽에는 암나사로 다른 한쪽에는 수나사로 되어 있는 이음이다.

㉳ 플러그(plug)

밸브와 같은 기기류의 접속구를 폐쇄할 필요가 있을 때 사용하는 것으로, 그림 2.36(g)와 같이 한쪽이 막혀 있는 이음이다.

㉴ 캡(cap)

배관공사가 완료되면 마지막 부분은 막아 두어야 물이 새어 나가지 않는데, 배관의 말단을 폐쇄하는 목적에 이용되는 이음이 그림 2.36(h)와 같이 모자와 같은 형태를 하고 있는 캡이다.

㉵ 플랜지(flange)

기기와 배관을 접속하거나, 비교적 큰 배관끼리의 접속에 사용되는 이음이다. 끝 부분에 플랜지를 부착한 배관이나 플랜지가 부착되어 있는 이음을 이용해서, 두 개의 플랜지 사이에 고무와 같은 개스킷(gasket)을 끼운 후 볼트와 너트로 조여서 접합시킨다. 그림 2.36(i)에 각종 크기의 플랜지를 나타낸다.

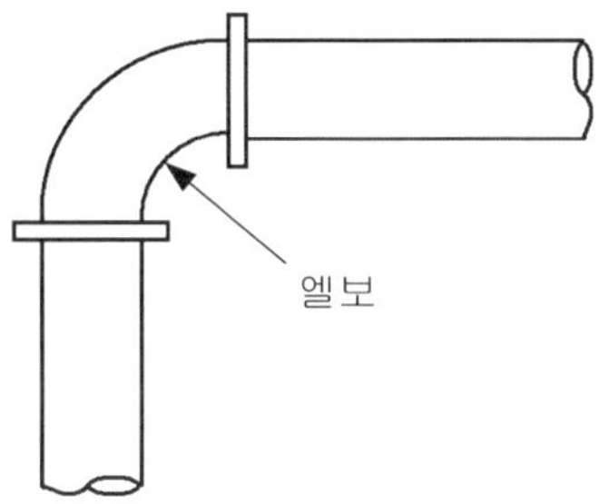

그림 2.34 엘보의 사용 예

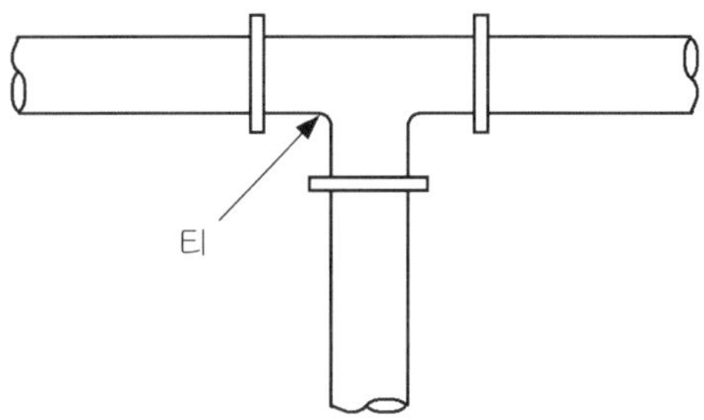

그림 2.35 티의 사용 예

(a) 엘보 (b) 티 (c) 소켓

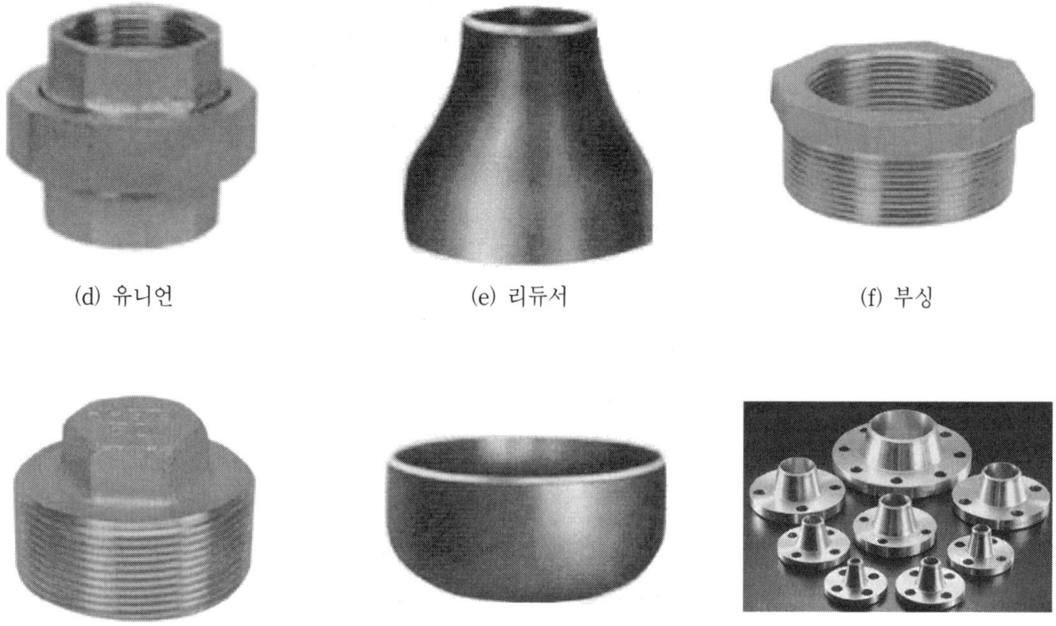

(d) 유니언 (e) 리듀서 (f) 부싱

(g) 플러그 (h) 캡 (i) 플랜지

그림 2.36 배관 이음의 종류

② 이음방법

상기와 같은 이음을 이용하여 배관과 배관 또는 배관과 기기를 연결하는 방법에는, 배관 끝 부분의 안쪽 면 또는 바깥쪽 면을 나사 형태로 가공해서 볼트·너트가 연결되는 것과 같이 접속하는 나사이음을 비롯해서, 용접기를 이용하는 용접이음 및 플랜지를 이용하는 플랜지이음 등이 있는데, 배관의 종류 및 크기에 따라 적절한 것을 선택하게 된다. 예를 들어 이음의 한 종류인 엘보는 그림 2.36(a)에서는 나사 형태로 되어 있지 않지만 내부가 나사 형태로 만들어진 것도 있어, 배관의 이음을 용접이음으로 하는 경우와 나사이음으로 하는 경우에 각각 대응하고 있다.

㉮ 나사이음

나사이음은 그림 2.37과 같이 현장에서 배관 끝 부분을 가공하여 연결하는 것으로 비교적 작은 관경의 배관에 사용된다. 진동이나 충격 등이 작용할 우려가 있는 곳에는 사용하지 않는 것이 좋다.

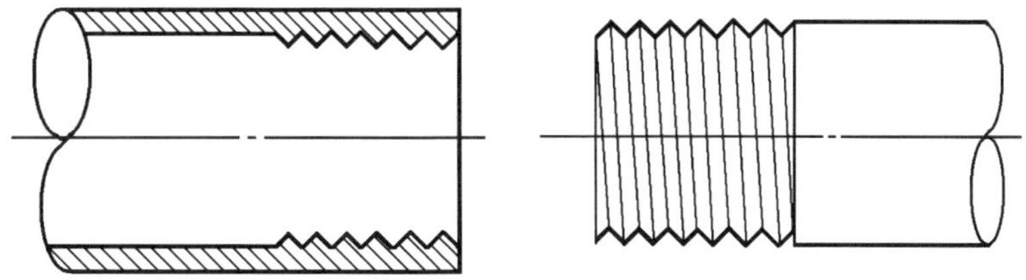

그림 2.37 나사이음

㈏ 용접이음

용접이음은 배관과 배관을 연결하는 방법 중 가장 일반적으로 사용되고 있는 것으로, 나사이음보다는 큰 배관에 적용한다. 강관에는 전기아크용접, 가스용접 등이 적용되며, 스테인리스강관에는 TIG(tungsten insert gas)용접이 이용된다. 또, 동관에는 솔더링(soldering, 연납땜)과 브레이징(brazing, 경납땜)이 적용된다. 솔더링과 브레이징은 일반적인 용접과 약간 다른데, 용접은 용접에 사용되는 용접재는 물론 접속하고자 하는 배관 자체도 일부 녹여서 접속을 하는 것이며, 솔더링과 브레이징은 배관 자체는 녹이지 않고 용접재만 녹여서 접속을 시키는 것이다. 동관은 두께가 얇기 때문에 그 자체를 녹여서 용접을 하기가 어렵기 때문이다.

㈐ 플랜지이음

배관을 밸브, 펌프 및 각종 기기와 연결하거나, 교환 및 해체가 자주 발생하는 곳에는 그림 2.36의 (i)와 같은 플랜지를 볼트와 너트로 연결시킨 플랜지이음을 이용한다. 그림 2.38에 플랜지이음의 예를 나타낸다.

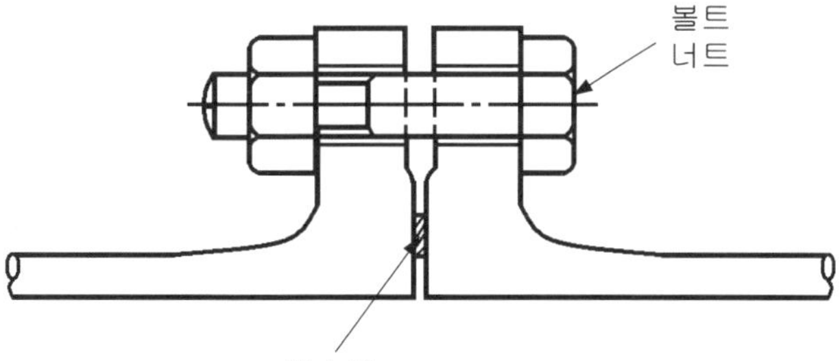

그림 2.38 플랜지이음

배관 이음 중, 엘보와 유니언이 나사이음으로 배관과 배관을 접속하고 있는 예를 그림 2.39에 나타낸다.

그림 2.39 배관계에서 엘보와 유니언이 이용된 모습

3) 밸브

급수설비에서 밸브의 주된 사용목적으로는 급수량 및 급수압의 조절, 관로의 개폐 등이 있다. 밸브를 손쉽게 이해할 수 있는 것으로 수도꼭지의 손잡이를 생각할 수 있다. 즉 수도꼭지를 열고 닫는 것에 의해 수도꼭지에서 토출되는 수량이 변화되는데 이 손잡이가 밸브에 해당된다. 밸브의 종류는 대단히 다양하지만 급수 목적으로 사용되는 주요 밸브로는 다음과 같은 것들이 있다.

① 게이트(gate)밸브

배관 내 유량을 조절할 필요가 없이 단지 유체 흐름의 개폐를 목적으로 할 때 사용되는 것으로, 그림 2.40에 나타나 있는 핸드휠(손잡이)을 돌리면 디스크가 상하로 움직이면서 밸브가 열렸다 닫혔다 하는 구조로 되어 있다. 밸브를 열고 닫을 때 큰 힘을 필요로 하지 않으므로 대구경(大口徑) 밸브에 널리 이용된다. 슬루스(sluice)밸브라고도 한다. 그림 2.40에 게이트밸브의 내부구조 및 외형을 나타낸다.

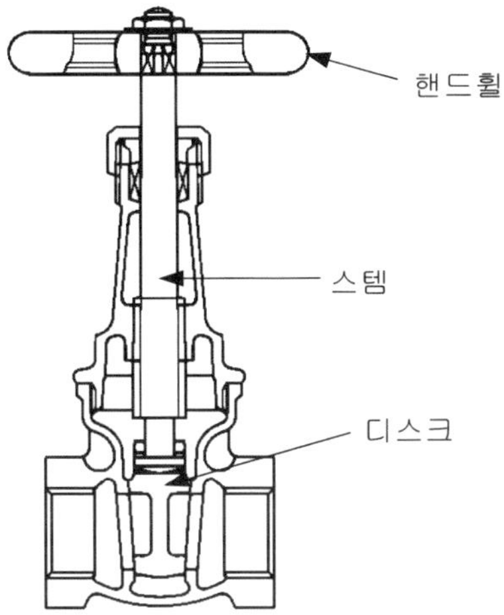

그림 2.40 게이트밸브

② 글로브(globe)밸브

글로브밸브는 밸브의 몸통 부분이 공과 같이 생겨서 그 이름이 붙여졌다. 유량조절이 가능한 반면, 유체가 밸브를 통과할 때 유체 흐름의 방향이 크게 변화하므로 유체 저항이 상당히 크고 또 밸브를 개폐할 때 조작력이 크게 필요하여 대구경 밸브에는 적절하지 않다. 게이트밸브와 마찬가지로 핸드휠(손잡이)을 회전시키면 디스크가 상하로 움직이면서 밸브의 열리는 정도를 조절한다. 스톱(stop)밸브라고도 불리고 있다. 그림 2.41에 글로브밸브의 내부구조 및 외형을 나타낸다.

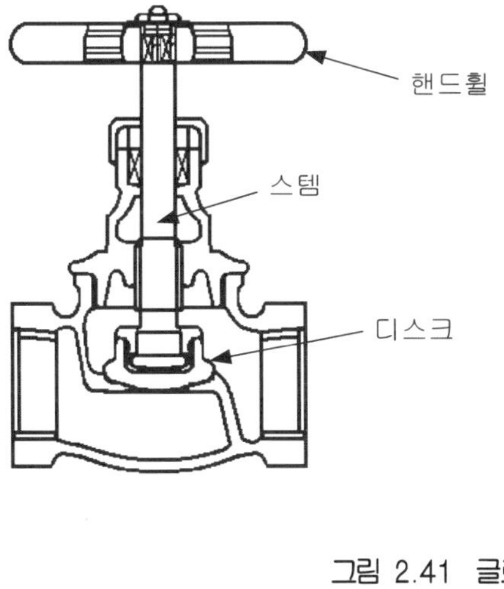

그림 2.41 글로브밸브

③ 버터플라이(butterfly)밸브

밸브 내부에 있는 원판을 회전시킴으로써 유체 흐름의 개폐 정도를 조절하는 것으로, 원판의 모양이 나비가 날개를 펼친 모양과 비슷하여 버터플라이밸브라는 이름이 붙었다. 유량조절이 가능하고 구조 및 조작이 간단하며 또 설치 공간을 적게 필요로 하는 등 여러 장점이 있어 특히 대구경 배관에 널리 사용된다. 그림 2.42에 버터플라이밸브의 내부구조 및 외형을 나타낸다.

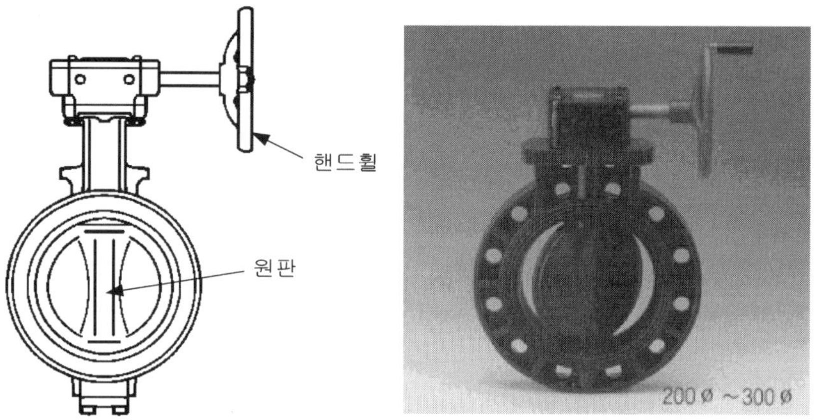

그림 2.42 버터플라이밸브

④ 체크(check)밸브

배관 내 유체 흐름의 역류를 방지하여 흐름의 방향을 일정하게 유지하는 목적으로 사용되는 것으로, 밸브 내 디스크가 유체 흐름에 의해 작동되면서 그 목적을 달성한다. 즉, 그림 2.43(a)에 나타내는 바와 같이 배관 내 유체의 흐름이 원래의 방향으로 흐를 때는 그 유체 흐름에 의해 디스크가 열린 상태가 되며, 배관 내 유체의 흐름이 원래 방향과 반대로 흐를 때에는 디스크가 밸브를 막도록 되어 있다.

대표적인 것으로 그림 2.43(a)의 스윙(swing)형과 (b)의 리프트(lift)형이 있으며, 스윙형이 일반적으로 사용되고 있다. 두 종류가 외관상 차이는 별로 없지만, 스윙형은 밸브 내 힌지(hinge)가 축이 되어 디스크가 90° 각도를 이루면서 왕복하는 형태를 하고 있으며, 리프트형은 디스크가 상하로 이동하는 형태를 하고 있다. 리프트형은 유체가 원래 방향으로 흐르고 있을 때에는 디스크가 위로 올라가면서 유체를 통과시키고, 반대 방향으로 흐를 때는 디스크가 아래로 내려오면서 밸브를 막는 구조로 되어 있다. 스윙형이 소구경 및 대구경에 널리 사용되고 있는 반면, 리프트형은 50mm 이하의 소구경에 주로 사용된다. 체크밸브는 그림 2.43(a)의 밸브 외관에 나타나 있듯이, 밸브 내에서의 유체의 흐름 방향을 알 수 있도록 바깥쪽 표면에 화살표를 표시하고 있다. 리프트형 중 펌프 흡입관의 아래쪽 끝 부분에 설치하는 것을 풋밸브(foot valve)라 한다. 풋밸브는 지하저수조에 흡입관을 연결시킬 때 주로 이용되는 것으로, 밸브 시트에 고무 등을 삽입하여 체크밸브로서의 기밀성을 향상시킴과 동시에 지하저수조에 모래 등이 들어 있을 경우 이들이 들어오지 못하도록 스트레이너를 조합해서 사용한다. 그림 2.43(c)에 풋밸브를 나타낸다.

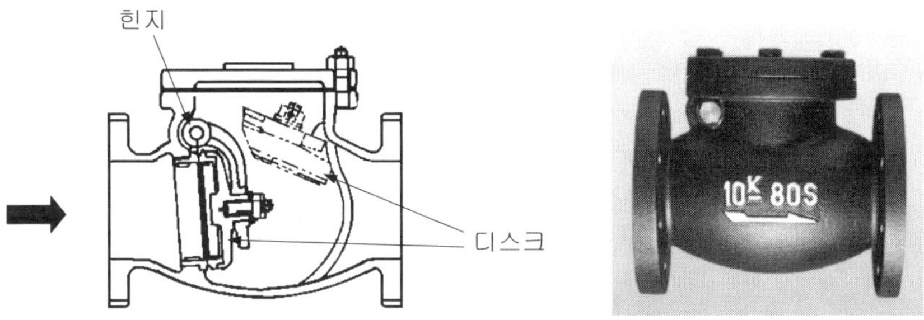

(a) 스윙형

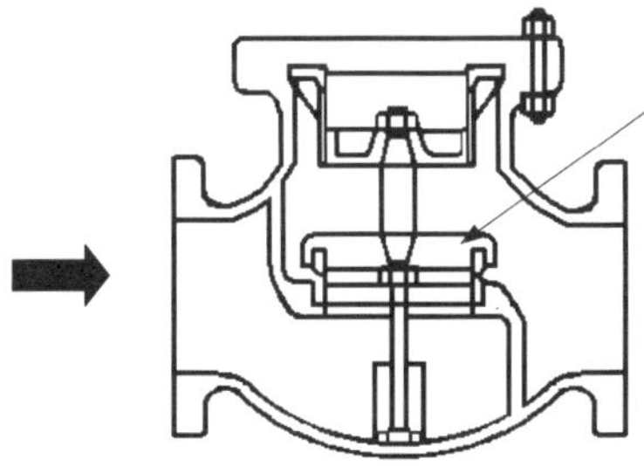

(b) 리프트형

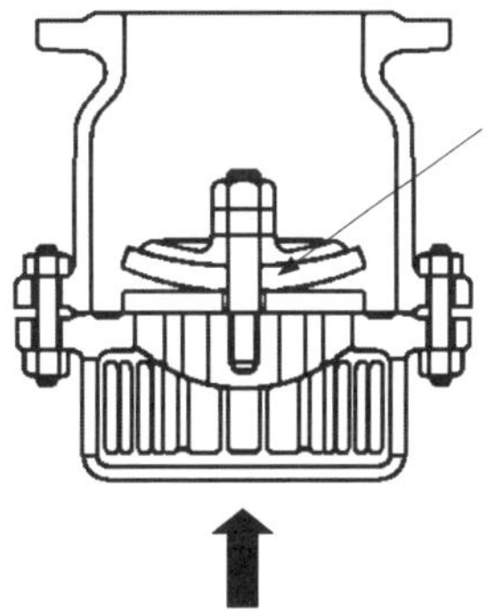

(c) 풋밸브

그림 2.43 체크밸브

⑤ 스트레이너(strainer)

스트레이너는 밸브의 역할을 하는 것은 아니지만, 배관계에서 밸브와 함께 사용되는 경우가 많으므로 이곳에서 소개한다. 배관 내를 흐르는 물에 이물질(異物質)이 혼입되어 그것이 밸브를 비롯한 각종 기기에 들어가게 되면 기기의 작동이 원활해지지 않을 수 있으므로 이물질이 기기로 들어가지 않도록 기기 앞 부분에서 걸러내는 역할을 하는 것이 스트레이너이다.

스트레이너에는 여러 가지 형상이 있으나 Y형 스트레이너가 가장 일반적으로 사용되고 있다. 이것은 그림 2.44와 같이 본체가 Y형을 하고 있고, 입구와 출구는 일직선상에 있으며, 그 직선에 대해 45° 각도로 이물질(異物質) 여과용 스크린이 들어있는 수납부가 있다. 스크린에 이물질이 많이 들어가면 스크린이 막혀 유체의 흐름에 지장을 주므로 수납부는 정기적으로 떼어내서 청소할 수 있는 구조로 되어 있다.

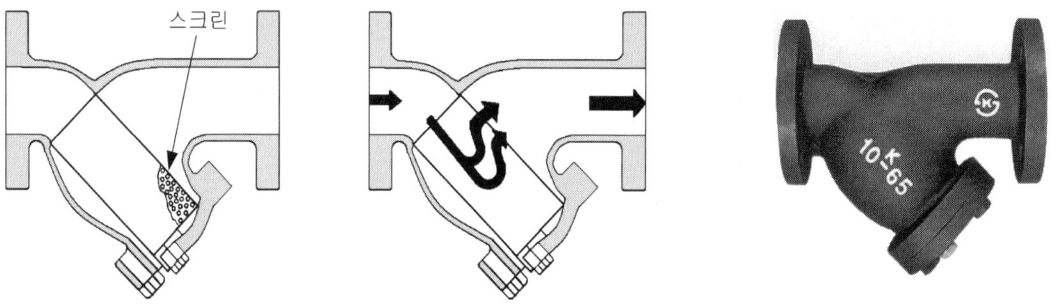

그림 2.44 스트레이너

5. 배관경 산정

급수관의 관경은 관균등표에 의한 방법 또는 유량선도에 의한 방법으로 산정하게 되는데, 관균등표에 의한 방법은 소규모 건물을 설계할 때 주로 이용되며, 중규모 이상의 건물을 설계할 때는 유량선도에 의한 방법이 일반적으로 이용된다.

(1) 관균등표에 의한 방법

1) 관균등표

관의 안지름(내경)이 d_1인 배관 1개를 통해 흐르는 유량과 안지름이 d_2인 배관 N개를 통해 흐르는 유량이 같을 때의 N값을 나타낸 것이 관균등표이며, 이 관균등표를 이용하여 급수관의 관경을 산정할 수 있다. 표 2.10에 관균등표의 예를 나타낸다.

표 2.10 관균등표의 예

관경	20	32
20	1.0	
25	1.9	
32	3.7	1.0
40	5.6	1.5
50	10.6	2.8

표의 가로 및 세로는 모두 관경을 나타내고 있다. 예를 들어 세로의 32와 가로의 20이 만나는 곳의 숫자는 3.7로 되어 있는데 이는 관경 32mm인 배관 1개를 통해 흐르는 유량과 관경 20mm인 배관 3.7개를 통해 흐르는 유량이 같다는 것을 나타낸다. 같은 방법으로 생각하여 관경 50mm인 배관 1개를 통해 흐르는 유량은 관경 32mm인 배관 2.8개를 통해 흐르는 유량과 같음을 알 수 있다.

관균등표는 배관을 통과하는 유량뿐 아니라 배관에서의 단위길이당 압력손실도 동일하게 이루어지는 숫자로 구성되어 있기 때문에 각 배관 재질마다 그 값이 달라진다. 표 2.11~2.16에 배관 재질별 관균등표를 나타낸다.

표 2.11 배관용 탄소강강관 균등표

관경	15	20	25	32	40
15	1.0				
20	2.2	1.0			
25	4.1	1.9	1.0		
32	8.1	3.7	2.0	1.0	
40	12.1	5.6	2.9	1.5	1.0
50	22.8	10.6	5.5	2.8	1.9

표 2.12 스테인리스강관 균등표

관경	15	20	25	30	40
13	1.0				
20	2.5	1.0			
25	5.1	2.1	1.0		
30	8.1	3.2	1.6	1.0	
40	15.3	6.1	3.0	1.9	1.0
50	21.9	8.8	4.3	2.7	1.4

표 2.13 동관(L형) 균등표

관경	15	20	25	32	40
15	1.0				
20	2.6	1.0			
25	4.9	2.0	1.0		
32	9.2	3.5	1.7	1.0	
40	14.5	5.5	2.7	1.6	1.0
50	30.0	11.5	5.7	3.3	2.1

표 2.14 동관(M형) 균등표

관경	15	20	25	32	40
15	1.0				
20	2.5	1.0			
25	5.1	2.0	1.0		
32	8.6	3.4	1.7	1.0	
40	13.4	5.3	2.6	1.6	1.0
50	27.6	10.9	5.4	3.2	2.1

표 2.15 경질염화비닐관 균등표

관경	13	16	20	25	30	40
13	1.0					
16	1.7	1.0				
20	3.1	1.8	1.0			
25	5.6	3.2	1.8	1.0		
30	9.8	5.7	3.2	1.8	1.0	
40	19.2	11.1	6.2	3.4	2.0	1.0
50	36.4	21.1	11.7	6.5	3.7	1.9

표 2.16 경질염화비닐라이닝강관 균등표

관경	15	20	25	32	40
15	1.0				
20	2.5	1.0			
25	5.2	2.1	1.0		
32	11.1	4.4	2.1	1.0	
40	17.2	6.8	3.3	1.5	1.0
50	33.7	13.9	6.4	3.0	2.0

2) 관균등표에 의한 관경 결정

그림 2.45에 관균등표에 의한 관경 결정의 순서를 나타낸다.

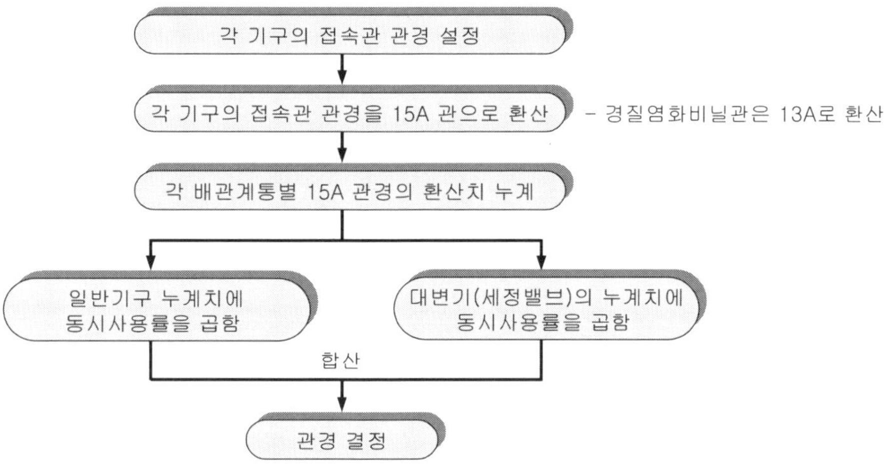

그림 2.45 관균등표에 의한 관경 결정 순서

그림 2.45에서 각 기구의 접속관이라는 것은 세면기, 대·소변기, 샤워기 등 급수용 위생기구에 연결하는 배관을 의미하는 것으로, 접속관의 관경은 p.36의 표 2.2에 나타나 있다. 또, 각 기구마다 접속관의 크기가 다르므로 이것들을 동일한 기준으로 산정하기 위해 가장 작은 관경인 15A(15mm)의 관경으로 환산한다. 이때 경질염화비닐관은 가장 작은 관경이 13A이므로 13A의 관경을 기준으로 환산한다. 한편, p.37의 표 2.3에서 나타냈듯이, 어느 건물에 위생기구가 다수 있을 경우에는 그 기구들 전체가 동시에 사용되지는 않으므로 기구의 동시사용률을 고려한 15A(또는 13A) 관경의 환산 누계치에 의해 급수계통 각 부분의 관경을 결정하게 된다.

【예제 2.10】

다음과 같이 구성되어 있는 급수배관 각 부분의 관경을 관균등표를 이용하여 구하시오. 대변기 및 소변기는 세정밸브식이고 청소싱크의 수전은 20mm이며, 또 배관의 재질은 동관(L형)으로 한다.

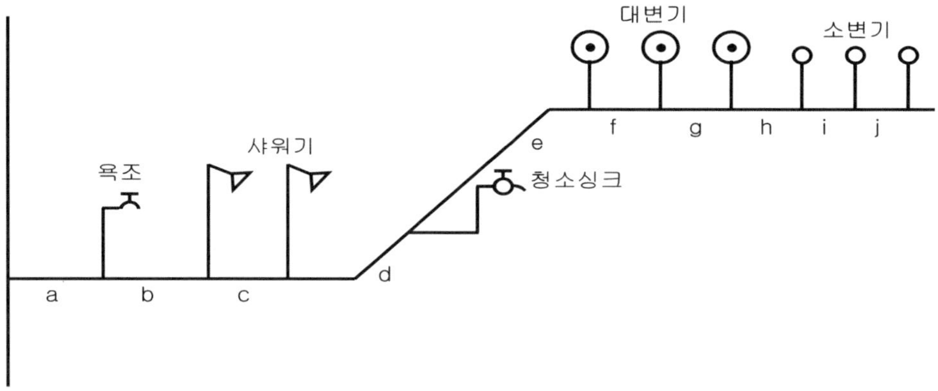

풀이

(1) 먼저, 표 2.2에 의해 각 위생기구의 접속관 관경을 확인하고 이 값을 표 2.13 동관(L형)의 관균등표에 적용하여 최소 관경인 15A로 환산한 균등수를 구한다.

기구명	접속관 관경	균등수
욕　　조	20	2.6
샤 워 기	20	2.6
청 소 싱 크	20	2.6
대 변 기	25	4.9
소 변 기	20	2.6

(2) 누계된 균등수에 표 2.3의 동시사용률을 곱한 값을 이용하여 각 구간별 관경을 산정한다. 이때 표 2.3에 나타나 있는 바와 같이 동시사용률은 대변기와 기타(일반)기구가 다르므로 균등수는 별도로 계산하여 합산한다. 관경의 산정 구간은 해당 기구가 적은 구간 순서로 한다.

구간	균등수 누계	동시사용률	동시사용률을 고려한 균등수	관경 [mm]
j	기타 2.6×1=2.6	1.0	2.6×1=2.6	20
i	기타 2.6×2=5.2	1.0	5.2×1=5.2	32
h	기타 2.6×3=7.8	0.85	7.8×0.85≒6.6	32
g	대변기 4.9×1=4.9 기타 2.6×3=7.8	1.0 0.85	4.9×1+7.8×0.85≒11.5	40

구간	균등수 누계	동시사용률	동시사용률을 고려한 균등수	관경 [mm]
f	대변기 4.9×2=9.8 기타 2.6×3=7.8	0.5 0.85	9.8×0.5+7.8×0.85≒11.5	40
e	대변기 4.9×3=14.7 기타 2.6×3=7.8	0.5 0.85	14.7×0.5+7.8×0.85≒14.0	40
d	대변기 4.9×3=14.7 기타 2.6×4=10.4	0.5 0.7	14.7×0.5+10.4×0.7=14.6	50
c	대변기 4.9×3=14.7 기타 2.6×5=13.0	0.5 0.66	14.7×0.5+13.0×0.66≒15.9	50
b	대변기 4.9×3=14.7 기타 2.6×6=15.6	0.5 0.63	14.7×0.5+15.6×0.63≒17.2	50
a	대변기 4.9×3=14.7 기타 2.6×7=18.2	0.5 0.59	14.7×0.5+18.2×0.59≒18.1	50

(2) 유량선도에 의한 방법

1) 유량선도

유량선도(流量線圖)는 배관계의 어느 지점을 통과하는 유량과, 그 지점에서의 단위길이당 마찰손실 또는 유속을 이용하여 적절한 관경을 선정하도록 구성되어 있는 것으로, 배관의 재질에 따라 구성 형태는 약간씩 다르다. 따라서 배관경을 결정하고자 하는 구간의 순간 최대급수량 및 배관의 재질이 결정되면, 단위길이당 허용마찰손실 또는 유속을 정하고 유량선도를 이용하여 해당 구간의 관경을 결정하게 된다. 그림 2.46~2.50에 배관의 재질별 유량선도를 나타낸다.

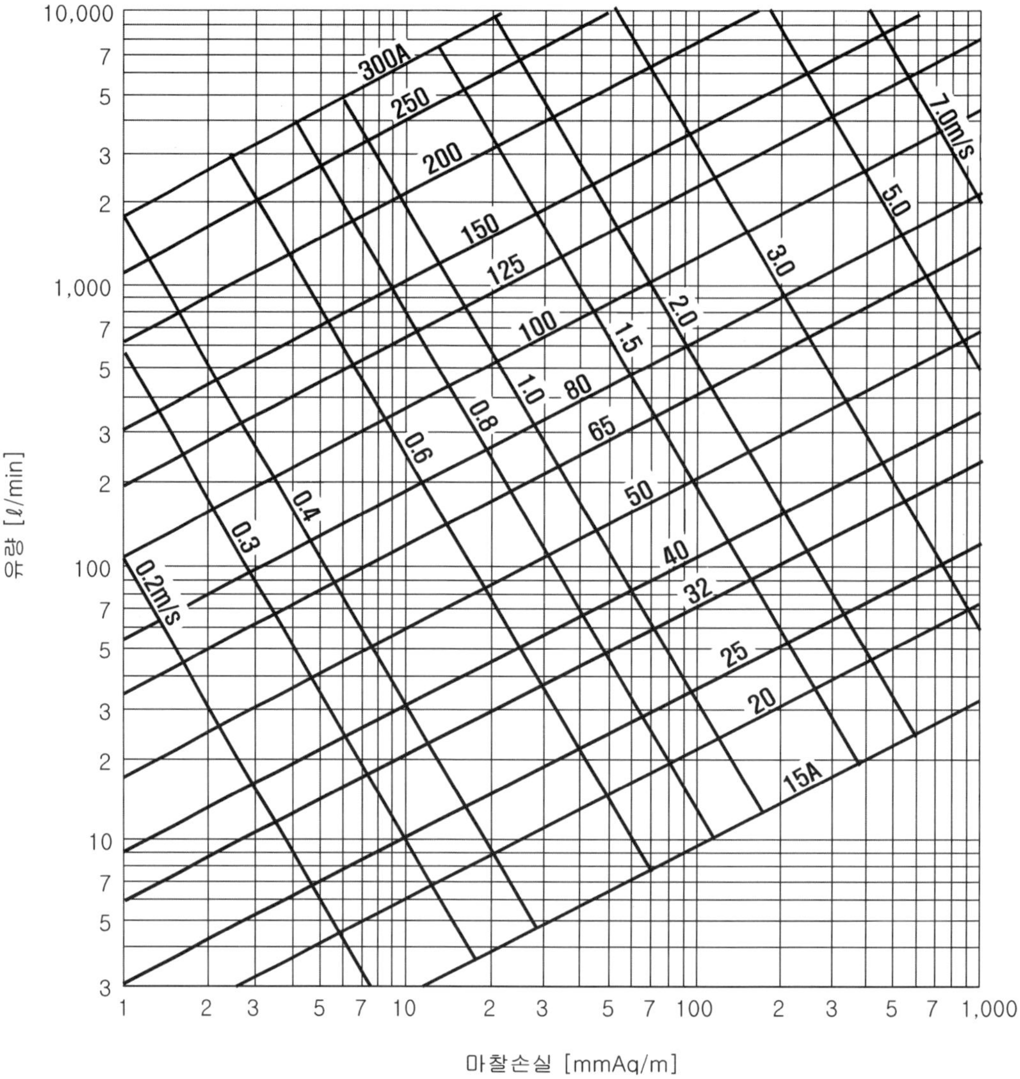

그림 2.46 유량선도(배관용 탄소강강관)

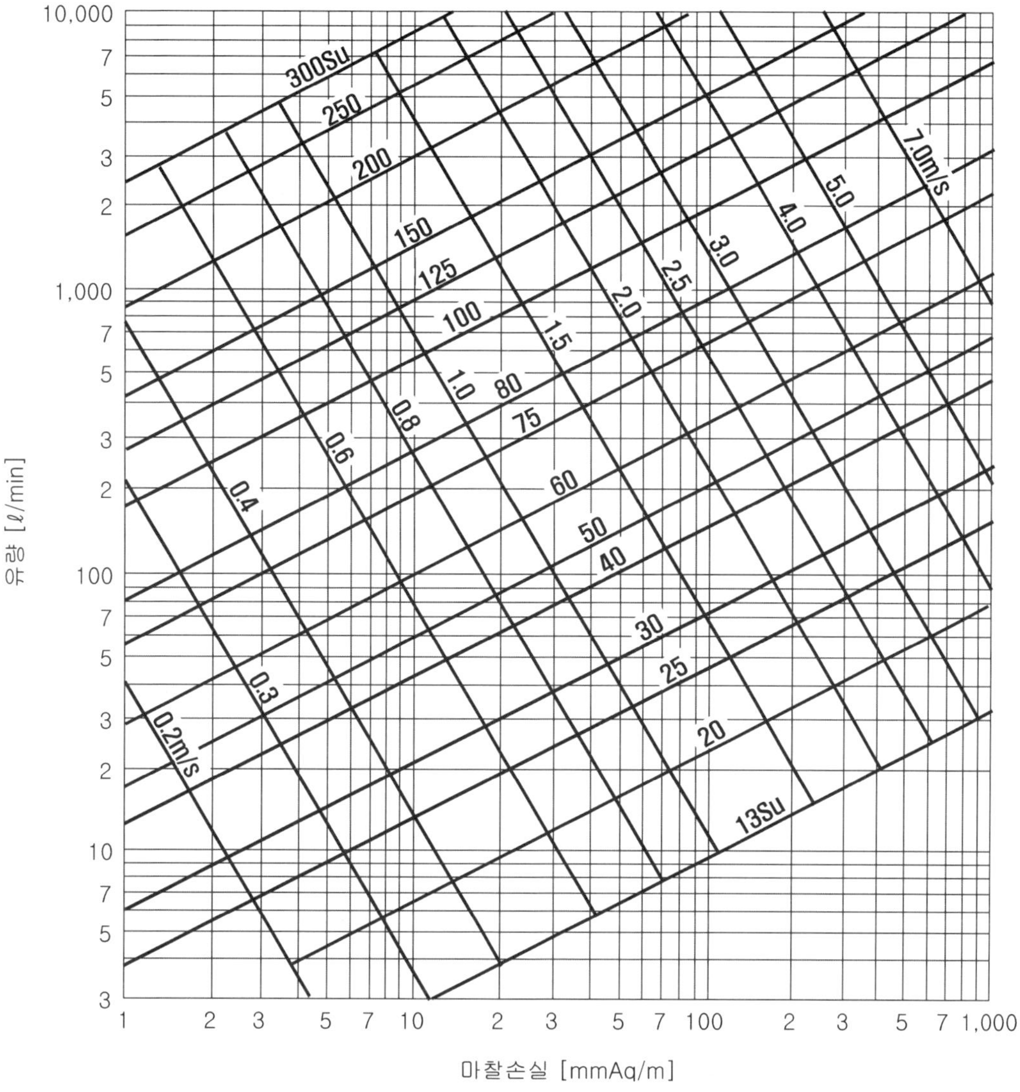

그림 2.47 유량선도(스테인리스강관)

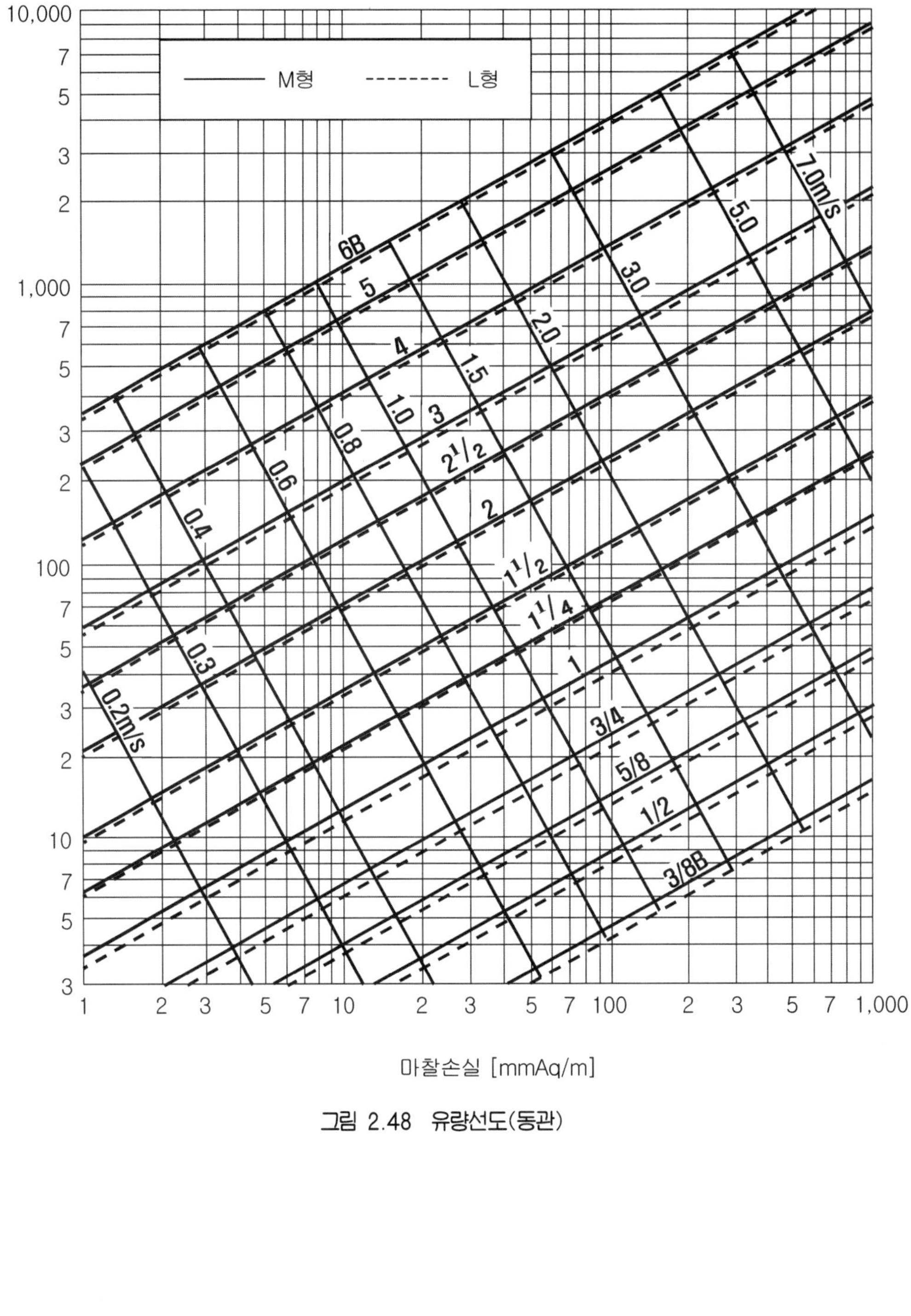

그림 2.48 유량선도(동관)

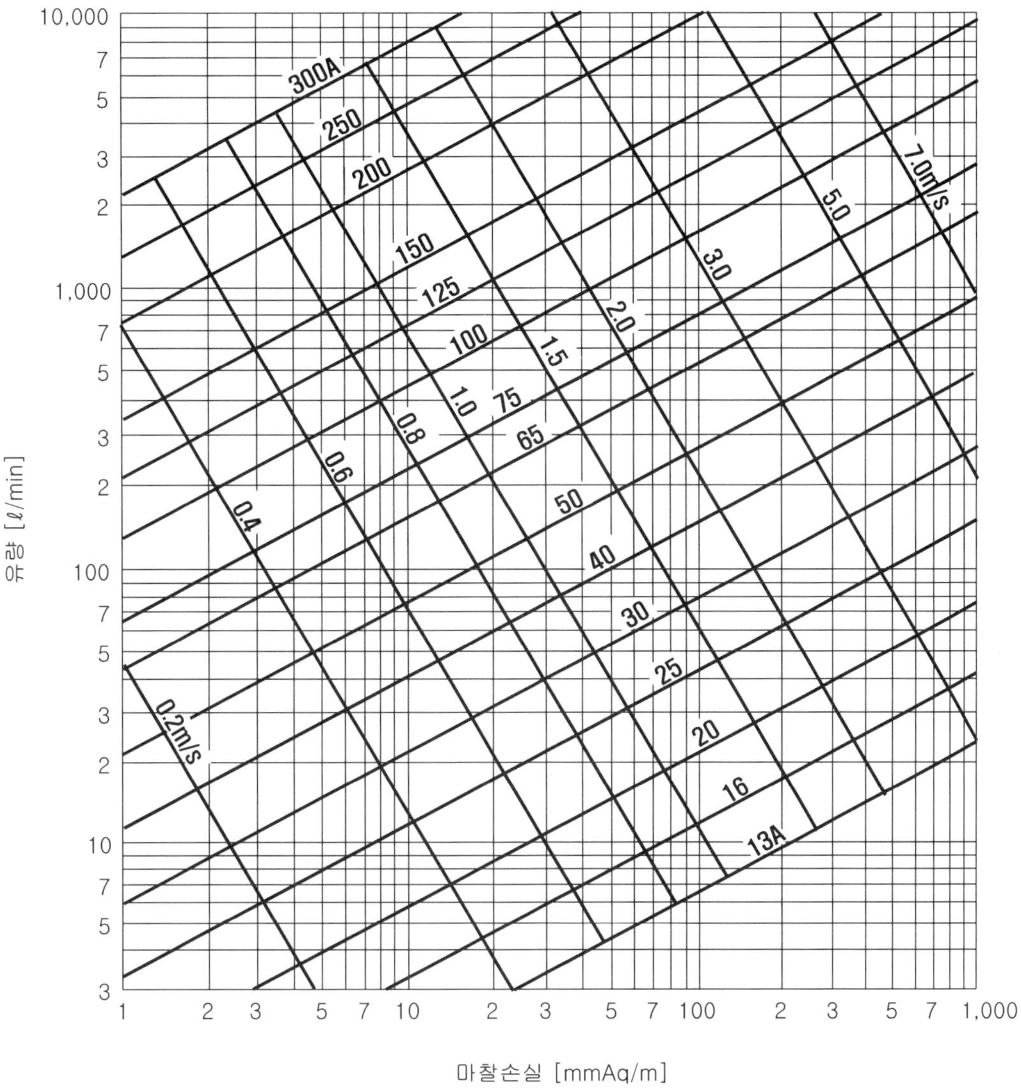

그림 2.49 유량선도(경질염화비닐관)

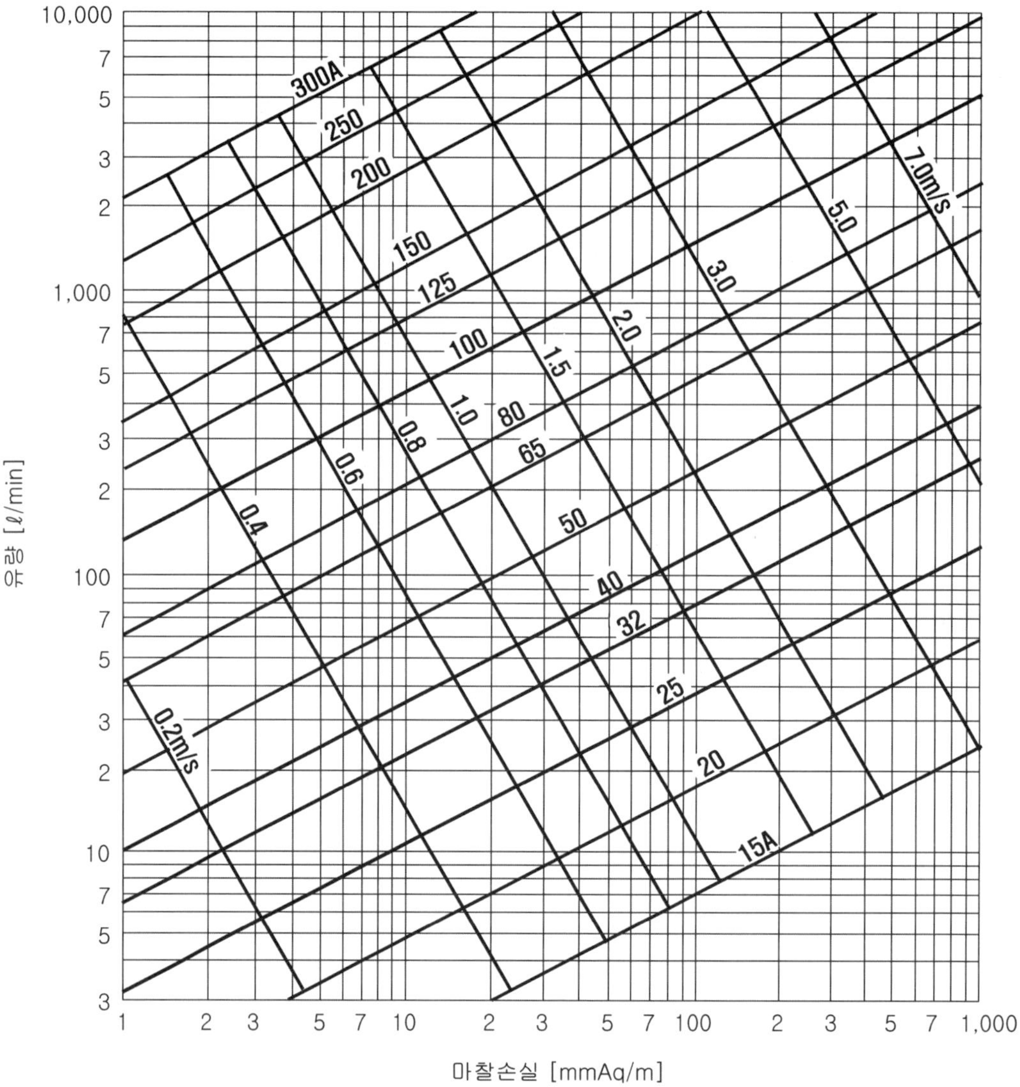

그림 2.50 유량선도(경질염화비닐라이닝강관)

2) 유량선도에 의한 관경 결정

그림 2.51에 유량선도에 의한 관경 결정의 순서를 나타낸다.

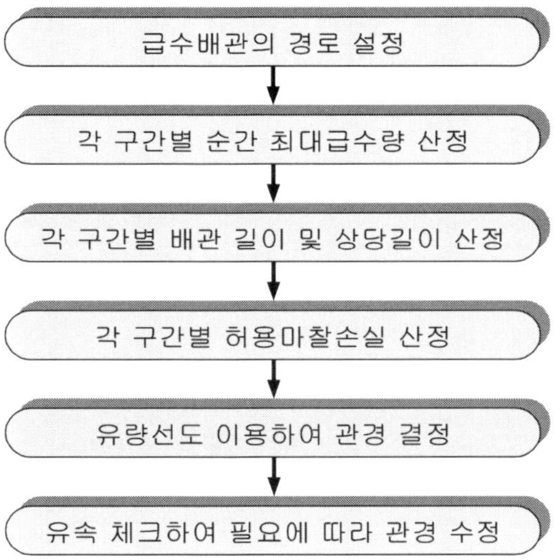

그림 2.51 유량선도에 의한 관경 결정 순서

① 급수배관의 경로

예를 들어 저수조나 고가수조에서 각 위생기구까지의 배관 경로를 설계자가 정하는 것으로 통상 가장 짧은 거리가 되도록 정한다.

② 순간 최대급수량

급수배관의 구간에 따라 해당되는 위생기구의 종류 및 개수 등에 의거해서 산정하며, 산정방법으로는 다음과 같은 종류가 있다.

㉮ 기구급수부하단위에 의한 방법
㉯ 물사용시간비율과 기구급수단위에 의한 방법
㉰ 기구이용으로부터 예측하는 방법

이와 같은 산정방법 중, ㉰ 기구이용으로부터 예측하는 방법은 산정방법이 간편하지만 기구수가 적을 경우에만 적용할 수 있고, ㉯ 물사용시간비율과 기구급수단위에 의한 방법은 전반적인 경우에 적용 가능하지만 산정과정이 번잡한 면이 있어 실무적으로는 대부분 ㉮ 기구급수부하단위에 의한 방법을 이용하고 있다. 따라서 본서에서는 기구급수부하단위에 의한 방법만을 설명하기로 한다. 기구급수부하단위에 의한 방법은 각 위생기구별 급수부하단위를 산출하고 동시사용유량선도로부터 순간 최대유량을 산출하는 방법이다.

㉮ 기구급수부하단위

기구급수부하단위란 각 위생기구별 사용빈도와 사용시간을 고려하여 어느 위생기구 1개에 대한 부하의 정도를 수치화한 것이다. 따라서 물 사용량이 많은 대변기가 물 사용량이 상대적으로 적은 소변기보다 급수부하단위가 크며, 또 같은 대변기라 해도 사용빈도가 높은 공용 대변기가 사용빈도가 낮은 개인용 대변기보다 그 값이 크게 된다. 표 2.17에 기구급수부하단위를 나타낸다.

표 2.17 기구급수부하단위

기 구 명	기구급수부하단위		기 구 명	기구급수부하단위	
	공용	개인용		공 용	개인용
대변기(세정밸브형)	10	6	주 방 싱 크		3
대변기(세정탱크형)	5	3	청 소 싱 크	4	3
소변기(세정밸브형)	5		욕 조	4	2
소변기(세정탱크형)	3		샤 워 기	4	2
세 면 기	2	1	순간 온수기	2	
수 세 기	1	0.5	세면기 싱크(수전 1개당)	2	

㉯ 동시사용유량(순간 최대급수량)

상기 기구급수부하단위를 이용하여 급수배관계의 해당 구간별 순간 최대급수량을 산정하게 된다. 이때 순간 최대급수량은 해당 구간에 접속된 위생기구들의 동시사용률을 고려하고 있기 때문에 동시사용유량이라 한다. 그림 2.52에 동시사용유량을 산정하기 위한 동시사용유량선도를 나타낸다. 그림 2.52의 (b)는 (a)의 일부를 확대한 것으로, 기구수가 많은 대규모 건물에서는 (a)를, 기구수가 많지 않은 중 · 소규모 건물에서는 (b)를 적용할 수 있다.

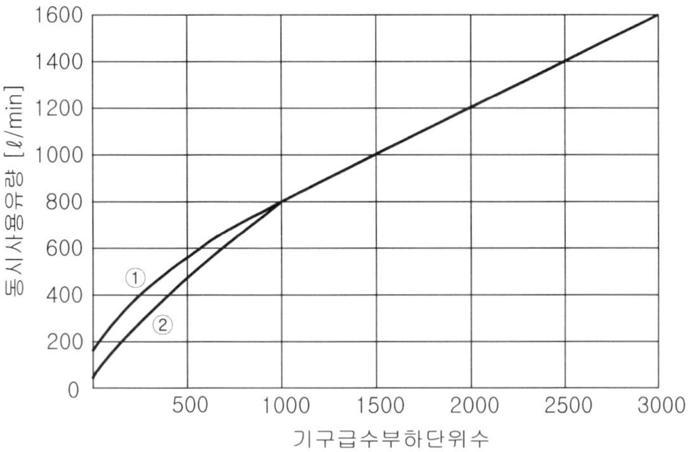

(a) 동시사용유량

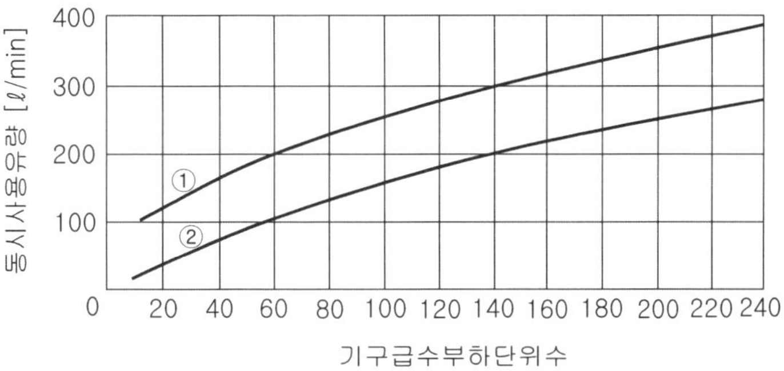

(b) 동시사용유량(일부 확대)

【주】 그림에서 곡선 ①은 세정밸브가 많은 경우에, 곡선 ②는 세정탱크가 많은 경우에 각각 적용한다.

그림 2.52 동시사용유량선도

③ 배관길이 및 상당길이

관경을 구하고자 하는 구간의 배관길이는 설계자가 설정한 배관의 경로에 따라 그 길이를 산정하면 된다. 또, 상당길이란 「4. (2) 3) ② 손실양정」 부분에서 설명한 바와 같이 배관계 도중의 부속기기들을 직관부 배관으로 가정할 때의 직관부 배관길이를 나타내는 것이다. 정확한 상당길이는 해당 구간에 설치되어 있는 모든 부속기기들에 대한 상당길이를 구한 후 합산해야 하지만, 이것을 정확히 계산하는 것은 대단히 번잡하므로 실무적으로는 이들의 개략치로서 해당 구간 직관부 배관길이의 0.5~1배로 고려하는 것이 일반적이다. 따라서 직관부 길이와 상당길이를 합친 값은 직관부 길이의 1.5~2배라고 가정할 수 있다.

④ 허용마찰손실압력

관경을 산정하고자 하는 구간까지 급수가 배관을 통과하면서 발생하는 압력손실의 허용범위를 나타내는 것으로 다음 식으로 산정된다.

$$i = \frac{P - P_f - P'}{l + l'} \qquad (2.26)$$

i : 단위길이당 허용마찰손실압력 [kg/cm² · m]

P : 정수두(靜水頭) [kg/cm²]

P_f : 관경을 결정하고자 하는 구간의 시작점까지의 마찰손실압력. 즉, 관경을 결정하고자 하는 구간보다 상부에 있는 수직관까지의 마찰손실압력(최상층을 기준으로 하여 최상층의 P_f는 '0'으로 한다). [kg/cm²]

P' : 관경을 결정하고자 하는 구간의 말단에 위치한 기구의 최소필요압력 [kg/cm²]

l : 급수가 시작되는 위치에서 관경을 결정하고자 하는 구간까지의 직관 길이 [m]

l' : 급수가 시작되는 위치에서 관경을 결정하고자 하는 구간까지의 밸브, 이음 등의 직관상당길이의 합계 [m]

위 식에서 정수두 P란 문자의 뜻대로 정지되어 있는 물이 내리누르는 압력을 의미하는 것으로, 그림 2.53의 높이 H가 정수두에 해당된다. 또, p.44의 식 2.11에 대한 설명에서 언급했듯이, 물의 높이와 압력과는 1kg/cm²=10m의 관계가 있으므로 H가 5m라면 위 식에서의 P는 0.5kg/cm²가 된다. 또 「③ 배관길이 및 상당길이」에서도 설명했듯이, 직관부 길이와 상당길이를 더한 값은 직관부 길이의 1.5~2배로 가정할 수 있으므로 식 2.26의 분모 부분의 $l+l'$는 $(1.5\sim2)l$로 계산할 수 있다.

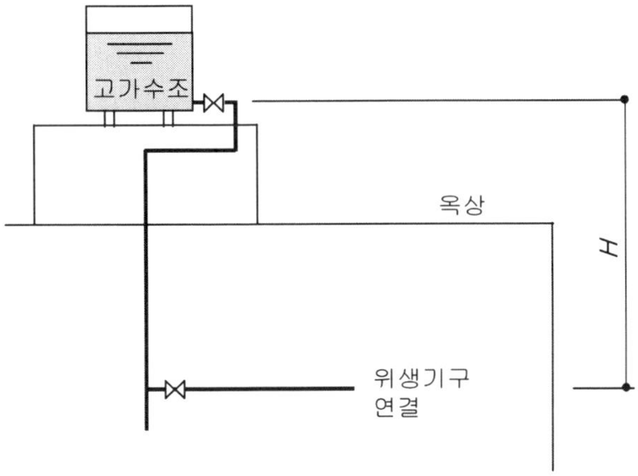

그림 2.53 정수두의 의미

⑤ 유속 체크

급수가 배관을 지나치게 빠르게 통과하면 소음 및 뒤에 언급하는 워터해머 등이 발생하므로 이를 방지하기 위해 배관 내 물의 속도는 1~2m/s가 바람직하다. 따라서 유량선도에 의해 배관경을 산정할 때 유속이 이 범위를 벗어나면 배관의 크기를 더 크게 하여 유속을 낮추는 것이 바람직하다.

【예제 2.11】

다음과 같이 구성되어 있는 급수관의 A, B, C, D 구간의 순간 최대급수량을 기구급수부하단위에 의한 방법으로 산정하시오. 대변기와 소변기는 세정밸브형이며, 각 기구는 모두 공용으로 가정한다.

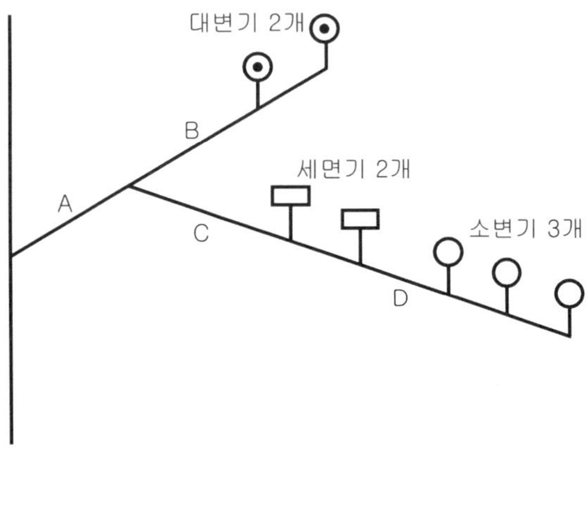

풀이

표 2.17에서 기구급수부하단위를 산정하고, 그림 2.52(b)에서 순간 최대급수량(동시사용유량)을 산정한다. 문제에서 대변기 및 소변기는 세정밸브형이라 했으므로, 그림 2.52(b) 중 ①번을 적용하여, 다음 표와 같이 구간별로 계산한다.

구간	기구명	개수	기구급수부하단위 (표 2.17)	기구급수부하단위 합계	순간 최대급수량 [l/min] (그림 2.52(b)의 ①)
D	소변기	3	5	5×3=15	115
C	세면기	2	2	2×2+15(D구간)=19	118
	D구간의 소변기				
B	대변기	2	10	10×2=20	120
A	B구간의 대변기, C구간의 세면기 및 소변기			20(B구간)+19(C구간)=39	170

【주】 순간 최대급수량은 그래프에서 읽은 값이므로 약간의 오차가 발생할 수 있다.

【예제 2.12】

다음과 같이 구성되어 있는 급수관에서의 단위길이당 허용마찰손실압력을 구하시오. 각 층에는 세정밸브형의 대변기와 소변기, 그리고 세면기가 있는 것으로 한다. 또 배관계통의 밸브, 이음 등의 직관상당길이는 배관 직관부의 100%로 가정한다.

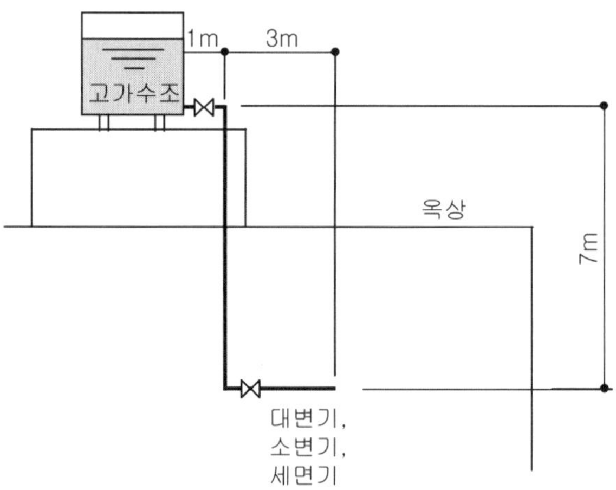

풀이

식 2.26을 이용하여 산정한다. 정수두 P는 7m(=0.7kg/cm^2), 관경 결정 구간까지의 마찰손실 P_f는 '0'(구성상 최상층과 마찬가지로 생각할 수 있음), 설치되어 있는 위생기구는 세정밸브형의 대 · 소변기 및 세면기이므로 말단부 기구의 최소필요압력은 p.45의 표 2.4로부터

0.7kg/cm²로 한다. 또, 관경결정 구간까지의 직관부 길이는 (1+7+3)=11m이며, 밸브, 이음 등의 부속기기류의 직관상당길이는 100%로 가정했으므로 11m가 된다. 따라서 단위 길이당 허용마찰손실압력은

$$i = \frac{P - P_f - P'}{l + l'} = \frac{7 - 0 - 0.7}{11 + 11} \fallingdotseq 0.3[\mathrm{kg/cm^2}]$$

그림 2.51의 설계순서에 따라 급수배관계 각 부분의 관경을 산정하는 이와 같은 방법은 상기 설명에 나타나 있듯이, 관경의 산정 과정 중에 정수두가 필요하게 되며, 급수방식 중에는 고가수조방식에서만 정수두가 확보되어 있다. 한편, 고가수조방식에서 정수두(靜水頭)란 고가수조의 수면(실제로는 고가수조의 급수관이 연결된 지점)과 최상부 기구와의 수직높이차를 나타내는 것인데, 고가수조방식을 설계할 때 정해야 할 요소 중의 하나가 바로 이 고가수조의 설치 위치를 정하는 것이다. 즉, 설계자가 고가수조의 높이를 어느 정도로 하느냐에 따라 필요한 관경이 달라지며, 고가수조의 설치위치를 정하는 기준이 되는 것이 고가수조로부터의 급수관의 배관마찰손실수두(p.48 식 2.12의 H_2) 즉 마찰저항(국부저항 포함)이다.

정수두가 확보되어 있는 고가수조방식에서는 그림 2.51의 설계방법이 가장 합리적인 방법이기는 하지만 정수두가 확보되어 있지 않은 고가수조방식 이외의 방식에서는 이 설계방법을 적용할 수 없고, 또 고가수조방식에서도 고가수조의 설치높이를 정하기 위해서는 적어도 고가수조와 최상층 기구까지의 수직 급수관은 배관의 마찰저항을 임의로 정해야 하기 때문에 실무적으로는 배관의 마찰저항을 30~100mmAq/m 범위에서 임의로 정하고 그 값에 의해서 유량선도를 이용하여 배관경을 산정하는 것이 일반적이다.

따라서, 유량선도를 이용한 실무적인 배관경 산정방법은 유량선도의 가로축 값인 마찰저항(30~100mmAq/m)과 세로축 값인 유량(구간별 순간 최대급수량)을 이용하여 적절한 관경을 선정하고 그때의 유속이 1.5~2m/s를 초과하게 되면 그 이내가 되도록 관경을 크게 하는 조정 과정을 거치게 되는 것이 일반적이다.

【예제 2.13】

다음과 같은 펌프직송방식으로 급수관이 이루어져 있는 곳에서 각 구간별 배관경을 유량선도를 이용하여 산정하시오. 단, 배관의 단위길이당 마찰저항은 50mmAq/m로 가정하며, 대변기 및 소변기는 공용의 세정밸브형으로 한다. 또 배관의 재질은 스테인리스강관으로 한다.

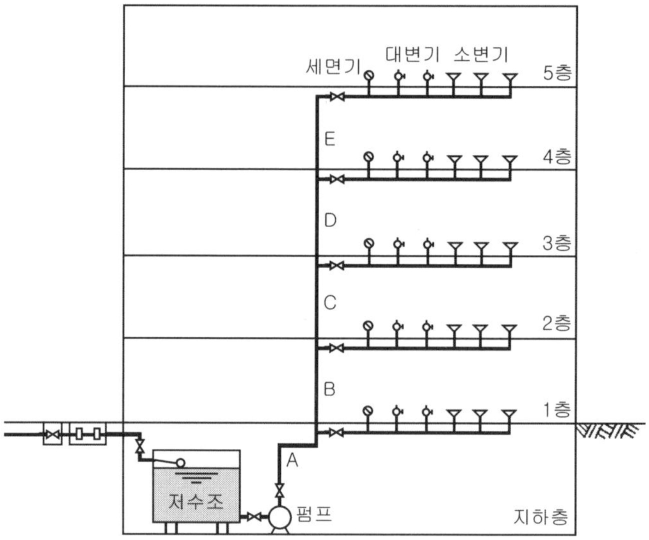

풀이

표 2.17에서 기구급수부하단위를 산정하고, 문제에서 대변기 및 소변기는 세정밸브형이라 했으므로 그림 2.52(b) 중 ①번을 적용하여 순간 최대급수량(동시사용유량)을 산정한다. 산정된 순간 최대급수량을 유량으로 하고, 문제에서 배관의 단위길이당 마찰저항을 50mmAq /m로 가정했으므로, 이 두 요소를 그림 2.47(스테인리스강관용 유량선도)에 적용하여 배관경을 산정한다.

구간	기구명	개수	기구급수 부하단위 (표 2.17)	기구급수부하단위 합계	순간 최대급수량 [l/min] (그림 2.52(b)의 ①)	배관경 [mm] (그림 2.47)
A	세면기 대변기 소변기	5 10 15	2 10 5	2×5+10×10+5×15=185	340	75
B	세면기 대변기 소변기	4 8 12	2 10 5	2×4+10×8+5×12=148	310	75

구간	기구명	개수	기구급수 부하단위 (표 2.17)	기구급수부하단위 합계	순간 최대급수량 [l/min] (그림 2.52(b)의 ①)	배관경 [mm] (그림 2.47)
C	세면기	3	2	2×3+10×6+5×9=111	260	75
	대변기	6	10			
	소변기	9	5			
D	세면기	2	2	2×2+10×4+5×6=74	220	60
	대변기	4	10			
	소변기	6	5			
E	세면기	1	2	2×1+10×2+5×3=37	160	60
	대변기	2	10			
	소변기	3	5			

스테인리스강관에 대한 유량선도인 그림 2.47에 의한 배관경 산정과정을 아래에 나타낸다. 예를 들어 B 구간의 경우 위 표에서 순간 최대급수량은 310l/min로 계산이 되었고, 또 문제의 조건에서 단위길이당 마찰손실은 50mmAq/m로 했으므로 아래 그림에서 점선과 같이 나타낼 수 있다.

아래 그림에서 2개의 점선이 만나는 점에 해당하는 부분이 필요한 배관경이 된다. 그림에서는 60과 75 사이인 약 68 정도의 위치에서 점선이 만났는데, 68mm의 배관은 시판되고 있지 않으므로 실제 시판하고 있는 배관의 크기 중 하나인 75mm의 배관을 선정하면 된다. 한편, 유속은 2개의 점선이 만나는 점에서는 약 1.6m/s가 되지만, 배관경을 75mm로 정했으므로 만나는 점이 왼쪽으로 이동하여 1.2m/s가 된다. 이때 주의해야 할 것은 두 개의 점선이 만나는 점이 75mm 배관의 선으로 이동할 때 왼쪽으로 갈 것인가, 위쪽으로 갈 것인가 하는 점인데, 배관경이 68에서 75로 변경될 때 그로 인해 마찰손실은 변하지만 유량은 변하지 않는다. 따라서 68에서 75로 이동하는 것과 같은 경우에는 유량이 변하지 않는 왼쪽 방향으로 이동시켜야 한다는 점에 주의를 기울일 필요가 있다.

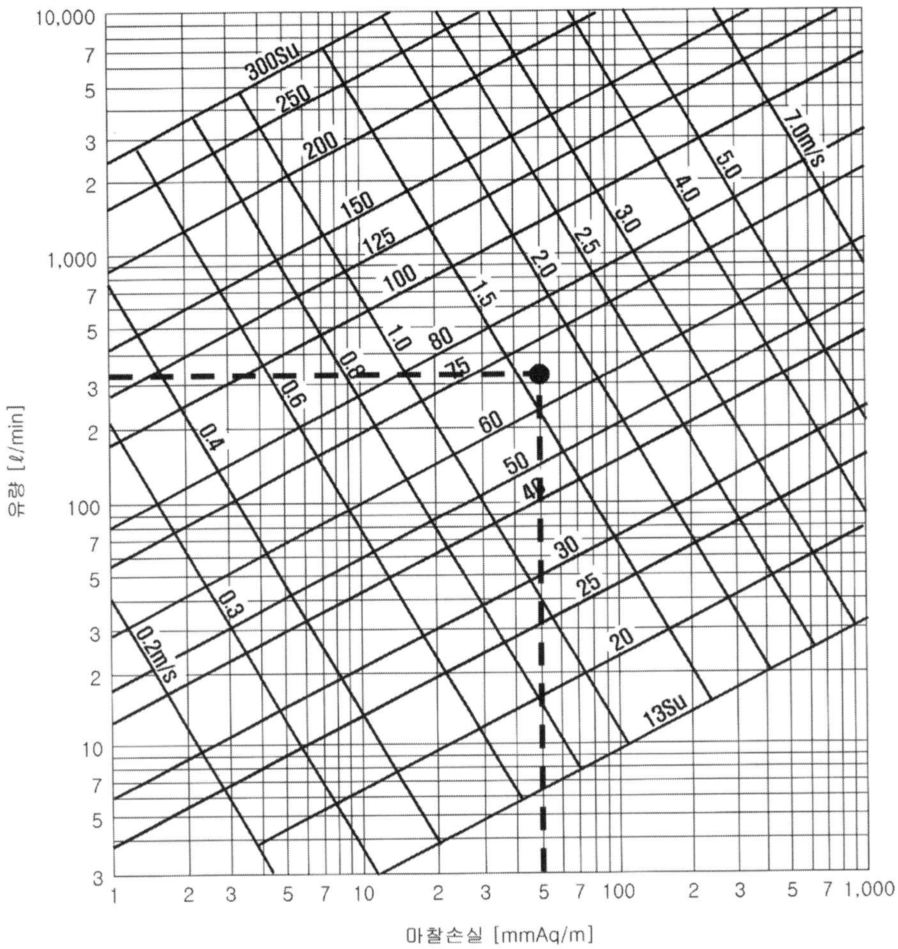

6. 워터해머(water hammer)

어떤 원인에 의해 배관계 내에서 부분적으로 압력이 크게 변동하면서 기기의 내압(耐壓), 충격음, 진동 등의 문제가 발생하는 경우가 있는데, 이 현상을 워터해머 또는 수격작용(水擊作用)이라 한다.

(1) 워터해머의 원인

배관계 내에서 워터해머가 발생되는 원인으로는 다음과 같은 2가지가 있다.

① 배관 내 물 흐름의 정지

② 펌프가 정지했을 때의 수주분리(水柱分離)

1) 배관 내 물 흐름의 정지

물이 배관을 흐르고 있을 때 배관계 중간이나 말단부에 설치되어 있는 밸브가 급격히 닫히게 되면 물의 흐름이 정지되거나 감속이 되면서 물이 원활히 빠져나가지 못하므로 부분적으로 압력이 크게 상승한다. 이 급격한 압력변동으로 인해 물이 파도처럼 되면서 충격 또는 진동 등의 형태로 배관계에 전달된다.

펌프 부분에서도 이러한 배관 내 물 흐름의 정지가 발생할 수 있다. 고장 등의 원인으로 펌프가 정지하면 양수관(揚水管)에 있던 물이 올라가지 못하고 밑으로 떨어지게 되는 역류가 발생하게 되는데, 이때 펌프 토출관 쪽에 설치되어 있는 체크밸브가 급격히 닫히면서 위에서 설명한 급격한 압력변동이 발생하게 된다. 체크밸브에 대해서는 「4. (3) 3) ④ 체크밸브」에 설명되어 있다.

2) 펌프가 정지했을 때의 수주분리(水柱分離)

고장 또는 기타 이유로 펌프가 움직이지 않게 되면 펌프는 관성력만으로 회전이 되다가 이윽고 정지하게 된다. 펌프의 회전이 급격히 줄어들다가 이윽고 정지가 되어도 펌프 토출관 쪽에 있던 물은 관성력에 의해 계속 가려고 한다. 펌프의 회전이 급격히 줄어들면서 토출관으로 공급되는 물은 급속히 감소하는 반면, 토출관에 있던 물은 앞으로 나아가고 있기 때문에 토출관은 압력이 낮아지게 된다. 즉, 들어가는 것은 없는데 나가는 것은 있기 때문에 그 부분이 빈 공간이 되며 그에 따라 압력도 떨어지는 것으로 이해할 수 있다.

이 낮아진 압력의 정도가 물의 포화증기압 이하로 되면 물이 증발하게 되므로 순간적으로 물이 중간에 없어지는 수주분리(水柱分離)가 발생한다. 물의 증발과 포화증기압에 관해서는 「4. (2) 7) 캐비테이션과 NPSH」에 자세히 설명되어 있다. 낮아진 토출관의 압력은 곧 원래 상태로 돌아오게 되므로 수주(水柱)는 다시 결합이 되는데, 이때 상당히 강한 수격압(水擊壓)이 발생하면서 배관에 충격이나 진동을 유발하게 된다.

(2) 워터해머 방지책

배관 내 물 흐름의 정지로 인해 발생하는 워터해머를 방지하기 위한 방법으로는 다음과 같은 것들이 있다.

① 배관 내 유속이 2m/s 이내가 되도록 배관경을 산정한다.

② 워터해머의 발생이 예상되는 곳에 그림 2.54와 같은 수격방지기를 설치한다.

③ 펌프가 정지할 때 물의 역류로 인해 펌프 토출 쪽에서 발생하는 워터해머의 방지를 위해서는, 역류가 발생하기 전에 밸브를 닫는 급폐쇄형 체크밸브, 또는 약간의 역류를 허용하면서 밸브를 닫는 완폐쇄형 체크밸브와 같은 수격방지 체크밸브를 적용한다.

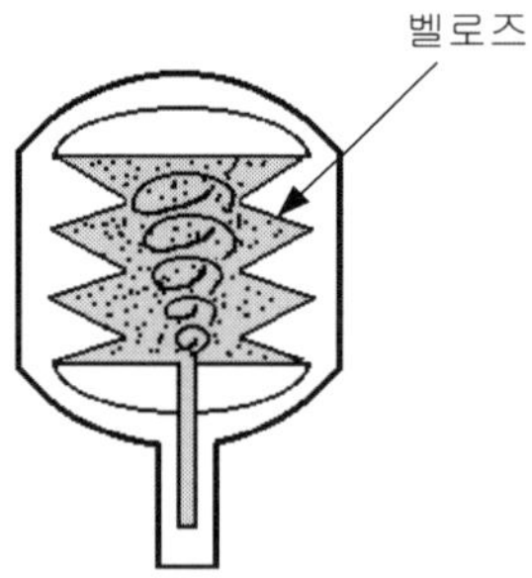

(a) 벨로즈형

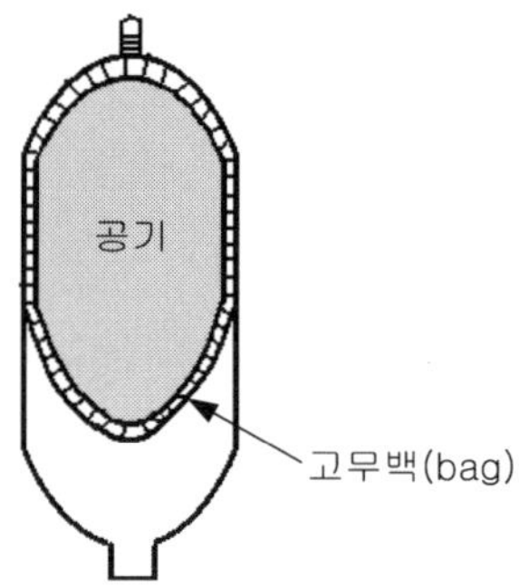

(b) 고무백형

그림 2.54 수격방지기

펌프가 정지할 때의 수주분리로 인해 발생하는 워터해머를 방지하기 위해서는 상기 ②에서 설명한 바와 같은 수격방지기를 설치할 필요가 있으며, 양수펌프와 고가수조가 평면적으로 멀리 떨어져 있는 그림 2.55와 같은 평면구성이 되어 있으면 그림의 실선과 같이 수평 주관을 가급적 낮은 위치에 설치하도록 한다. 그림의 점선과 같이 높은 곳은 낮은 곳에 비해 압력이 낮기 때문에 수주분리가 일어나기 쉽기 때문이다.

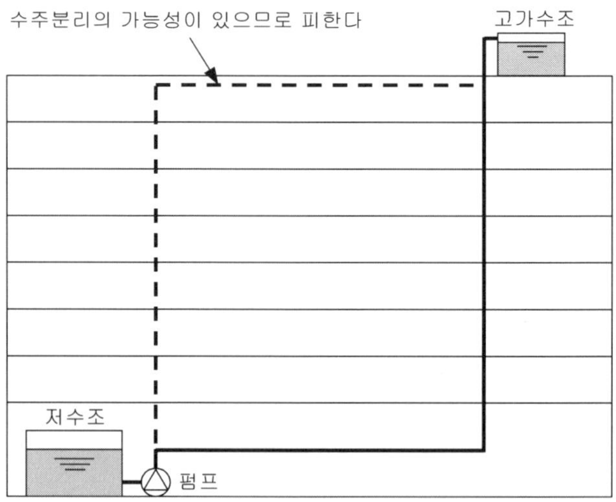

그림 2.55 수평주관의 바람직한 배치형태

7. 급수설비의 오염방지

음료수계통의 수원(水源)은 일반적으로 상수도가 사용되고 있으며, 건물에서는 수도직결 방식을 제외하고는 저수조, 펌프, 고가수조 등을 거쳐 각 수전(수도꼭지)에 급수되므로 급수설비를 구성하는 각 장비 및 기구의 재질, 구조 등에 따라서는 수질이 오염될 수 있다. 수질이 오염되면 우리의 건강에 직접적으로 악영향을 미치게 되므로 이를 방지하기 위한 대책이 강구되어야 한다.

(1) 수질 오염의 원인

건물 내에서 수질이 오염되는 원인으로는 다음과 같은 것들을 들 수 있다.

① 수조 내에서 미생물 및 이끼 등이 발생
② 먼지, 벌레 등이 수조에 침입
③ 크로스커넥션(cross connection)에 의한 비음료수의 혼입
④ 배수의 역류(逆流)
⑤ 기기, 배관류의 부식

(2) 수질 오염 방지책

상기와 같은 원인에 의해 발생되는 수질 오염은 아래와 같은 조치를 취함으로써 방지할 수 있다.

1) 저수조, 고가수조 등에서의 오염 방지

음료용 수조에는 다른 용도의 물을 공급하지 않고, 수조 내면에 칠하는 도료는 수질에 전혀 영향을 주지 않는 것으로 하며, 저수조를 설치하는 장소는 배수관과는 가급적 떨어뜨려 배수의 영향이 없는 곳으로 한다. 또한, p.56 그림 2.13의 저수조 설치기준에서도 언급했듯이 수조 주위에는 점검이 가능하도록 공간을 확보하고, 수조와 외부와의 개방 부분이 되는 맨홀, 넘침(over flow)관, 통기관 등은 위생상 유해한 것이나 우수 등의 침입이 되지 않는 구조로 한다. 맨홀은 반드시 자물쇠를 잠가서 관계자 이외에는 열 수 없도록 해야 하는데 관리자의 부주의로 그렇지 않은 경우가 있고, 넘침관, 통기관 등에도 방충망이 찢겨져서 벌레나 작은 새들이 침입하는 경우가 있으므로 평소에도 세심한 주의를 기울여야 한다.

저수조는 지하에 설치하게 되므로 직사일광을 받는 경우가 없겠으나 고가수조는 건물 옥상에 설치하는 경우가 일반적이므로 직사일광의 영향으로 수조 내에 이끼류가 번식할 염려가 있다. 따라서 고가수조도 옥외에 설치하지 않고 물탱크실을 만들어서 그 안에 설치하는 것이 수질오염 방지의 면에서 바람직하다.

대형 스포츠시설에서는 경기 및 행사가 있는 날과 그렇지 않은 날에 급수량의 변화가 매우 심하며, 따라서 급수용 물이 사수(死水)가 될 가능성이 크다. 사수란 오랫동안 사용되지 않은 물을 의미하는데, 물이 오랫동안 사용되지 않고 저수조 등에 체류되어 있으면 소독용 염소가 공기 중에 증발이 되어 없어지므로 세균 번식이 용이하게 이루어져 우리의 건강에 치명적인 영향을 미칠 수가 있게 된다. 따라서 대형 스포츠시설과 같은 용도의 건물에서는 사수를 방지하는 대책이 필요하며 그 방법으로는 다음과 같은 것들이 있다.

① 화장실 세정용과 같은 비음료용의 물을 음료용과 별도 계통으로 하여 음료용 저수조의 용량을 작게 한다.
② 저수조에 자동멸균장치를 설치하여 저수조 내에서의 세균 번식을 방지한다.
③ 그림 2.56과 같이 상수 급수관을 루프 형태로 하여 부하가 작을 때에는 주기적으로 배관 속에 있는 물을 저수조로 보내 저수조 내에서 멸균작용이 이루어지도록 한다.

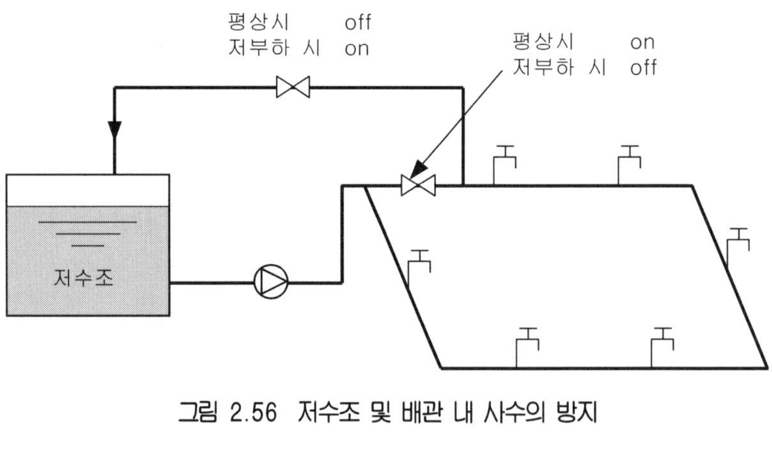

그림 2.56 저수조 및 배관 내 사수의 방지

2) 크로스커넥션의 방지

크로스커넥션이란 그림 2.57과 같이 음료수배관과 음료수 이외의 배관이 접속되는 것을 말한다. 크로스커넥션이 된 상태에서 음료수계통에 접속된 다른 계통의 물이 가열 또는 다른 원인에 의해 음료수계통의 압력보다 크게 될 경우 다른 계통의 물이 음료수계통으로 유입되어 급수 오염의 원인이 된다. 따라서 건물을 신축할 때뿐 아니라 장래의 증·개축 때에도 크로스커넥션을 방지하기 위해 급수계통별로 색을 칠해 구분이 쉽도록 하는 것이 바람직하다.

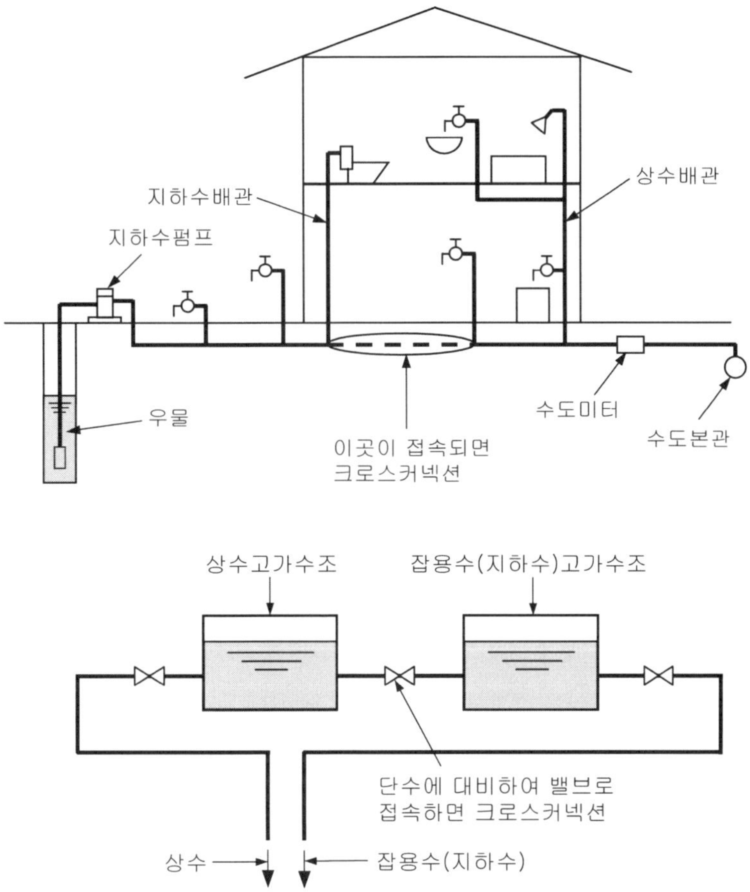

그림 2.57 크로스커넥션의 예

3) 배수 역류의 방지

급수가 끊기는 단수 등이 발생하면 급수관 내에 물이 없어지는 것은 물론이고 경우에 따라서는 단수 직전에 급수관을 흐르던 물에 의해 관내 공기도 물과 함께 배출되어 공기도 없어지게 된다. 이렇게 되면 급수관 내부는 일시적으로 부압(負壓, －압)이 되고 급수관 외부는 일반적인 대기압 상태이므로, 상대적으로 급수관 외부는 고기압, 급수관 내부는 저기압이 된다. 공기는 고기압에서 저기압으로 흐르므로 급수관 외부로부터 급수관 내부로 공기가 빨려 들어가게 되며, 마침 급수관 주변에 배수가 있게 되면 공기와 함께 배수도 급수관 내부로 빨려 들어가게 된다. 이 현상이 배수의 역류이다.

수도직결 증압방식이나 펌프직송방식의 급수방식에서는 그림 2.58과 같이 역사이펀작용에 의해 배수가 수전으로부터 나오는 역류현상이 일어날 수 있다.

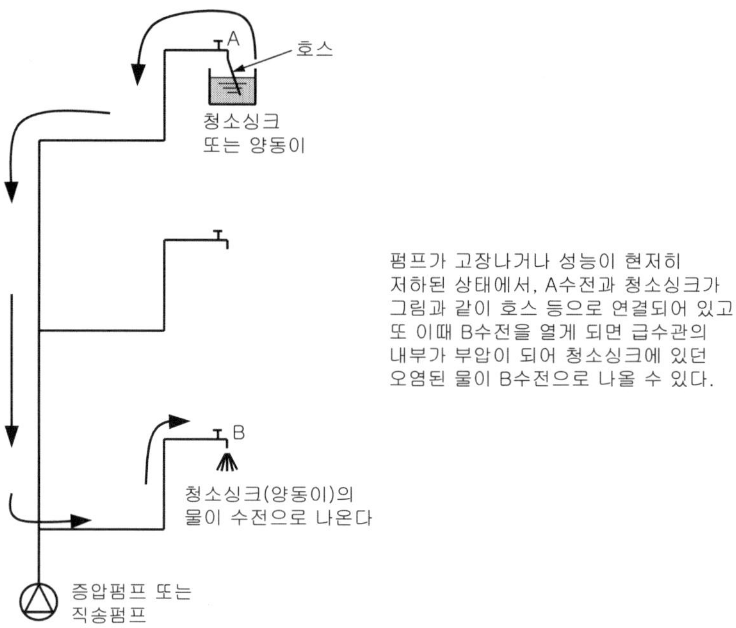

그림 2.58 역사이펀작용에 의한 역류현상의 예

그림 2.59와 같이 급수전과 세면기 상단부와의 거리를 일정거리 이상 떨어뜨려 놓으면 물이 중력에 반해 올라갈 수는 없으므로 배수의 역류를 방지할 수 있다. 그러나 그림 2.58의 예에서와 같이 급수전에 고무호스를 접속하고 그 호스 끝 부분을 청소싱크(양동이) 속에 넣어 사용하는 예가 종종 있는데, 이 상태에서 급수관이 부압이 되면 호스를 매개체로 하여 청소싱크(양동이) 속의 물이 급수관 안으로 역류하게 되므로 주의를 기울여야 한다.

또, 그림 2.59와 같은 세면기에서는 토수구 공간을 확보할 수 있으나, 대변기의 세정밸브와 같이 토수구 공간을 확보할 수 없는 경우에는 급수관 도중에 버큠 브레이커(vacuum breaker, 진공차단기)를 설치한다. 버큠 브레이커란 진공차단기라는 번역어에서도 알 수 있듯이, 급수관 등의 내부에 부압(負壓, −압)이 발생할 때 자동적으로 공기를 빨아들여 대기압 상태를 유지하도록 함으로써, 사용된 물이 역사이펀작용으로 상수계통으로 역류하는 것을 방지하도록 되어 있는 기구이다.

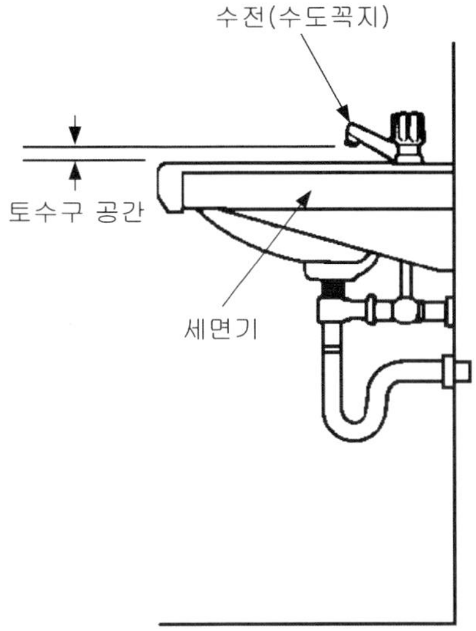

그림 2.59 토수구 공간

4) 기기 · 배관류의 부식

금속은 산소의 작용으로 녹이 생기는 부식현상이 발생하는데, 배관 내에 장기간 물이 흐르게 되면 물속에 포함되어 있는 용존산소(溶存酸素)의 영향으로 부식이 진행된다. 부식의 진행상태는 외관으로는 파악하기 어려우므로 건물을 신축할 때부터 부식에 강한 재료를 사용하는 등의 세심한 주의를 기울여야 한다. 배관재의 부식성 등의 특성에 관해서는 「4. (3) 1) 배관재」에 설명되어 있다.

제3장 급탕설비

제3장 급탕설비

1. 개요

예전에는 겨울에 목욕을 하고자 할 때나 그릇을 닦고자 할 때 연탄불로 물을 데워서 하기도 했으나, 우리의 생활수준이 높아짐에 따라 따뜻한 물을 언제라도 즉시 사용하는 것이 당연한 것으로 인식이 되었다. 이렇게 온수는 일반적인 수돗물과 마찬가지로 목욕, 세면, 식기세척 등과 같은 우리의 일상생활에 필수불가결한 요소로 되어 있는데, 온수를 언제라도 필요한 곳에서 공급받을 수 있도록 해주는 시스템이 급탕설비이다.

급수설비에서 언급한 수돗물과 마찬가지로 급탕용 온수는 우리의 몸속으로 들어가거나 우리의 피부에 직접 닿는 것이므로 위생적으로 안전해야 함은 물론이며, 그 밖에도 사용목적에 적합한 수압과 필요한 수량이 확보되어야 한다.

물에는 용존(溶存)산소, 용해(溶解)염류를 비롯해서 각종 불순물이 포함되어 있으며, 이것들은 온도가 올라가면 배관재 등에 대해 부식작용을 촉진시키기도 하고, 또 화학작용에 의해 화합물로 변해 배관에 부착됨으로써 배관을 막히게 하기도 하므로 급탕설비는 급수설비보다 유지관리에 더 세심한 주의를 기울여야 한다.

(1) 온수의 성질과 열량

1) 온수의 성질

물은 4℃에서 밀도가 가장 높게 되며 따라서 체적은 가장 작아진다. 물의 온도가 4℃보다 낮아지거나 4℃보다 높아지면 체적이 점점 커지는데, 급탕설비를 비롯한 급배수·위생설비에서는 물이 4℃ 이하가 되는 경우는 다루지 않으므로 물의 체적은 가열할수록 계속 커진다고 정의할 수 있다.

물을 계속 가열하면 체적이 점점 커지므로, 밀폐된 용기나 배관 내에 있는 물을 가열하게 되면 팽창된 부분만큼의 물이 빠져나갈 곳이 없어 결국에는 용기나 배관의 안쪽 면을 미는 압력으로 작용하게 된다. 풍선에 바람을 넣어주면 풍선은 점점 커지다가 어느 한계에 도달하면 터지고 마는 것과 마찬가지로, 밀폐된 용기나 배관 내에서 물이 계속 팽창하게 되면 이들 용기나 배관이 파손되는 결과를 가져온다. 따라서 급탕설비와 같이 온수를 취급하는 장비에는 온수의 팽창으로 인한 충격을 흡수하기 위해 팽창된 온수가 빠져나갈 수 있는 공간의 역할을 하는 부속기기가 설치되어 있거나, 일정 압력 이상이 되면 자동적으로 열려 팽창된 부분이 대기 중에 배출되도록 하는 안전밸브 등이 부착되어 있다. 급탕설비의 안전장치에 대해서는 「4. (2) 3) 안전장치」에서 설명한다. 표 3.1에 물의 온도와 밀도와의 관계를 나타낸다.

표 3.1 물의 온도와 밀도와의 관계

온도 [℃]	밀도 [kg/m³]	온도 [℃]	밀도 [kg/m³]
0	999.8	70	977.7
5	1,000.0	80	971.6
10	999.8	90	965.1
15	999.2	100	958.1
20	998.3	110	950.7
25	997.1	120	942.8
30	995.7	130	934.6
35	994.1	140	925.9
40	992.3	150	916.8
50	988.0	160	907.3
60	983.1	170	897.3

【주】 1) 표의 구성상 온도 5℃에서 가장 높은 밀도로 나타나 있으나 실제로는 4℃에서 밀도가 가장 높음.

2) 표에서 100℃보다 높은 온도의 물에 대한 밀도도 나타나 있는데, 급탕설비에서는 100℃보다 높은 온도의 고온수는 취급하지 않으나 고온수난방 등에서는 100℃보다 높은 온도의 고온수를 이용하고 있으며, 이는 대기압보다 높은 기압 조건에서 제조할 수 있다.

【예제 3.1】

30℃의 물을 80℃로 가열하면 물은 어느 정도 팽창하겠는가?

풀이

표 3.1에 의하면 80℃인 물의 밀도(971.6kg/m³)가 30℃인 물의 밀도(995.7kg/m³)보다 작으므로 물이 팽창되었음을 알 수 있다. 30℃ 물 1kg의 체적을 v_1 , 80℃ 물 1kg의 체적을 v_2 라고 하면 체적은 밀도의 역수이므로 $v_1 = \frac{1}{995.7}$ [m³/kg], $v_2 = \frac{1}{971.6}$ [m³/kg] 이

된다. 따라서, 원래의 체적 대비 팽창된 비율은 $\frac{v_2 - v_1}{v_1} \fallingdotseq 0.025$ 즉, 약 2.5% 증가함을 알 수 있다.

2) 온수의 열량

대단히 높은 산과 같은 특수한 경우를 제외하고 우리가 일반적으로 생활하고 있는 대기압 조건에서는 1kg의 물을 1℃ 올리는 데 필요한 열량을 1kcal로 정의하고 있다. 또한 어떤 물질 1kg을 1℃ 올리는 데 필요한 열량을 비열이라고 하는데, 이와 같은 의미에서 물의 비열은 1kcal/kg℃가 된다. 물의 밀도가 온도에 따라 약간씩 다르듯이, 물의 비열도 온도에 따라 약간의 차이가 있지만 그 차이는 매우 작으므로 통상 1kcal/kg℃로 해도 무방하다. 따라서 온수를 만들고자 할 때 가해야 할 열량은 물의 비열인 1kcal/kg℃를 이용하여 다음 식으로 나타낼 수 있다.

$$H = mc(t_h - t_c) \tag{3.1}$$

- H : 필요 가열량 [kcal]
- m : 물의 질량(무게) [kg]
- c : 물의 비열 [kcal/kg℃]
- t_h : 가열한 후의 물의 온도 [℃]
- t_c : 가열하기 전의 물의 온도 [℃]

급탕설비를 비롯한 건축설비에서는 물의 무게를 kg 보다는 l로 나타낼 때가 많다. 따라서 상기 식 3.1에서도 kg 대신에 l로 나타내는 것이 일반적인데, 물의 경우 1l≒1kg이므로 별도의 환산 절차를 거쳐 수치를 변환시킬 필요는 없다.

【예제 3.2】

주전자에 20℃의 수돗물 500l를 넣고 가스레인지에서 100℃의 물로 끓이고자 한다. 물을 끓이기 위해 가스레인지에서 사용되는 열량은 어느 정도이겠는가?

풀이

식 3.1을 이용한다. 물의 양 500l는 500kg이고, 물의 비열은 1kcal/kg℃, 그리고 물을 끓이기 전과 끓인 후의 온도차는 (100−20)℃이므로 필요 가열량은 $H = mc(t_h - t_c) = 500 \times 1 \times (100 - 20) = 40{,}000$ [kcal]가 된다.

(2) 사용온도와 급탕온도

온수의 사용 용도로는 음료, 세면, 주방, 세탁, 식품조리 등이 있으며, 음료용으로는 85~95℃, 기타 용도로는 40~50℃ 정도의 온수가 사용된다.

급탕온도는 너무 높으면 화상의 염려가 있고, 너무 낮으면 온수가 낭비되는 경향이 있기 때문에 55~60℃의 온수를 공급하여 사용자가 취향에 따라 물을 섞어서 적절한 온도로 조절하여 사용하는 것이 일반적이다. 표 3.2에 온수의 사용온도의 예를 나타낸다.

표 3.2 온수의 용도별 사용온도의 예

용 도	사 용 온 도 [℃]
음 료 용	85~95 (식혀서 마시므로 실제 마시는 온도는 50~55)
목욕, 샤워	42~45
세 면	35~40
주 방	40~45
옥내수영장	일반용 : 25~28(겨울철에는 30 전후), 경기용 : 25 전후

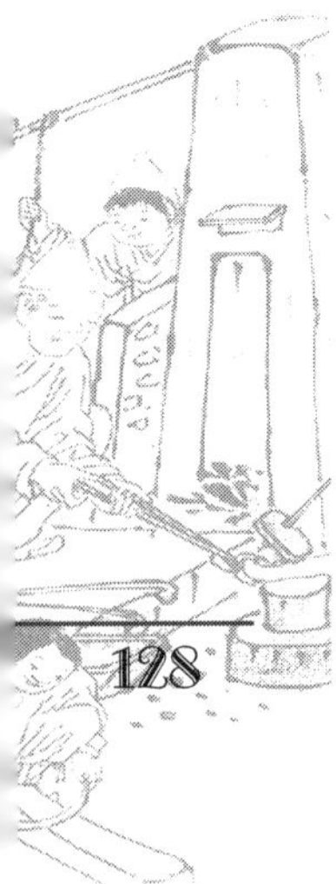

어린이나 장애자가 이용하는 시설의 경우, 어린이나 장애자는 온수 온도의 조절 능력이 없을 수 있으므로 위에서 설명한 55~60℃의 온수를 세면기나 샤워기에 공급하게 되면 신체에 위험을 초래할 수 있어 처음부터 표 3.2와 같은 사용온도로 온수를 공급하는 것이 바람직하다. 그러나 온수를 취급하는 급탕설비의 경우 온수의 온도가 55℃ 이하가 되면 레지오넬라균의 번식 가능성이 있으므로, 어린이나 장애자 시설과 같이 급탕온도를 낮추어서 공급하는 경우는 급탕배관이나 급탕탱크 등을 정기적으로 소독할 필요가 있다. 한편 급탕온도보다 사용온도가 더 높을 경우에는 필요한 장소에서 사용자가 온수를 재가열해서 사용한다.

(3) 급탕설비 설계순서

급탕설비의 설계는 먼저, 건물의 규모, 용도, 사용인원, 사용시간과 같은 건물 개요를 파악한 후, 국소식으로 할 것인가 중앙식으로 할 것인가에 대한 급탕방식을 결정한다. 국소식의 경우에는 별도의 배관방식, 배관경로 등과 같은 배관계획이 필요하지 않으나 중앙식으로 할 경우에는 이와 같은 배관계획과 함께 급탕순환펌프의 크기를 결정하는 과정이 필요하다. 그림 3.1에 일반적인 급탕방식의 설계순서의 예를 나타낸다.

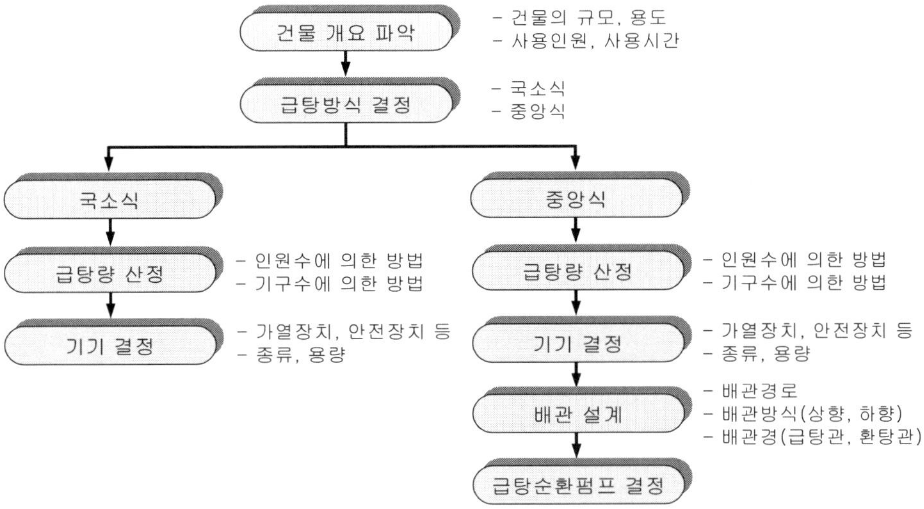

그림 3.1 급탕설비 설계순서의 예

2. 급탕방식

급탕방식은 크게 국소식과 중앙식으로 분류하고 있는데, 건물의 규모나 급탕 사용량 등에 따라 적절한 것을 선택해야 한다.

(1) 국소식(局所式)

급탕을 필요로 하는 각각의 장소에서 직접 온수를 제조하여 비교적 짧은 급탕배관으로 온수를 공급하는 방식으로, 급탕개소가 적은 소규모 건물이나, 대규모 건물이라 해도 급탕개소가 분산되어 있는 경우 또는 각각의 개소에서 사용온도, 사용시간 등이 다른 경우에 주로 적용한다. 급탕개소가 분산되어 있는 곳에서 중앙식을 적용하게 되면 급탕배관의 길이가 불필요하게 길어져 공사비 및 운전비의 낭비를 초래한다. 국소식 급탕방식에는 순간식, 저탕식 및 열매혼합식 등이 있다.

1) 순간식

가스를 연료로 하는 순간온수기(순간탕비기, 순간급탕기) 등을 사용하여, 기기와 온수 사용개소가 매우 가까운 곳에 급탕하는 방식이다. 그림 3.2와 같이 수돗물과 가스가 동시에 공급되면서 즉시 온수가 제조되는 것으로, 순간온수기와 같은 가열장치는 해당 장소에서의 순간 최대급탕량을 필요온도로 제조할 수 있는 용량이 되어야 한다.

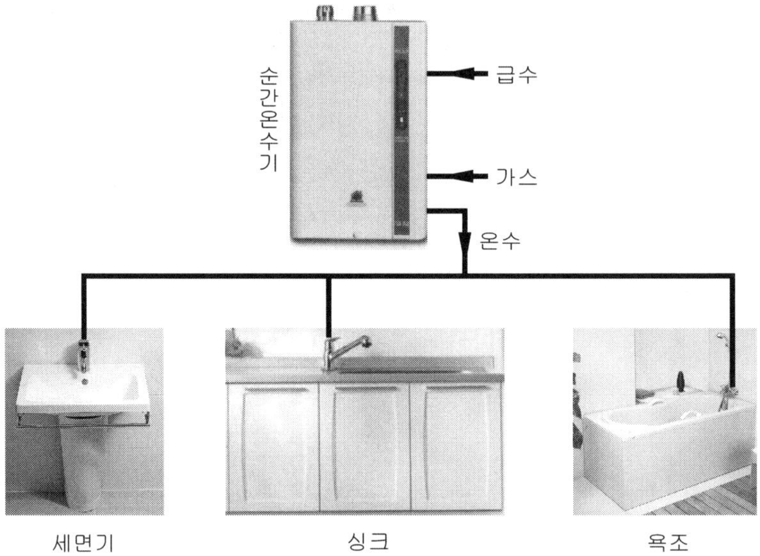

그림 3.2 순간식 급탕방식

이용실이나 미용실과 같이 온수의 순간 사용량이 많지 않으면서 스위치를 넣으면 즉시 온수가 공급되어야 하는 곳에 적절하며, 소규모 주택에서도 널리 이용되고 있다. 한편 이 방식에 사용하는 가열장치는 내부에 온수를 저장하지 않으므로, 전체적인 사용량이 많은 경우는 물론, 전체적인 사용량이 많지 않아도 순간 최대급탕량이 많은 장소에서는 적절하지 않으며, 이 경우에는 다음에 나타내는 저탕식을 적용하는 것이 바람직하다.

2) 저탕식

상기 순간식에서 언급한 바와 같이 급탕사용량이 많거나 순간 최대급탕량이 많은 곳에서 순간식을 적용하게 되면 가열장치의 능력이 지나치게 커지므로 이러한 경우에는 저탕식을 적용하는 것이 일반적이다. 저탕식은 그림 3.3에서 나타내는 바와 같이 순간식과 개념은 동일하며, 단지 장치 내에 온수를 저장할 수 있다는 점이 다르다. 가열장치로는 그림 3.3과 같이 저탕이 가능한 보일러를 설치하거나, 또는 별도의 저탕탱크(급탕탱크)와 조합을 이룬 소형의 보일러를 설치하는 경우도 있다.

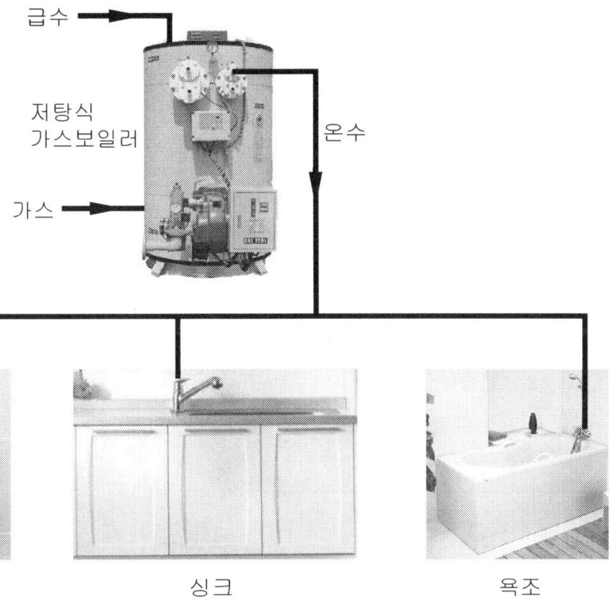

그림 3.3 저탕식 급탕방식

3) 열매혼합식

열매(熱媒)란 열의 매체라는 뜻으로 여기에서는 구체적으로 증기를 의미한다. 즉, 급탕을 필요로 하는 곳에 일단 증기를 공급하고 그 장소에서 온수를 제조하는 것으로, 대형목욕탕과 같은 곳에서 증기를 욕조에 공급하여 욕조의 물과 혼합시킴으로써 온수를 제조하는 것이 그 예이다.

그림 3.4에 열매혼합식의 예를 나타낸다. (a)는 증기를 직접 물과 혼합시켜 온수를 만드는 것이고, (b)는 증기와 물을 욕조까지 오는 도중의 기수(氣水)혼합밸브에서 혼합시켜 적절한 온도의 온수를 만들어 욕조에 공급하는 방식이다. (a)와 같이 증기를 직접 물속에 공급하여 온수를 만드는 장치를 사일렌서(silencer)라고 하는데, 이것은 증기를 물속에 넣을 때 발생하는 소음이 적게 되도록 고안되어 있다.

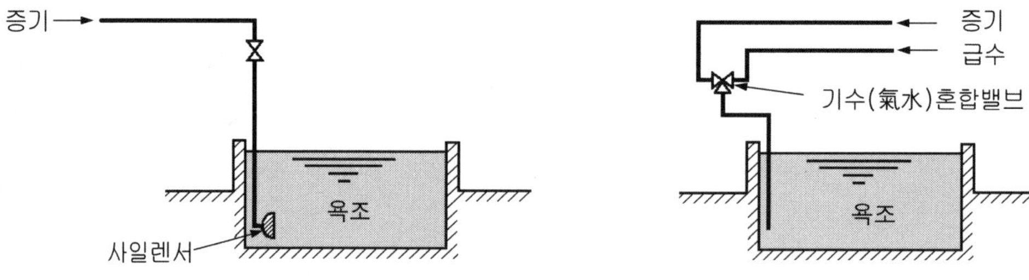

(a) 사일렌서 이용　　　　(b) 기수혼합밸브 이용

그림 3.4 열매혼합식 급탕방식

(2) 중앙식

광범위하게 분포되어 있는 급탕개소에 대해 기계실과 같은 어느 한 장소에서 온수를 제조하여 배관을 통해 각 급탕개소에 공급하는 방식으로, 아파트와 같은 공동주택의 화장실 및 주방에 온수가 공급되는 것이 우리가 쉽게 접할 수 있는 중앙식 급탕방식의 예이다. 이 방식은 공동주택뿐 아니라 호텔, 병원 등과 같이 온수의 사용량이 많고 급탕개소도 많은 건물에서 주로 적용된다.

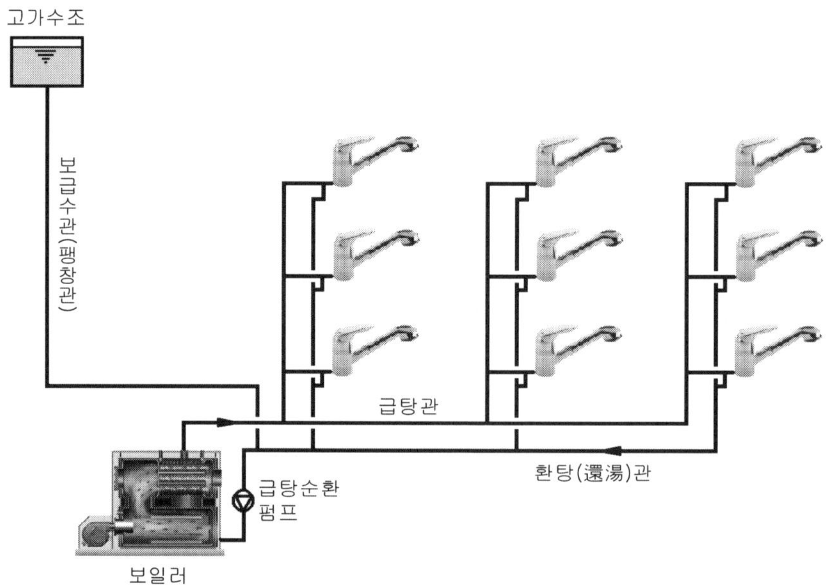

그림 3.5 중앙식 급탕방식

국소식은 가열장치와 온수의 사용개소가 근접해 있기 때문에 배관계획을 필요로 하지 않으나, 중앙식은 배관 길이가 길기 때문에 부속기기 및 순환펌프 등의 부속장치가 필요하고 배관의 경로도 선정해야 하므로 적절한 배관계획을 필요로 한다. 그림 3.5에 중앙식 급탕방식의 예를 나타낸다. 그림에서 보일러와 고가수조 간에 보급수관이 연결되어 있는데, 이는 세면, 샤워 등으로 온수가 사용되면 사용된 만큼 새로이 물을 공급해 주어야 하기 때문이다. 한편 보급수관은 그림에 나타나 있는 바와 같이 팽창관으로서의 역할도 하게 되는데, 팽창관에 대해서는 「4. (2) 3) 안전장치」에서 설명하기로 한다. 이와 같이 급탕방식은 크게 국소식과 중앙식이 있으며, 건물의 용도나 규모에 따라 적절한 것을 선택하게 되는데, 두 방식의 장단점 및 특징을 아래의 표 3.3에 나타낸다.

표 3.3 급탕방식의 비교

구분	국 소 식	중 앙 식
장점	· 설치가 용이하여 새로 필요개소가 생겼을 때 쉽게 온수를 얻을 수 있다. · 급탕개소마다 규모가 소형이므로 설비규모가 작아 설비비면에서 유리하다. · 배관이 짧아 열손실이 적다. · 주택 등에서는 난방 겸용의 온수가열장치를 사용할 수 있다.	· 기구가 많으므로 동시사용률을 적용할 수 있어 가열장치의 총 용량을 줄일 수 있다. · 관련기기가 다른 장치와 함께 기계실 등에 집중되어 있으므로 유지관리가 용이하다. · 배관만 연결하면 건물 내 어느 곳이든 급탕이 가능하다.
단점	· 급탕개소마다 가열기의 설치공간이 필요하다. · 급탕개소가 많아 유지관리가 번거로울 수 있다. · 기름과 같은 저렴한 연료를 사용하기 어렵다.	· 설비규모가 크고 복잡하여 설비면에서 불리하다. · 전임의 담당기술자가 필요하다. · 배관이 길어 열손실이 크다 · 시스템이 복잡하므로 건물 준공 후 증설이 용이하지 않다.

3. 급탕량

건물 내에서 급탕용으로 사용되는 온수의 양은 건물의 종류와 규모, 설비내용에 따라 달라지므로 정확한 급탕량을 산정하는 것은 용이하지 않으나, 일반적으로는 급수설비에서의 급수량과 마찬가지로 건물에 거주할 것으로 추정되는 인원수에 의한 방법 또는 건물에 설치될 급탕용 기구수에 의한 방법에 의해 급탕량을 산정한다. 일반적인 건물에서는 인원수에 의한 방법을 적용하고, 온수의 사용이 일시에 집중될 것으로 예상되는 건물에서는 기구수에 의한 방법을 적용하는 것이 바람직하다. 한편, 동일 건물에 대해 이 두 가지 방법으로 급탕량을 산정할 때 대부분은 차이가 발생되기 때문에 어느 쪽 방법의 값을 취할 것인가에 대해서는 설계자의 경험 및 아이디어에 따라 이루어지고 있다.

또 급수설비에서와 마찬가지로 상기 두 가지 방법은 1일 급탕량 및 시간 최대급탕량 등을 산정하는 데 이용되는 것이고, 관경 산정을 위해 필요한 순간 최대급탕량은 「5. (2) 1) 순간 최대급탕량 및 동시사용유량」에서 설명하기로 한다.

(1) 인원수에 의한 방법

급수설비에서 제시했던 식 2.1과 같은 방법으로 급탕인원을 산정한 후, 다음 식에 의해 1일 급탕량 및 시간 최대급탕량을 구한다.

$$Q_d = N \times q_d \qquad (3.2)$$

Q_d : 건물의 1일 급탕량 [l/d]

N : 급탕인원 [인]

q_d : 1인 1일 급탕량 [l/d.인]

$$Q_h = Q_d \times q_h \qquad (3.3)$$

Q_h : 시간 최대급탕량 [l/h]

q_h : 1일 급탕량에 대한 시간 최대급탕량의 비율

상기 식의 항목 중에서 1인 1일 급탕량 q_d 및 1일 급탕량에 대한 시간 최대급탕량의 비율 q_h는 다음의 표 3.4에서 구할 수 있다.

표 3.4 건물의 종류별 급탕량

건물 종류	1인 1일 급탕량	1일 급탕량에 대한 시간 최대급탕량의 비율	피크로드의 계속 시간	1일 급탕량에 대한 저탕비율	1일 급탕량에 대한 가열능력의 비율
	q_d [l/d.인]	q_h	h	ν	γ
주택, 아파트, 호텔 등	75~150	1/7	4	1/5	1/7
사 무 소	7.5~11.5	1/5	2	1/5	1/6
공 장	20	1/3	1	2/5	1/8
레스토랑(1일 3식)		1/10	8	1/5	1/10
레스토랑(1일 1식)		1/5	2	2/5	1/6

【주】 1) 급탕량 값은 급탕온도가 60℃인 경우의 값이므로 급탕온도가 낮으면 급탕량은 늘어나게 된다.
2) 주택, 아파트 등에서 세탁기나 식기세척기가 있을 경우에는 세탁기 1대당 150l, 식기세척기 1대당 60l를 추가한다.

한편 표 3.4에는 1일 급탕량에 대한 저탕비율 ν와 가열능력의 비율 γ가 있는데, 1일 급탕량이 산정되면 이들 값에 의해 주요 급탕설비인 저탕탱크(온수를 저장하는 탱크)와 가열기(예를 들어, 급탕용 보일러) 용량을 다음 식에 의해 산정할 수 있다.

$$V = Q_d \times \nu \tag{3.4}$$

$$H = Q_d \times \gamma \times (t_h - t_c) \tag{3.5}$$

V : 저탕탱크 용량 [l]
H : 가열기 용량 [kcal/h]
Q_d : 1일 급탕량 (식 3.2)
ν : 1일 급탕량에 대한 저탕비율
γ : 1일 급탕량에 대한 가열능력의 비율
t_h : 급탕온도 [℃]
t_c : 보일러에 들어가는 물의 온도(급수온도) [℃]

(2) 기구수에 의한 방법

건물에 설치되어 있는 각 위생기구별로 사용되는 급탕량을 각각 계산하여 전체 급탕량을 산정하는 방법으로, 다음의 식과 같이 각 기구마다의 시간당 급탕량을 구하여 누계한 값에 건물의 용도별 동시사용률을 곱해 건물에서의 시간 최대급탕량을 구한다.

$$Q_h = \sum (q \times n \times a) \times \eta \tag{3.6}$$

Q_h : 시간 최대급탕량 [l/h]
q : 기구 종류별 1회당 급탕량 [l/회.개]
n : 기구 종류별 1시간당 사용횟수 [회/h]
a : 기구 종류별 개수 [개]
η : 건물 용도별 동시사용률

상기 식에서 기구 종류별 1회당 급탕량 q 및 1시간당 사용횟수 n, 그리고 건물 용도별 동시사용률 η는 표 3.5에 나타나 있는 값을 사용할 수 있다. 표 3.5의 두 번째 열이 식 3.6의 q, 세 번째 열이 n, 그리고 네 번째 열이 $q \times n$을 나타낸다.

표 3.5는 기구 종류별로 1시간당 급탕량을 나타낸 것이고, 표 3.6은 기구 종류별 및 건물 종류별로 1시간당 급탕량을 나타낸 것으로, 표 3.6에 의한 방법이 표 3.5에 의한 방법보다 더 상세하게 산정할 수 있다. 또 표 3.6에 나타나 있는 수치는 식 3.6의 $q \times n$에 해당된다.

표 3.5 위생기구별 소요 급탕량과 건물용도별 동시사용률(급탕온도 60℃ 기준)

기 구	1회당 급탕량 q [l/회.개]	1시간당 사용 횟수 n[회/h]	1시간당 급탕량 $q \times n$ [l/h.개]	비 고	건물 용도별 동시사용률
개인 세면기	7.5	1	7.5		· 병원, 호텔 25%
공용 세면기	5	2~8	10~40		
욕 조	100	1~3	100~300		
샤 워 기	50	1~6	50~300		· 아파트, 주택, 사무소 30%
주 방 싱 크	15	3~5	45~75	주택, 아파트(식당은 별도로 계산)	
세탁용 싱크	15	4~6	60~90	세탁기 용량에 따라 달라짐	· 공장, 학교, 체육관 40%
청 소 싱 크	15	3~5	45~75		

표 3.6 각종 건물에 대한 위생기구별 소요급탕량(급탕온도 60℃ 기준) [l/h.개]

구 분	사무소	아파트	주택	체육관	병원	호텔	공장	학교
세면기(개인용)	7.5	7.5	7.5	7.5	7.5	7.5	7.5	7.5
세면기(공 용)	22	15	-	30	22	30	45	57
욕 조	-	75	75	100	75	75	-	-
샤 워 기	110	110	110	850	280	280	850	850
주 방 싱 크	75	38	38	-	75	110	75	75
청 소 싱 크	57	75	57	-	75	110	75	75
동시사용률	0.3	0.3	0.3	0.4	0.25	0.25	0.4	0.4
저탕용량 계수	2.0	1.25	0.7	1.0	0.6	0.8	1.0	1.0

【주】 저탕용량 계수는 시간 최대급탕량에 대한 저탕탱크 용량의 비율.

【예제 3.3】

연면적 50,000m²인 사무소건물에서의 1일 급탕량 및 시간 최대급탕량을 구하시오. 또, 이 건물에 저탕탱크와 급탕용 보일러를 설치하고자 한다면 각각 어느 정도의 용량이 필요하겠는가? 급탕온도는 60℃로 하고, 급탕용 보일러에 들어가는 수돗물의 온도는 5℃로 가정한다.

풀이

건물의 종류와 연면적을 알 수 있으므로 인원수에 의한 방법으로 구한다.

(1) 제2장의 식 2.1 및 표 2.1에 의해 대상 인원수를 산정한다.

N=50,000[m²]×0.6×0.2[인/m²]=6,000 [인]

(2) 1인 1일 급탕량은 11.5l로 한다.(표 3.4)

(3) 1일 급탕량 산출(식 3.2)

Q_d=6,000[인]×11.5[l/d.인]=69,000 [l/d]

(4) 시간 최대급탕량 산출(식 3.3 및 표 3.4)

Q_h=69,000[l/d]×1/5=13,800 [l/h]

(5) 저탕탱크 용량 산출

표 3.4의 1일 급탕량에 대한 저탕비율과 식 3.4를 이용한다.

V=69,000[l/d]×1/5=13,800 [l]

(6) 급탕용 보일러 용량 산출

표 3.4의 1일 급탕량에 대한 가열능력의 비율과 식 3.5를 이용한다. 급탕온도는 60℃, 보일러에 들어가는 급수의 온도는 5℃이므로

H=69,000[l/d]×1/6×(60−5)[℃]=632,500 [kcal/h]

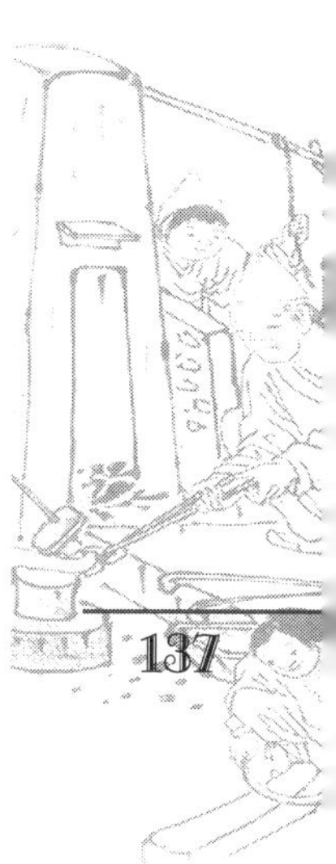

【예제 3.4】

세면기 300개(개인용 250개, 공용 50개), 욕조 250개, 샤워기 250개, 주방싱크 15개, 청소싱크 10개가 있는 호텔에서의 시간 최대급탕량을 구하시오.

풀이

기구수를 알 수 있으므로 표 3.5와 표 3.6을 이용하여 각각 산정해 본다. 표 3.5에서는 1시간당 급탕량이 일정 범위로 되어 있으므로 그 범위 내의 중간값을 1시간당 급탕량으로 하여 산정하도록 한다.

(1) 표 3.5 이용

a) 세면기(개인용) 7.5[l/h.개]×250[개]=1,875 [l/h]

b) 세면기(공용) 25[l/h.개]×50[개]=1,250 [l/h]

c) 욕조 200[l/h.개]×250[개]=50,000 [l/h]

d) 샤워기 175[l/h.개]×250[개]=43,750 [l/h]

e) 주방싱크 60[l/h.개]×15[개]=900 [l/h]

f) 청소싱크 60[l/h.개]×10[개]=600 [l/h]

호텔에 대한 동시사용률은 25%이므로 시간 최대급탕량은,

$Q_h=(1{,}875+1{,}250+50{,}000+43{,}750+900+600)\times 0.25 \fallingdotseq 24{,}590$ [l/h]

(2) 표 3.6 이용

a) 세면기(개인용) 7.5[l/h.개]× 250[개]=1,875 [l/h]

b) 세면기(공용) 30[l/h.개]×50[개]=1,500 [l/h]

c) 욕조 75[l/h.개]×250[개]=18,750 [l/h]

d) 샤워기 280[l/h.개]×250[개]=70,000 [l/h]

e) 주방싱크 110[l/h.개]×15[개]=1,650 [l/h]

f) 청소싱크 110[l/h.개]×10[개]=1,100 [l/h]

호텔에 대한 동시사용률은 25%이므로 시간 최대급탕량은

$Q_h=(1{,}875+1{,}500+18{,}750+70{,}000+1{,}650+1{,}100)\times 0.25 \fallingdotseq 23{,}720$ [l/h]

4. 기기·재료

(1) 가열장치

급탕설비에서의 가열장치는 가열기와 저탕탱크(저탕조, 급탕탱크)로 구성되며, 가열방식으로는 가스, 기름 등의 연소에 의한 연소열이나 전기에 의한 전열(電熱) 등을 이용하여 온수를 제조하는 직접가열식과, 연료의 연소 등에 의해 만들어진 증기나 고온수를 이용하여 물을 가열시킴으로써 온수를 제조하는 간접가열식이 있다. 일반적으로 직접가열식은 중·소규모의 급탕설비에, 간접가열식은 대규모 급탕설비에 이용된다.

한편 지구오염의 방지 및 에너지절약 차원에서 미활용에너지의 에너지화를 위한 노력이 세계적으로 이루어지고 있는데, 태양열을 이용하여 급탕용 온수를 제조하는 방법 및 하천수나 건물에서 나오는 배수를 열원으로 하는 히트펌프를 이용하여 온수를 제조하는 방법 등이 이용되고 있다. 현재 국내에서는 태양열을 이용한 급탕은 일부 이루어지고 있으나 히트펌프를 이용한 급탕은 경제성 면에서 불리하여 보급이 드문 편이다.

1) 직접가열식

가열기에서 제조된 온수를 직접 사용하는 장치로, 「2. 급탕방식」에서 설명했던 국소식 중 순간식 및 저탕식에서 이용되는 가열장치가 직접가열식에 해당된다. 순간온수기와 같이 별도의 저탕탱크 없이 가열기에서 제조된 온수를 즉시 사용하는 방식과, 가열기와 저탕탱크가 조합을 이루는 방식이 있다. 가열기와 저탕탱크가 조합을 이루는 방식 중에는 저탕탱크의 설치위치에 따라, 내부에 저탕탱크를 내장하고 있는 가열장치(보일러) 및 가열기와 저탕탱크가 분리되어 하나의 조합을 이루고 있는 가열장치가 있다. 그림 3.6은 가열기와 저탕탱크가 분리되어 하나의 조합을 이루고 있는 형태로, 보일러와 저탕탱크를 직접 연결하여 순환·가열시키는 방식이다.

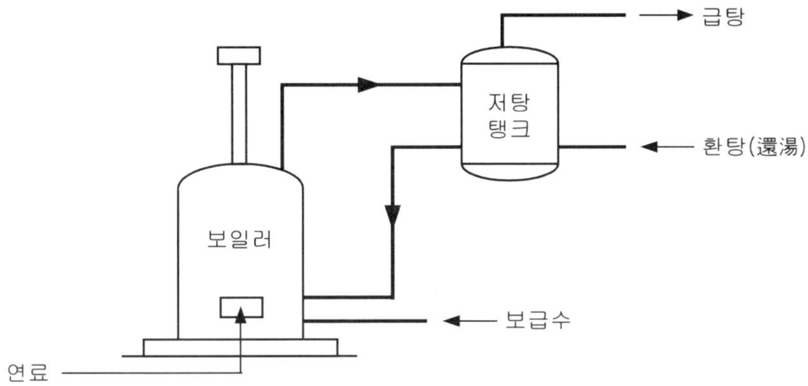

그림 3.6 직접가열식

이 방식은 순환경로가 단순하기 때문에 열효율면에서 매우 우수하지만, 급탕이 사용되는 만큼 끊임없이 보일러에 새로운 물을 넣어주어야 하므로 수처리(水處理)가 제대로 되지 않을 경우에는 보일러 내면에 스케일 부착이 되기 쉽다. 수처리란 물속에 녹아 있는 광물질이나 용존산소(溶存酸素)와 같이, 보일러 내면 및 배관계에 부착되거나 부식을 발생시켜 보일러와 배관의 열전달 성능이나 수명에 좋지 않은 영향을 미치는 성분들을 제거하는 것을 말한다.

또한 그림에서 알 수 있듯이 시스템 전체가 하나의 계통으로 서로 연결되어 있기 때문에 건물이 고층이면서 상층부까지 급탕개소가 있게 되면 배관 내 물도 상당한 양이 되고, 그 상당한 양의 물이 보일러를 내리누르게 되므로 보일러는 고압에 충분히 견딜 수 있는 것을 선정해야 한다.

2) 간접가열식

그림 3.7에 나타내는 바와 같이, 보일러에서 만들어진 증기 또는 고온수를 저탕탱크 내에 설치되어 있는 가열코일에 보내 그 증기나 고온수가 가열코일을 통과하면서 탱크 내의 물을 가열시키는 방식이다. 증기나 고온수는 탱크 내 물과 직접 섞이지는 않으면서 열교환이 이루어지므로 간접가열식이라 한다.

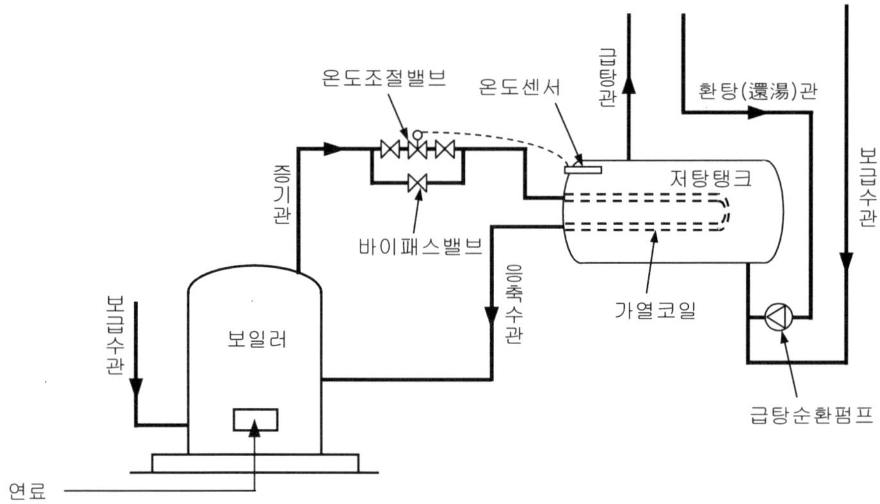

그림 3.7 간접가열식

보일러에서 제조된 온수를 즉시 사용하는 직접가열식과 달리 간접가열식은 보일러에서 제조된 증기 등을 저탕탱크에 연속적으로 보내서 저탕탱크 내의 물을 가열하여 온수를 제조 · 저장하는 것이므로 보일러 용량이 크지 않더라도 저탕탱크의 용량만 충분하다면 일시에 많은 양의 급탕이 필요하더라도 충분히 대처할 수 있어 대규모 건물에 적합하다.

이 방식은 별도의 급탕용 보일러가 없더라도 난방용 보일러가 있으면 그곳으로부터 증기나 고온수를 공급받아 온수를 제조할 수 있고, 보일러에서 제조된 증기나 고온수가 순환 도중에 누설되는 양만큼만 새로운 물을 보일러에 보급하면 되므로 보일러 내면에 스케일 발생이 적게 된다. 또한 보일러에 연결되어 있는 배관은 저탕탱크까지만 가게 되어 있어 고층건물이라 해도 보일러에 가하는 압력은 작으므로 고압에 견딜 수 있는 보일러를 채택하지 않아도 된다. 저탕탱크에는 그림과 같이 입구에 온도센서 및 온도조절밸브가 설치되어 있어 저탕탱크 안의 온수온도에 따라 증기 유입량을 조절한다. 저탕탱크는 온수를 저장해 두는 곳이므로 내부에 부식이 발생하기 쉬우며, 따라서 부식에 강한 재료로 제작되어야 한다. 저탕탱크의 재료로는 고순도 펠라이트계 스테인리스강판이나 내면을 수지로 피복한 강판(수지라이닝강판)이 많이 이용되고 있다. 그림 3.7에는 저탕탱크의 형상이 옆으로 긴 횡형(横型)으로 되어 있으나, 최근에는 설치면적을 감소시키고자 하는 목적으로 수직형태인 입형(立型)을 많이 적용하고 있다.

3) 태양열 온수기

무한한 양이 존재하고 공해가 전혀 없는 태양열을 이용하여 건물의 냉난방 및 급탕에 이용하고자 하는 시도가 최근 활발히 이루어지고 있다. 태양열을 이용하는 가열장치를 집열기(集熱器)라 하는데, 현재의 기술 수준으로는 냉난방에 이용하기에는 어렵고 가정용 급탕에 실용화되어 있는 정도이다. 또한 날씨가 흐리면 태양열을 이용할 수 없어 보조장치로서의 보일러를 설치해야 하므로 이중으로 설비비가 필요해지는 결과가 된다. 그러나 지속적인 에너지 확보가 국가의 중대한 과제임을 고려할 때, 미래의 무공해 에너지로서 주목받고 있는 태양열은 향후 그 사용범위가 크게 넓어질 것으로 기대되고 있다.

그림 3.8에 태양열을 급탕에 이용하는 시스템의 간단한 예를 나타낸다. 열원이 되는 온수는 집열기와 축열조를 순환하면서 필요한 온도를 유지하게 되며, 열원용 온수가 저장되어 있는 축열조에 급탕용으로 사용될 급수가 들어와 코일 속을 통과하면서 온도가 상승되어 급탕용 온수가 제조되는 구조로 되어 있다.

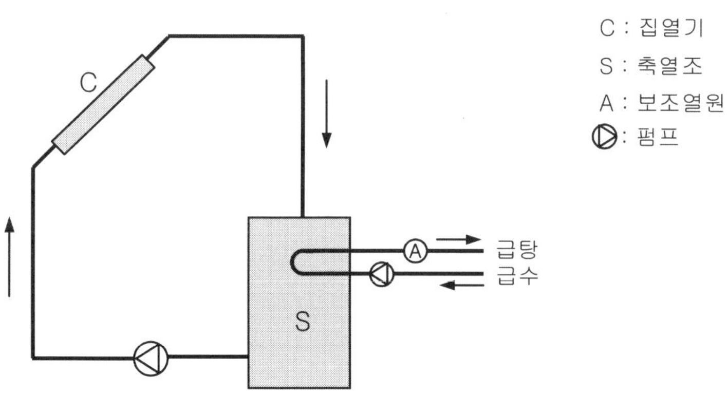

그림 3.8 태양열 온수기의 적용 예

① 집열기(집열판)

집열기(集熱器)는 태양에너지를 열에너지로 변환시켜 물 또는 공기를 가열시키는, 태양열 이용 설비에서 가장 중요한 구성요소로 그 성능과 비용이 시스템 전체에 큰 영향을 미친다. 따라서 높은 집열성능과 장기적 내구성, 낮은 제조 비용 등이 요구된다. 종류로는 집광형(集光型)과 비집광형(非集光型)이 있는데, 집광형은 태양광(太陽光) 발전용으로 주로 이용되고 있고 급탕용 및 난방용 등으로는 비집광형이 이용된다. 비집광형은 통상 평판형이라 불리고 있다. 열을 전달하는 매체로는 물이나 부동액(不凍液)을 사용한다. 이 액체가 그림 3.8에서와 같이 펌프에 의해 집열기와 축열조를 왕복하게 되며, 집열기를 통과하면서 데워진 액체가 축열조에 저장되는 구조이다. 매체가 액체이므로 동결, 부식, 누수 등의 문제가 발생하지 않는 설계 및 시공이 되는 것이 중요하다.

② 축열조

집열기에서 태양열을 이용하여 온수를 제조하는 시간대는 주간에 한정되어 있으나 실제로 급탕은 야간에 행하는 경우가 더 많기 때문에 주간에 생산된 열을 야간에 쓸 수 있도록 열을 축적시켜야 하며 그 역할을 하는 것이 축열조이다. 축열조는 열을 저장해 두는 곳이기 때문에 단열성이 대단히 강조된다.

③ 보조열원

주간에 생산하여 축적해 둔 열이 부족하다든가, 흐리거나 눈 · 비가 내려서 근본적으로 태양열을 이용하지 못할 때가 있다. 이러한 때에는 기존의 방법대로 보일러 등을 이용하여 급탕을 해야 한다. 이러한 경우의 보일러와 같은 기기를 보조열원이라 한다.

④ 펌프

집열기와 축열조 간에 물과 같은 열매체가 순환하기 위해서라든가, 또는 수돗물이 축열조 안으로 들어와 가열되어 온수가 된 후 각 급탕사용 기기에 보내어진다든가 하기 위해서는 이 물을 이동시킬 수 있는 펌프가 필요하게 된다.

그림 3.9는 태양열을 이용하고 있는 주택에서 태양열 집열기(집열판)를 지붕에 설치한 모습을 나타내고 있다.

그림 3.9 태양열 집열기가 주택 지붕에 설치된 모습

4) 용량

① 저탕탱크가 없는 가열장치

스위치를 넣으면 거의 즉시 온수가 나오는 순간온수기와 같은 가열장치에는 저탕탱크가 없기 때문에, 이러한 장치는 순간 최대급탕량만큼의 급수(예를 들어, 수돗물)를 급탕온도까지 즉시 올릴 수 있는 능력을 가지고 있어야 한다. 식 3.7에 순간 가열장치의 필요 가열능력을 나타낸다.

$$q_B = q_p \times (t_h - t_c) \tag{3.7}$$

q_B : 순간온수기 등 순간 가열장치의 가열능력 [kcal/min]
q_p : 순간 최대급탕량 [l/min]
t_h : 급탕온도 [℃]
t_c : 급수온도 [℃]

② 저탕탱크가 있는 가열장치

저탕탱크가 있는 가열장치에서는 가열기의 용량과 저탕탱크의 용량에 상관관계가 있는데, 가열기 용량이 클수록 저탕탱크 용량은 작게 되며, 반대로 가열기 용량이 작을수록 저탕탱크 용량은 커진다.

건물에서 급탕용 온수를 이용하는 사용자 수가 거의 일정하고 온수의 사용시간도 건물 사용시간 전체에 걸쳐서 큰 변동이 없는 것으로 파악되는 건물에서는 온수를 많이 저장할 필요가 없으므로 가열기 능력을 크게 하면서 저탕탱크 용량은 작게 하는 것이 바람직하다. 온수를 오래 저장하면 자연적인 방열에 의해 결과적으로 에너지 손실이 되기 때문이다. 그러나 급탕용 온수의 사용시간 및 사용량의 변동이 심한 곳에서는 특정 시간대에 온수를 다량으로 공급하기 위해 저탕탱크를 크게 할 필요가 있으며, 이 경우 온수를 사용하지 않는 비교적 긴 시간 동안 가열기에서 온수를 제조할 수 있으므로 가열기 용량을 작게 해도 된다.

가열기 및 저탕탱크의 용량은 수식을 이용하여 계산할 수 있는 방법이 있으나, 수식을 이용하는 과정에서도 가정이 필요하게 되므로 이 방법이 가장 바람직한 것이라고 할 수도 없다. 따라서 실무적으로는 표 3.4에 대한 설명에서 언급했던 식 3.4와 식 3.5를 이용하거나, 표 3.6에 나타나 있는 저탕용량계수를 이용하여 저탕탱크와 가열기의 용량을 계산하는 것이 일반적이다(예제 3.3 참조).

5) 연료 및 연료소비량

가열장치에서 온수 또는 증기를 제조하기 위해서는 연료가 필요하며, 가열장치에서 사용되는 연료로는 고체연료, 액체연료, 기체연료가 있다. 현재 국내에서는 급탕용을 비롯한 건축설비용으로 고체연료를 사용하는 경우는 거의 없고 대부분 액체연료와 기체연료가 사용되고 있다. 기체연료는 액체연료에 비해 상대적으로 비용이 많이 드는 결점이 있으나, 유황성분이 거의 없고 질소산화물의 발생도 적으므로 대기오염 방지에 대단히 유리하다. 이와 같은 장점 때문에 대도시를 중심으로 인구밀집지역에는 기체연료 사용이 의무화되어 있기도 하다. 따라서 종래에는 액체연료의 사용이 다수를 차지했으나 최근에는 기체연료의 사용이 일반적이다.

급탕용으로 사용되는 연료의 종류 중, 액체연료로는 등유와 경유, C중유(벙커C유) 등이 일반적으로 사용되고 있고, 기체연료로는 LNG(Liquefied Natural Gas, 액화천연가스)와 LPG(Liquefied Petroleum Gas, 액화석유가스)가 주로 이용된다. 한편 최근에는 전기를 이용하여 온수를 생산하는 전기보일러도 많이 이용되고 있다.

① 발열량

표 3.7에 대표적인 연료의 발열량을 나타낸다. 표에 나타나 있는 각 연료의 발열량은 국내 및 국외의 연료 제조회사에 따라 그 값이 약간씩 다를 수 있으며, 표에 나타나 있는 것은 대표적인 값으로 제시하고 있는 것이다.

표 3.7 연료의 발열량

구 분	경 유 [kcal/kg]	등 유 [kcal/kg]	A중유 [kcal/kg]	B중유 [kcal/kg]	C중유 [kcal/kg]	LNG [kcal/Nm³]	LPG [kcal/Nm³]
고발열량	11,000	11,100	10,800	10,500	10,400	10,500	24,320
저발열량	10,300	10,400	10,200	9,900	9,750	9,500	22,350

한편 표에 나타나 있듯이 연료의 발열량에는 고발열량(고위발열량, 총발열량)과 저발열량(저위발열량, 진발열량)이 있다. 연료에 수소가 함유되어 있으면 연소할 때 공기 중의 산소와 결합하여 수분이 발생되는데, 연소열에 의해 이 수분은 증발하게 되며 이 과정에서 연료의 발열량 중 일부가 수분의 증발을 위한 증발잠열에 사용된다. 고발열량은 연료의 발열량 중 증발잠열까지 포함시킨 것을 의미하고, 저발열량은 증발잠열을 제외시킨 것을 뜻한다. 따라서 연료의 발열량 중 실제 급탕에 사용되는 온수나 증기를 제조하기 위해 사용되는 열량은 저발열량이 되며, 급탕을 위해 필요한 연료량을 산정하기 위해서는 연료의 저발열량을 이용해야 한다.

발열량의 단위로는, 액체연료의 경우 kcal/kg 즉 연료 1kg당의 열량으로 나타내고 있으며, 기체연료는 kcal/Nm³ 즉 연료 1Nm³당의 열량으로 나타내고 있다. 여기에서 Nm³란 표준상태 즉 0℃ 1기압(대기압, 760mmHg=0kg/cm²·G)에서의 체적 1m³를 의미한다. 기체는 압력 및 온도에 따라 체적의 변화가 심하기 때문에 압력과 온도의 기준을 정한 상태에서 체적을 나타내고 있는 것이다.

전기를 이용한 발열은 연소과정을 거치는 것이 아니므로 고발열량과 저발열량의 구별은 없다. 또 전력의 단위인 kW와 열량의 단위인 kcal와의 관계는 1kW=860kcal/h가 성립한다. 즉, 1kW라는 용량을 가진 전기기기로부터는 1시간당 860kcal의 열량이 방출된다는 뜻이 된다. 마찬가지로 1kWh=860kcal가 성립되는데, 이는 온수를 제조하는 데 1kWh의 전력량을 사용했다면 열량으로는 860kcal가 방출되었다는 것을 나타낸다.

② 효율

가열장치가 가스나 기름과 같은 연료를 소비하면서 열을 발생시켜 온수나 증기를 제조하게 되는데, 가열장치가 온수나 증기를 제조하기 위해 발생시킨 열과, 그 열을 발생시키기 위해 소비한 가스나 기름의 원래 보유 열량과의 비율을 가열장치의 효율이라 한다. 예를 들어 보일러가 소비한 가스의 보유 열량이 100이고 보일러가 그 가스를 소비하면서 발생시킨 열량이 90이라면 그 보일러의 효율은 90%가 되는 것이다. 보일러를 비롯한 가열장치의 제조업체는 이 값을 높이기 위해 많은 노력을 기울이고 있다.

③ 연료소비량

급탕용 온수를 제조하기 위해 소비되는 연료의 양은 위에서 설명한 연료의 발열량 및 효율을 이용하여 다음의 식 3.8로 산정할 수 있다.

$$F = \frac{Q \times (t_h - t_c)}{H_L \times \eta} \qquad (3.8)$$

F : 연료소비량 [kg/h(액체연료), Nm^3/h(기체연료), kW(전기)]

Q : 급탕량 [l/h]

t_h : 급탕온도(가열한 후의 물의 온도) [℃]

t_c : 급수온도(가열하기 전의 물의 온도) [℃]

H_L : 연료의 저발열량[kcal/kg(액체연료), kcal/Nm^3(기체연료)] (표 3.7)
전기의 경우는 860 [(kcal/h)/kW]

η : 가열장치의 효율

식 3.8에서 급탕량이 1시간당의 값으로 나와 있으므로 연료소비량도 1시간당의 값이 되어 있다. 따라서, 만일 급탕량이 [l/h]가 아닌 [l]로 되어 있다면 연료소비량도 당연히 [kg], [Nm^3], [kWh]로 되어야 한다.

【예제 3.5】

어느 급탕용 보일러에서 제조되는 온수는 30,000 l/h라고 한다. 이 보일러에 5℃의 수돗물을 공급하여 60℃의 온수를 제조하고자 할 때 이 보일러에서 소비하는 연료는 어느 정도이겠는가? 보일러에 공급하는 연료는 도시가스라 하고 도시가스의 저발열량은 10,500kcal/Nm³로 가정한다. 또, 보일러의 효율은 95%로 한다.

풀이

식 3.8을 이용한다.

도시가스 소비량 $F = \dfrac{30,000 \times (60-5)}{10,500 \times 0.95} \fallingdotseq 165$ [Nm³/h]

【예제 3.6】

어느 전기온수기에서 5,000 l의 온수를 제조하고자 한다. 전기사용량은 어느 정도가 되겠는가? 공급하는 수돗물은 5℃이고 제조되는 온수는 60℃라 한다. 또, 온수기의 효율은 90%로 한다.

풀이

식 3.8을 이용한다.

전기사용량 $F = \dfrac{5,000 \times (60-5)}{860 \times 0.9} \fallingdotseq 355$ [kWh]

(2) 배관재 및 부속기기

1) 배관재 및 배관재의 보온

① 배관재

급탕배관에 사용되는 배관재는 급수배관과 거의 동일하며, 각 배관재의 특징에 대해서는 「제2장 4. (3) 1) 배관재」에서 설명한 바와 같다.

② 배관재의 보온

보일러와 같은 가열장치에서, 온수는 그 본래의 온도가 목적지까지 그대로 유지되는 것이 에너지를 낭비하지 않는 결과가 되지만, 급탕관 및 환탕관에서는 배관 내의 물의 온도와 배관 바깥의 공기온도 사이에 온도차가 있기 때문에 그 영향을 받아 배관 내의 온수온도가 점차 변하면서 열적으로 손실이 일어나게 된다. 이러한 현상을 방지하기 위해 배관 주변에 열전달 성능이 좋지 않은 단열재(보온재)를 부착시켜 배관 내 온수를 가급적 본래의 온도로 유지시키는 것이 일반적이다. 급탕관과 환탕관 이외에도 급수관이나 소화배관에도 단열재를 부착시키고 있지만, 이는 보온의 목적이 아니라 겨울철에 배관 내 물이 어는 것을 방지하는 것이 주목적이다.

배관 단열재로는 과거부터 널리 이용되어 온 것으로 유리면(glass wool)이 있으며 현재에도 적용 예가 일부 있으나, 최근에는 고무발포 보온재와 같이 공장에서 배관 형태로 제작된 단열재가 대부분을 차지하고 있다. 유리면은 그림 3.10과 같이 현장에서 배관의 단열시공을 해야 하지만, 공장에서 제작된 단열재는 현장에서 배관에 씌우기만 하면 되므로 시공의 편의성도 도모할 수 있다. 그림 3.10에 옥내에 노출되는 배관과 옥내 천장 속에 설치되는 배관에

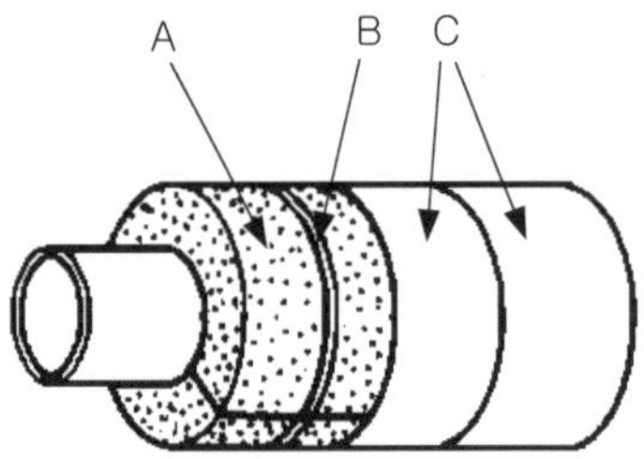

A : 보온통(단열재)
B : 아연철선
C : 외장재(금속판 등)

(a) 옥내 노출

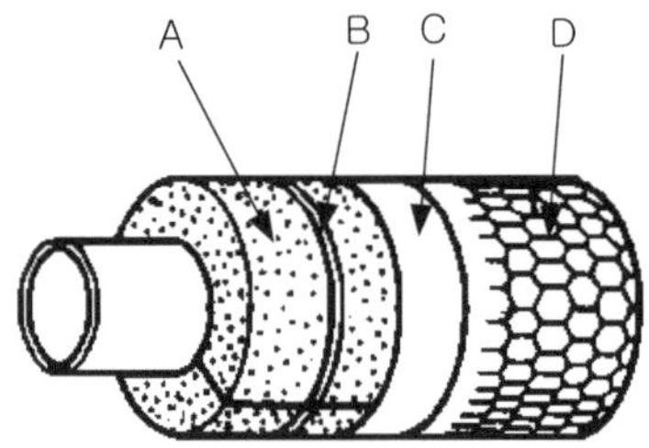

A : 보온통(단열재)
B : 아연철선
C : 방습재
D : 외장재(알루미늄박 + 철선)

(b) 옥내 은폐

그림 3.10 배관의 단열시공 예

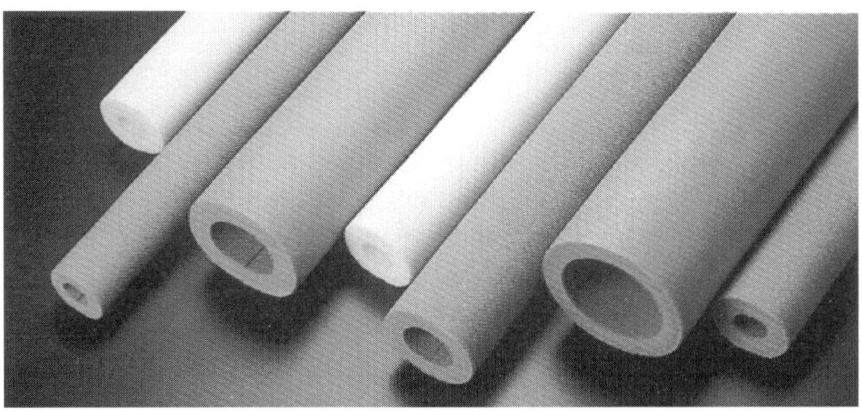

그림 3.11 공장 제작 배관 단열재

대한 단열시공의 예를, 그림 3.11과 3.12에 공장에서 제작된 배관 단열재의 형태와 현장에서 시공된 형상을 나타낸다.

그림 3.12 공장 제작 단열재로 시공된 형상

2) 공기빼기밸브

배관계통 중 어느 곳도 대기와 접하는 곳이 없는 밀폐배관계라 해도 배관계를 처음 작동시키기 위해 물을 공급할 때라든가, 운전 중 배관계 내부의 압력 변화가 있을 때는 외부 공기가 배관계의 조그마한 틈새 등을 통해 배관계 내부로 들어갈 수 있다. 이렇게 들어간 공기가 배관계 내에 체류하게 되면 물의 흐름을 방해하기도 하고 기기에서의 열전달 성능도 떨어뜨리므로 공기를 배관계 밖으로 배출시켜야 하는데, 배관계 내의 공기를 외부로 배출시키는 역할을 하는 것이 공기빼기밸브(에어벤트, air vent)이다.

그림 3.13에 공기빼기밸브의 내부 구조와 외관을 나타낸다. 공기빼기밸브로 물이 들어오면 내부의 플로트가 부력에 의해 뜨면서 상부의 공기배출구를 막아 물이 빠져나가지 못하게 한다. 한편, 공기는 물과 같은 부력을 발생시키지 못하므로 공기가 들어오면 플로트가 가라앉게 되며, 이에 따라 공기배출구가 개방되어 공기가 빠져나가게 된다.

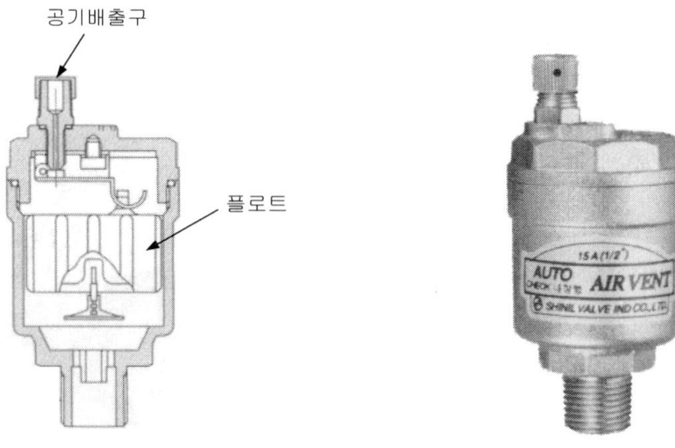

(a) 내부 구조 (b) 외관

그림 3.13 공기빼기밸브

공기는 가벼워서 일반적으로 배관계의 높은 부분에 체류하게 되므로 이러한 곳에 공기빼기밸브를 설치하는 것이 바람직하다. 공기빼기밸브는 자동식과 수동식이 있는데, 대개의 경우는 수시로 공기를 배출시켜야 하므로 자동식이 이용되고 있고, 수동식은 항상 공기빼기를 할 필요가 없는 곳에 사용한다. 참고로 급탕설비에서 설치되는 것은 온수용 공기빼기밸브이다. 공기빼기밸브는 온수용 외에도 증기용이 있으며, 증기용은 온수용과 원리가 다르므로 급탕배관계에서는 사용할 수 없다.

3) 안전장치

배관계를 흐르는 온수는 급탕을 위해 기기가 작동될 때와 그렇지 않을 때에 그 온도가 달라진다. 물은 온도변화에 따라 팽창하기도 하고 수축하기도 하므로, 급탕배관과 같이 도중에 대기에 개방되는 곳이 없어서 일종의 밀폐공간이 되는 밀폐회로방식에서는 물이 팽창할 때 압력이 상승하게 된다. 풍선에 바람이 적절히 들어 있을 때는 문제가 없지만 바람이 과도하게 들어가면 언제라도 터질 수 있는 위험한 상태에 놓여지는 것과 마찬가지로, 배관계통의 물이 팽창하여 배관계 내부의 압력이 상승하면 배관계에 악영향을 미치므로 압력이 높아지는 것을 방지해야 한다. 또 급탕을 위한 가열장치도 기기 내부의 물의 온도가 올라가면서 내부압력이 높아지므로 기기에 대해서도 압력상승을 억제하는 장치가 필요하게 된다.

① 팽창탱크와 팽창관

배관계통의 물의 온도가 높아지면서 팽창하게 되면 배관 내 압력 상승의 원인이 되므로 팽창된 만큼의 물이 빠져나갈 공간이 필요해지며 이 공간의 역할을 하는 것이 팽창탱크이다. 또, 팽창된 물이 급탕배관으로부터 팽창탱크로 가거나 팽창탱크로 갔던 물이 다시 급탕배관으로 돌아오는 통로 역할을 하는 배관이 팽창관이다. 팽창탱크에는 개방식과 밀폐식이 있는데, 그림 3.5에서와 같이 팽창탱크(그림에서는 고가수조로 표현되어 있음) 내의 수면이 대기에 개방되어 있는 것을 개방식 팽창탱크라 하며, 팽창탱크의 수면이 대기에 개방되어 있지 않은 것을 밀폐식 팽창탱크라 한다. 개방식 팽창탱크는 그 원리상 건물의 가장 높은 곳보다도 더 높은 곳에 설치해야 하므로 대부분의 건물에서는 지하 기계실에 다른 기기와 함께 설치할 수 있는 밀폐식 팽창탱크가 이용되고 있다.

최저 온수온도 (a) 온도 상승 (b) 최고 온수온도 (c)

그림 3.14 다이어프램형 팽창탱크의 작용

밀폐식 팽창탱크 중에는 특히 다이어프램(diaphragm)형이 많이 이용되는데, 그 내부는 팽창된 온수가 들어가는 공간과 공기가 들어있는 공간으로 구별되어 있으며, 이 두 공간은 각각 늘어나기도 하고 줄어들기도 한다. 그림 3.14는 다이어프램형 팽창탱크의 작용을 나타낸 것이다. 먼저, 배관계 내 온수가 팽창되지 않은 원래의 상태일 때는 팽창탱크에는 (a)와 같이 공기만 들어있게 된다. 온수 온도가 상승하면서 온수의 팽창이 이루어지면 팽창된 온수가 팽창탱크로 들어오면서 (b), (c)와 같이 공기부분은 줄어들게 된다. 온수 온도가 낮아지면 온수가 수축되므로 팽창탱크에 들어왔던 온수는 다시 배관으로 들어가 (a)와 같은 상태가 된다.

팽창탱크는 상기와 같은 역할 외에도 다음과 같은 작용을 한다.

① 운전 중, 장치 내를 소정의 압력으로 유지하여 온수 온도를 확보한다.

② 팽창된 물의 배출을 억제하여 장치 내 열손실을 방지한다.

③ 장치의 운전정지 중에도 일정압력을 유지함으로써 공기의 침입을 방지한다.

② 안전밸브

급탕용 온수보일러나 저탕탱크와 같은 압력용기에서, 그 내부압력이 지나치게 높아지면 용기에 좋지 않은 영향을 미칠 수 있으며 경우에 따라서는 터질 수도 있으므로, 일정압력 이상이 되면 자동적으로 용기의 어느 부분이 열려서 용기 안에 있는 온수를 외부로 방출시켜 용기의 압력을 낮추게 되는데, 이 역할을 하는 것이 안전밸브이다. 안전밸브는 압력이 떨어지면 다시 정상상태로 되돌아온다.

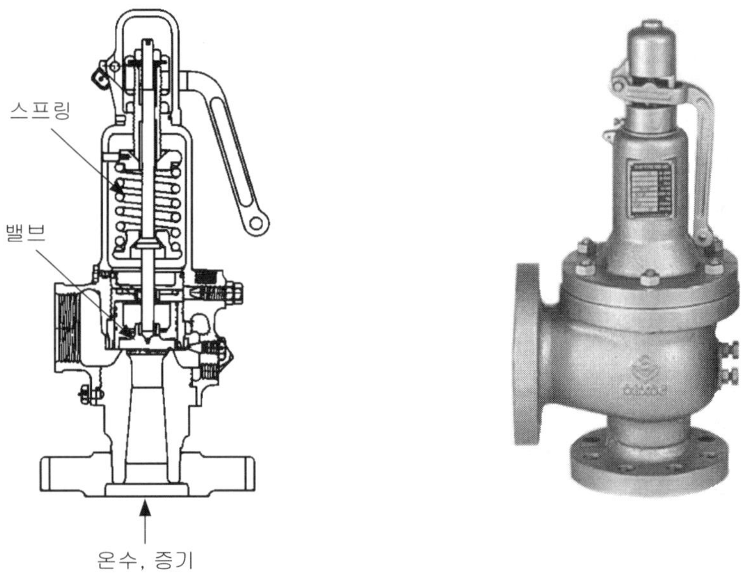

그림 3.15 안전밸브의 내부구조와 외형

안전밸브는 증기용과 온수용이 있으며, 두 가지를 분류할 때는 증기용을 안전밸브(safety valve), 온수용을 릴리프밸브(relief valve)라고 한다. 그림 3.15에 안전밸브를 나타낸다.

(3) 신축흡수

급탕배관 속에 있는 온수의 온도는 급탕을 할 때와 야간과 같이 급탕을 중지하여 배관 속의 물이 식었을 때와는 상당한 차이가 있게 되므로 배관의 온도도 그에 따라 변하게 된다. 금속은 열을 받아 온도가 올라가면 팽창하고 온도가 내려가면 수축하게 되어 급탕배관은 끊임없이 팽창과 수축을 반복하므로, 이 팽창·수축을 흡수하는 곳이 없으면 배관재가 손상을 입게 된다. 따라서 급탕배관계에서는 이러한 배관의 팽창·수축, 즉 신축을 흡수하도록 해야 한다.
신축흡수의 예로서 철도의 레일을 생각할 수 있다. 철도의 레일은 군데군데 끊어져 있는데 이것은 여름철 더운 날씨로 인해 철도의 레일이 늘어날 경우를 대비해서 끊어 놓은 것이다. 레일을 끊어놓지 않으면 레일이 늘어나면서 휘기 때문이다. 배관은 도중에 끊을 수가 없으므로 배관의 신축을 흡수할 수 있는 재료를 배관 도중에 설치하게 된다.

1) 신축길이

배관의 신축길이는 배관의 종류와 배관 속을 흐르는 유체의 온도에 따라 달라진다. 온도변화에 의해 신축되는 신축길이는 다음 식으로 구해진다.

$$\Delta l = \alpha L(t_h - t_c) \tag{3.9}$$

Δl : 배관의 신축길이 [m]
α : 배관재료의 선팽창계수 [1/℃]
L : 온도 t_c일 때의 배관 길이 [m]
t_c : 배관의 최초 온도 [℃]
t_h : 배관이 가열된 후의 배관 온도 [℃]

재료의 온도가 1℃ 변할 때 어느 정도 재료가 늘어나는가로써 재료가 늘어나는 정도를 나타내는 지표가 선팽창계수인데, 선팽창계수는 재료의 종류에 따라 달라지는 것은 물론, 가열되는 온도의 범위에 따라서도 달라진다. 따라서 사용온도의 범위 내 평균치로 선팽창계수를 선정하는 것이 일반적이다. 표 3.8에 주요 배관재료의 온도에 따른 선팽창계수를 나타낸다.

표 3.8 주요 배관재료의 선팽창계수 〔$\times 10^{-6}$/℃〕

구 분	-100~0℃	0~100℃	100~200℃	200~300℃	300~400℃
탄소강(0.3~0.4c)	10.4	11.5	11.9	12.6	13.3
주 철	8.3	10.4	11.0	11.7	12.4
구 리	15.7	16.6	16.9	17.3	17.8
스테인리스강(18-8)	16.2	16.7	17.2	17.6	18.1
알 루 미 늄	21.0	24.0	24.7	25.0	26.1

2) 신축흡수 방법

배관의 신축흡수에 사용되는 방법 및 재료로는 다음과 같은 것들이 있다.

① 신축이음

슬리브(sleeve)형 또는 벨로즈(bellows)형을 배관 도중에 설치하여 슬리브의 미끄럼이나 벨로즈의 신축에 의해 배관의 신축을 흡수한다.

슬리브형은 이중관 중의 안쪽 부분(슬리브)이 패킹부를 미끄러지면서 신축을 흡수하는 구조로 되어 있다. 슬리브가 하나만 있는 단식과 두 개가 있는 복식이 있다. 그림 3.16의 (a)는 단식의 내부구조를 (b)는 복식의 외형을 나타낸다. 슬리브형은 장기간 사용하면 패킹부분이 마모되면서 그곳에서 유체의 누설이 있어 최근에는 벨로즈형이 많이 사용되고 있다.

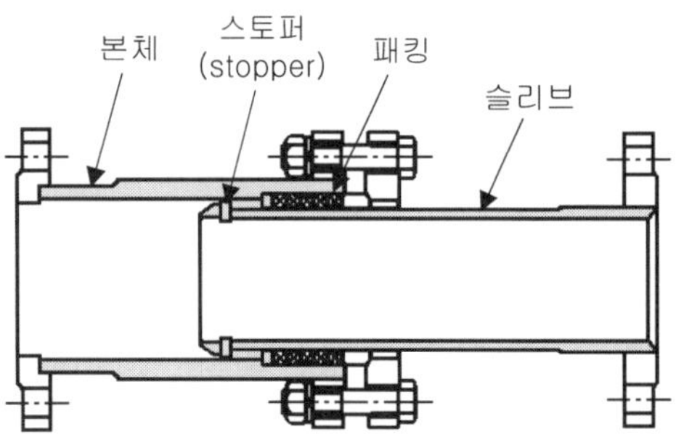

(a) 내부구조(단식)

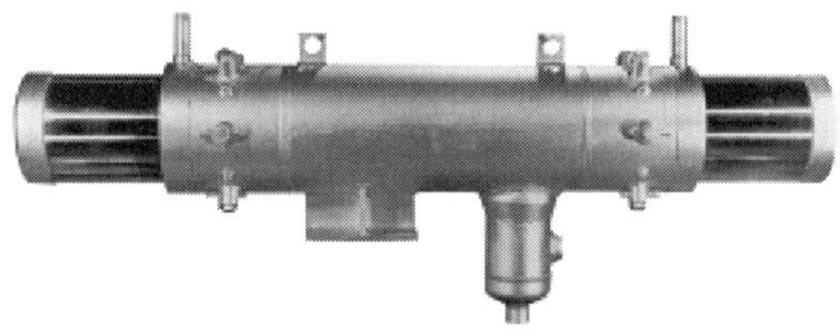

(b) 외형(복식)

그림 3.16 슬리브이음

벨로즈형 신축이음은 스테인리스강이나 인청동(燐靑銅)으로 만든 벨로즈의 신축을 이용해서 관의 신축을 흡수하는 것으로, 벨로즈란 그림 3.17의 (a)에 나타나 있는 것과 같은 주름 형태의 금속관을 말한다. 벨로즈형의 형식으로는 슬리브형과 마찬가지로 단식과 복식이 있다. 기밀성이 좋고 고온에도 잘 견디기 때문에 최근에 널리 이용되고 있다. 그림 3.17의 (a)는 보호통 안에 들어있는 벨로즈의 모양을 나타내고 있으며, (b)는 단식 및 복식의 형상을 나타내고 있다.

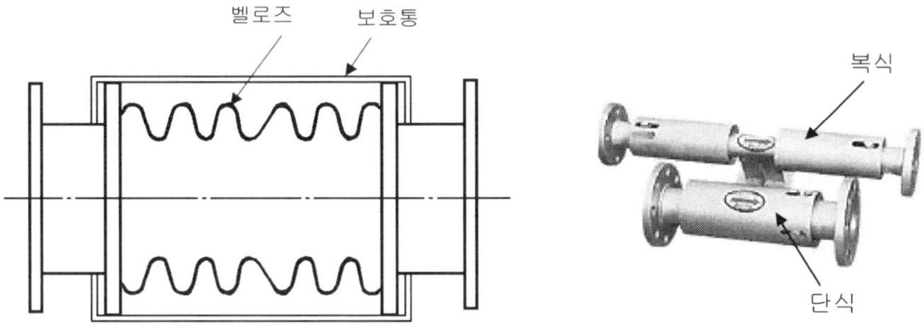

(a) 내부구조　　(b) 외형

그림 3.17 벨로즈이음

② 신축곡관

그림 3.18과 같이 배관의 도중을 U자형 및 루프형으로 꺾어 놓고, 그 부분의 휨에 의해 배관의 신축을 흡수한다. 슬리브나 벨로즈와 같은 기기가 포함된 것이 아니므로 구조가 간단하고 고장의 염려가 거의 없으나 꺾이는 부분이 공간을 많이 차지하여 배관이나 덕트가 많이 있는 건물에서는 공간의 문제로 인해 적용이 곤란하다. 그림 3.18에서 신축흡수부 l의 길이는 다음 식으로 구한다.

$$l = 73\sqrt{d \times \Delta l} \qquad (3.10)$$

l : 신축흡수부의 길이 [mm]

d : 배관의 바깥 지름 [mm]

Δl : 배관이 늘어난 길이 [mm] (식 3.9)

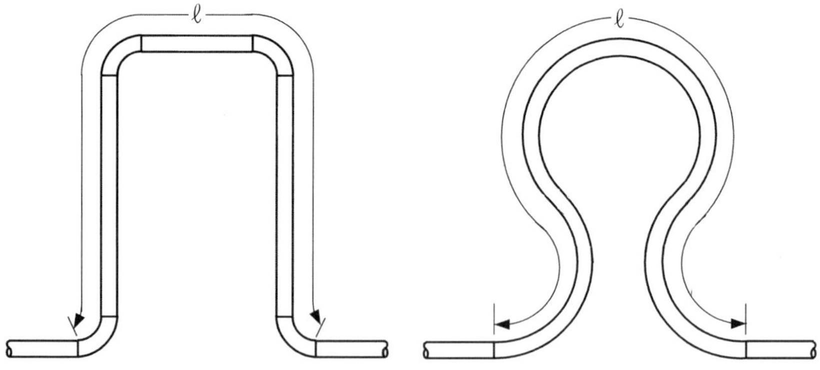

(a) U자형　　(b) 루프형

그림 3.18 신축곡관

③ 스위블 조인트(swivel joint)

그림 3.19와 같이 배관의 수평주관에서 가지관을 분기시킬 때 3개 이상의 엘보를 사용하여, 배관의 신축을 엘보 나사맞춤부의 나사 회전을 이용해서 흡수하는 것을 말한다.

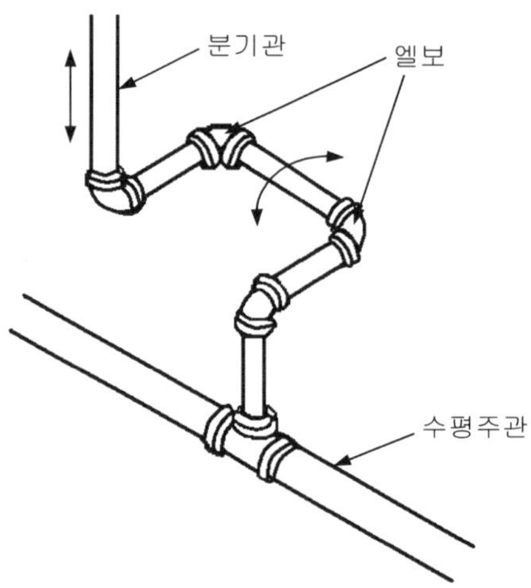

그림 3.19 스위블 조인트

④ 설치간격

배관의 신축을 흡수하기 위한 방법 중, 신축이음 및 신축곡관을 설치하는 경우에는 배관의 관경이나 배관 내를 흐르는 유체(온수 또는 증기)의 온도에 따라 신축길이를 계산하여 적절한 위치에 신축이음을 설치하거나(슬리브 또는 벨로즈) 신축흡수부의 길이를 산정하게 된다.

신축곡관은 설치간격이 길수록 신축량이 커지므로 그에 따라 신축흡수부를 계산하여 배관의 도중을 꺾으면 되지만, 신축이음의 경우에는 용량이 정해져 있는 별도의 기구를 배관 도중에 설치하는 것이므로 그 용량에 따라 설치간격을 산정해야 한다. 현재 신축흡수용으로 널리 이용되는 벨로즈형 신축이음의 최대 설치간격을 표 3.9에 나타낸다. 표의 값은 최대 설치간격이므로 표에 나타나 있는 간격 이하로 벨로즈를 설치하면 되며, 표에서 유체온도 60℃와 80℃는 온수의 경우이고, 100℃ 이상은 간접가열식에서 급탕용 온수를 제조하기 위한 증기가 통과하는 증기관에 해당된다. 또 제품에 따라 신축량이 다를 수 있으므로 제품마다 해당 신축량에 의한 값을 설치간격으로 고려하면 된다.

한편 급탕설비를 구성하는 기기 중 급탕순환펌프가 있는데, 급탕순환펌프는 배관경을 산정하는 요소 중 하나이므로 아래의 「5. (2) 배관경 산정」에서 설명하기로 한다.

표 3.9 벨로즈형 신축이음의 최대 설치간격 〔m〕

온도 [℃]	단 식		복 식	
	신축량 35mm	신축량 45mm	신축량 70mm	신축량 90mm
60	48.5	62.5	97.0	125.0
80	36.4	46.9	72.8	93.8
100	29.1	37.5	58.2	75.0
110	26.4	34.0	52.8	68.0
120	24.2	31.2	48.4	62.4
140	20.8	26.8	41.6	53.6
160	18.2	23.4	36.4	46.8

5. 배관방식 및 배관경 산정

(1) 배관방식

1) 급탕관과 환탕(還湯)관

그림 3.20은 제2장의 그림 2.7에 나타냈던 펌프직송 급수방식의 예를, 그림 3.21은 그림 3.5에 나타냈던 중앙식 급탕방식의 예를 나타내고 있다. 그림 3.21에서는

온수를 공급하는 급탕관(supply pipe)과 온수가 되돌아오는 환탕관(return pipe)의 2계통을 볼 수 있는데, 이는 그림 3.20과 같이 공급하는 배관만 존재하는 단일계통의 급수배관과는 다른 형태이며, 그 이유는 다음과 같다.

급수와 마찬가지로 급탕도 수전(수도꼭지)을 열면 바로 물이 나올 수 있도록 배관 속에는 항상 온수가 가득 차 있는데, 이 온수는 처음 가열장치에서 나올 때에는 따뜻하지만 아무도 온수를 사용하지 않아 장시간 배관 속에 체류해 있으면 점차 식어진다. 이 상태에서 누군가 온수를 사용하고자 수전을 열면 배관 속에 있던 식은 물이 다 빠져 나온 뒤에야 비로소 가열장치로부터 새로 공급된 온수가 수전으로부터 나오게 된다. 수전을 열면 바로 온수가 나오게 하기 위해서는 배관 내의 어느 장소에서도 항상 온수가 있어야 하는데, 그 해결책으로 항상 온수를 순환시키는 방법이 있다. 즉, 온수가 사용되든 사용되지 않든 끊임없이 가열장치로부터 온수가 나와서 배관을 거쳐 가열장치로 되돌아간 후 다시 가열되는 과정을 반복함으로써 배관 내에는 항상 온수가 존재하게 되며 수전을 열면 즉시 온수가 나오게 되는 것이다. 이러한 시스템을 구축하기 위해 중앙식 급탕배관은 급탕관과 환탕관의 2계통을 설치하는 것이 일반적이다.

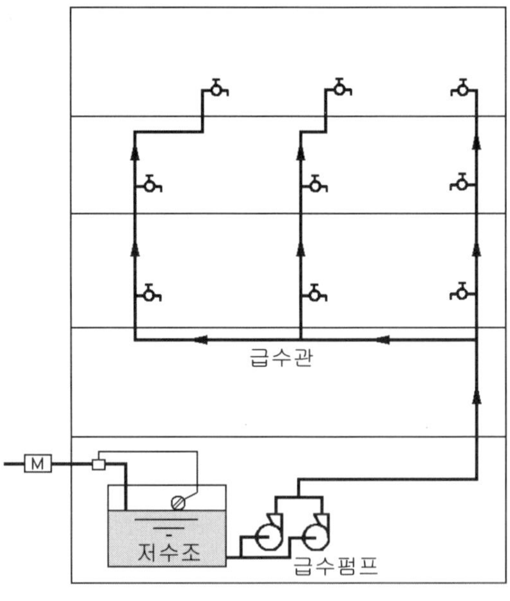

그림 3.20 펌프직송 급수방식

국소식 급탕방식에서는 급탕관의 길이가 매우 짧아 급탕의 순환이 이루어지지 않아도 차가워진 온수가 나오는 시간은 극히 짧고, 따라서 환탕관을 별도로 설치하여 온수의 순환이 이루어지게 할 필요도 없으므로 온수의 순환은 중앙식에서만 이루어지는 것이 일반적이다. 한편, 지속적으로 온수의 순환이 이루어지게 하기 위해서는 많은 연료의 소비가 수반되므로, 중앙식 급탕방식을 채택하고 있는 건물에서도 에너지절약을 위해서 온수의 순환을 행하지 않는 경우가 많다.

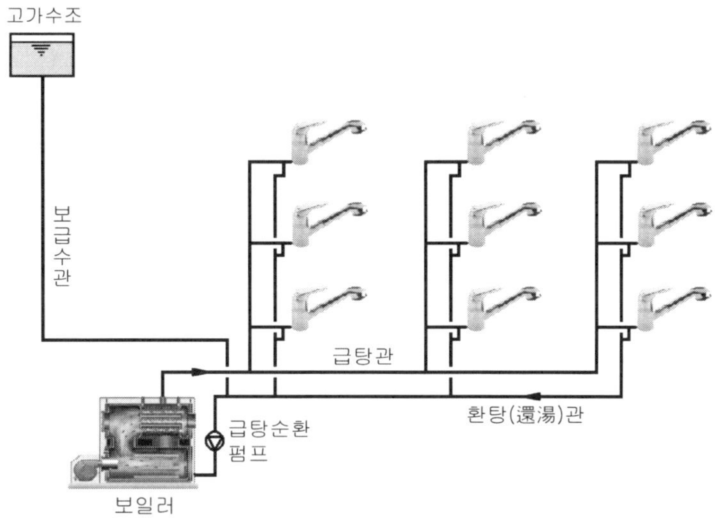

그림 3.21 중앙식 급탕방식

2) **상향공급방식과 하향공급방식**

위에서 언급한 바와 같이 급탕배관계에는 일반적으로 급탕관과 환탕관이 있으며 급탕관과 환탕관에서의 온수의 흐름은 그 방향이 반대이다. 따라서 급탕배관에서 상향배관과 하향배관을 정할 때에는 기준이 무엇인가를 정해야 하는데, 급탕배관계에서는 급탕관에서의 온수의 흐름방향이 상향인가 하향인가에 따라 상향공급방식과 하향공급방식을 구분하고 있다.

그림 3.22와 그림 3.23에 급탕배관에서의 상향공급방식과 하향공급방식을 나타낸다. 그림에서 알 수 있듯이, 상향방식은 저탕탱크로부터 온수가 올라가면서 각 급탕개소에 공급되는 반면, 하향공급방식은 온수가 일단 급탕배관계의 가장 높은 곳까지 올라간 후에 다시 내려오면서 각 급탕개소에 공급이 되는 방식이다. 하향방식의 경우, 일단 건물의 최상부까지 올라갔다가 다시 내려오게 되므로 배관의 설치면적 및 설치비용이 더 필요하게 되지만, 배관 내에 존재하는 공기를

배관계 최상부에서 배관계 밖으로 배출시킨 후 각 급탕개소에 온수가 공급되므로 시스템 면에서는 더 유리하다. 배관 내에 공기가 있게 되면 그 공기로 인해 온수의 흐름이 원활해지지 않게 되기 때문이다.

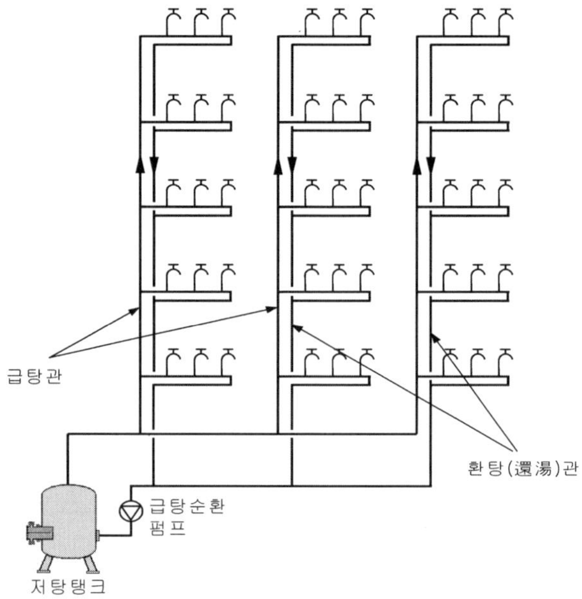

그림 3.22 상향공급방식

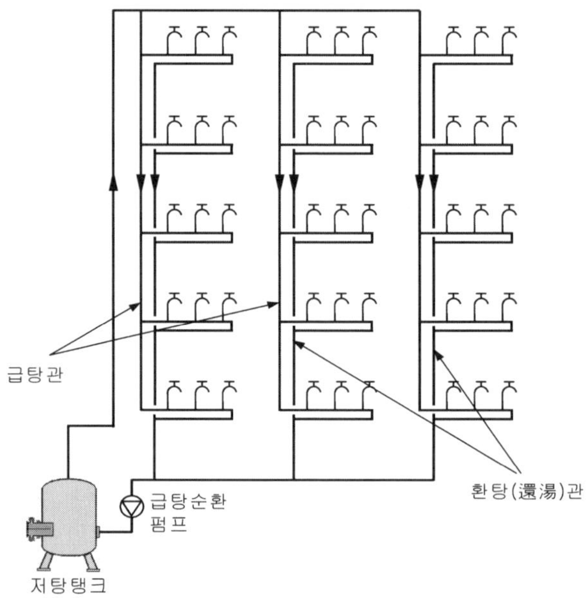

그림 3.23 하향공급방식

한편, 숙박시설과 같이 건물의 고층부에는 객실이, 저층부에는 공용부분이 배치되는 건물에서는 고층부와 저층부 간의 용도별 및 수직별 조닝을 고려하여 고층부는 하향공급방식으로, 저층부는 상향공급방식으로 하는 경우도 있다. 상하향 병용공급방식의 예를 그림 3.24에 나타낸다. 그림 3.24에서는 그림의 간략화를 위해 환탕관은 저탕탱크에 연결되는 부분만 표시되어 있고, 급탕전에는 급탕관만 연결되어 있는 것으로 표현되어 있다.

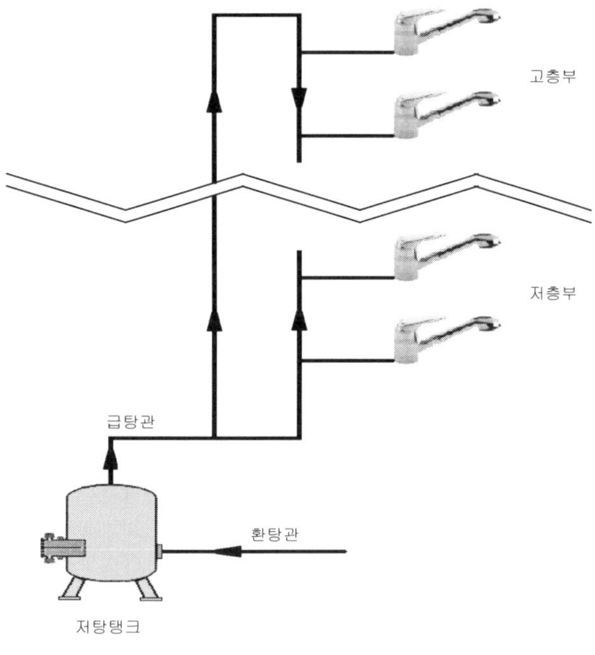

그림 3.24 상하향 병용공급방식

3) 분기방식과 헤더방식

급탕주관에서 각 급탕기구에 연결하는 배관의 형태로는, 종래 그림 3.25와 같은 분기방식이 일반적이었으나 최근 특히 공동주택의 각 세대 내에서는 그림 3.26과 같은 헤더방식이 일반화되고 있다. 헤더방식은 주관에서 분기하지 않으므로 분기로 인한 압력손실이 작아 각 기구에 상대적으로 균등한 온수공급이 가능하다. 헤더방식은 배관을 이중관으로 하고 있으며, 그중 급수와 급탕이 흐르는 관은 안쪽 관이므로 이 관을 플렉시블관(배관의 휨이 자유롭게 이루어지는 관)으로 하면 중간에 이음류가 필요없게 되어 이음부분에서 누수도 발생하지 않게 된다. 또, 이중관 구조로 되어 있으면서 실제 급수와 급탕이 흐르는 배관은 안쪽에 있는 유연한 플렉시블관이므로 기간이 경과되어 배관의 교체가 필요할 때에도 바닥을 까지 않고 배관의 시작 부분에서 잡아당기면 급수·급탕배관이 이중관 밖으로 나올 수 있어 교체가 매우 용이하게 된다.

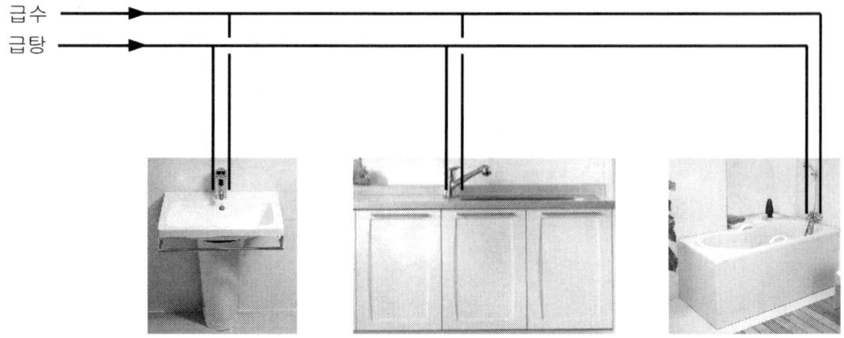

그림 3.25 분기방식

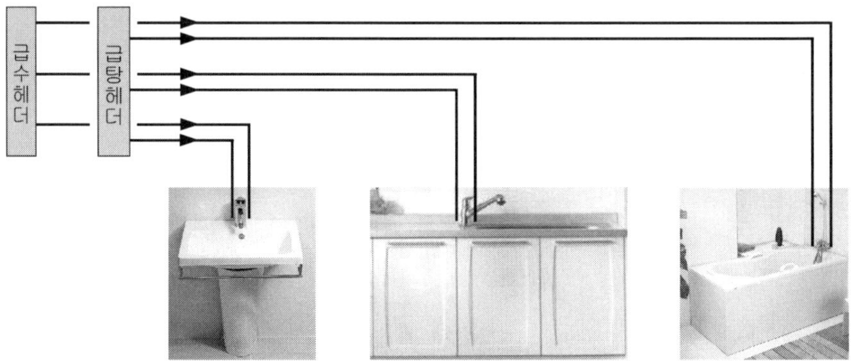

그림 3.26 헤더방식

4) 온수공급의 균일성

대규모 건물에서 적용되는 중앙식 급탕배관은 급탕개소가 많기 때문에 분기관이 많이 생기게 되며 그에 따라 가열장치에서 시작해서 각 급탕개소를 거쳐 다시 가열장치로 돌아오기까지의 순환경로의 길이는 각 급탕개소마다 달라진다. 이렇게 되면 가열장치로부터 가까운 위치에 있는 급탕개소는 온수의 순환경로가 짧아 온수의 순환이 원활하게 이루어지는 반면 가열장치로부터 멀리 떨어져 있는 급탕개소는 온수의 순환경로가 길어 온수가 순환하면서 힘이 빠지게 되므로 온수의 순환이 원활하게 이루어지지 않는다. 따라서 급탕관의 각 분기관이 환탕관 주관에 접속되는 부분에 정유량(定流量)밸브를 설치해서 각 급탕개소마다 거의 균등한 급탕량이 공급되게 하는 방법을 채택하는 경우가 있다. 정유량밸브란 그 밸브를 통과하는 유량이 일정 유량 이상이 되지 않게 하는 것이므로, 순환길이가 짧아 급탕량이 많아지는 개소가 있다 해도 정해진 양 이상은 정유량밸브를 통과하지 못하며, 따라서 자연스럽게 모든 급탕개소에 비슷한 양의 급탕이 가능해진다. 그림 3.27에 정유량밸브가 설치된 배관 구성을 나타낸다.

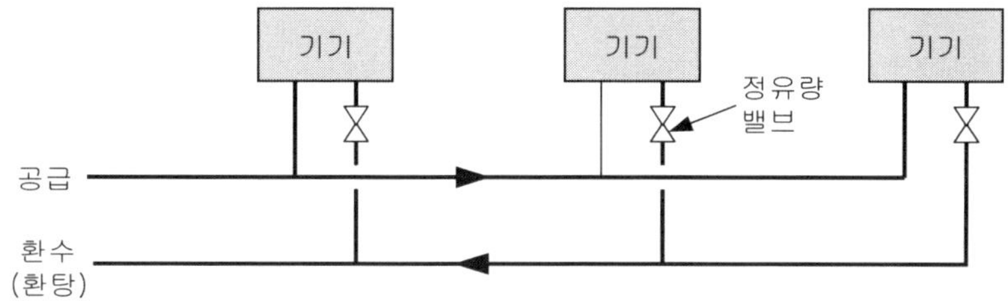

그림 3.27 정유량밸브가 설치된 배관 구성

냉난방 배관에서는 냉난방용 냉온수의 균일한 공급을 위해 그림 3.28과 같은 역환수방식의 배관을 구성하여 모든 냉온수기기에 대해 순환길이를 동일하게 하는 경우가 많이 있는데, 급탕배관에서는 이와 같은 역환수방식은 온수를 균일하게 공급하는 역할을 충분히 하지는 못하는 것으로 여겨지고 있다.

그 이유는 냉난방배관은 공급관과 환수관의 배관경이 같아 순환길이가 같으면 마찰저항도 같아지는 반면, 급탕배관에서는 뒤에 언급하듯이 환탕관의 관경이 급탕관보다 작기 때문에 환탕관에서의 마찰저항이 급탕관에서의 마찰저항보다 커지며, 따라서 총 순환길이는 같아도 환탕관의 비율이 클수록 마찰저항이 커져 온수가 덜 순환될 수 있기 때문이다.

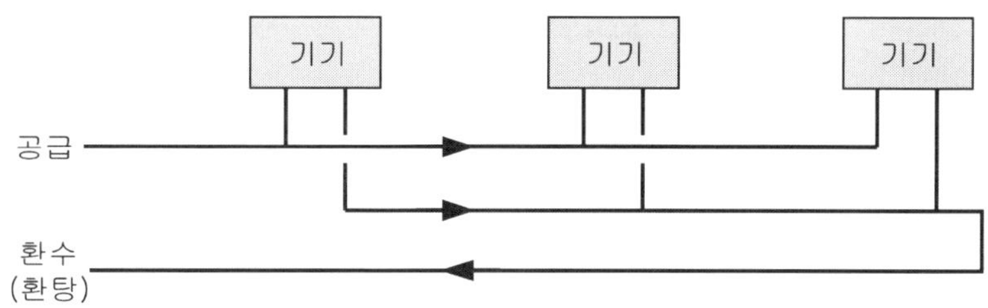

그림 3.28 역환수방식의 배관 구성

5) 급탕조닝

급탕이 사용되는 위생기구, 예를 들어 세면기, 샤워기, 욕조 등에는 급수용과 급탕용 수전(수도꼭지)이 같이 달려 있어, 사용자는 두 개의 수전을 적절히 조절하여 원하는 온도의 온수로 이용하게 된다. 이때 급수전에서 나오는 급수압력과 급탕전에서 나오는 급탕압력이 다르게 되면 이용자가 원하는 온도로 조정하기가 어려워진다. 이 같은 현상을 방지하기 위해 각 위생기구에 작용하는 급수압력과 급탕압력이 동일해지도록 급수 및 급탕설계를 해야 하며, 따라서 「제2장 3. (5) 급수조닝」에서 언급한 급수조닝에 대응되는 급탕조닝이 필요해진다. 그림 3.29에 중간수조를 이용하여 급수조닝과 급탕조닝을 서로 대응시킨 예를 나타낸다.

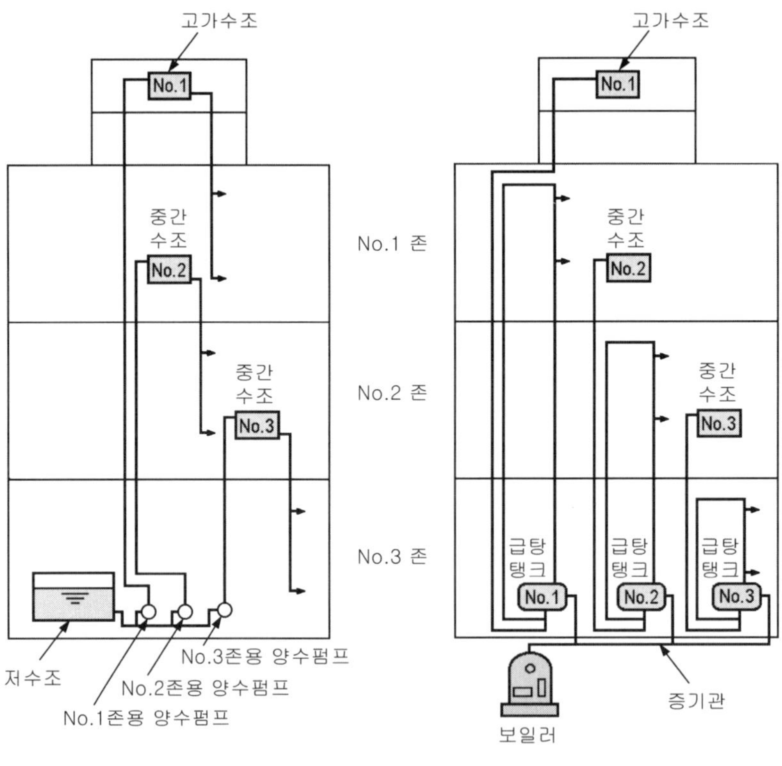

그림 3.29 급수조닝과 급탕조닝의 대응

(2) 배관경 산정

1) 순간 최대급탕량 및 동시사용유량

급수관의 배관경을 산정할 때와 마찬가지로 배관계 각 구간에서의 순간 최대급탕량 또는 동시사용유량을 구한 후, 허용마찰손실 및 유속을 이용하여 산정한다. 순간 최대급탕량 및 동시사용유량을 산정하는 방법은 다음과 같다.

① 순간 최대급탕량

「3. 급탕량」의 식 3.3(인원수에 의한 방법) 및 식 3.6(기구수에 의한 방법)에서 산정된 시간 최대급탕량의 1.5~2배를 순간 최대급탕량으로 한다.

② 동시사용유량

아래의 표 3.10 및 그림 3.30을 이용하여 산정한다. 즉, 표 3.10에 나타나 있는 각 급탕기구별 급탕단위로부터 설치기구의 총 급탕단위를 구한 후, 그림 3.30을 이용하여 건물 종류별 동시사용유량을 산정한다.

표 3.10 건물의 용도별 각 위생기구의 급탕단위(급탕온도 60℃ 기준)

구 분	공동주택	사무소	체육관	병원	호 텔, 기숙사	공장	학교
세면기(개인용)	0.75	0.75	0.75	0.75	0.75	0.75	0.75
세면기(공 용)	-	1.0	1.0	1.0	1.0	1.0	1.0
욕 조	1.5	-	-	1.5	1.5	-	-
샤 워 기	1.5	-	1.5	1.5	1.5	3.0	1.5
주 방 싱 크	0.75	-	-	3.0	2.5	3.0	0.75
청 소 싱 크	1.5	2.5	-	2.5	2.5	2.5	2.5
식 기 세 척 기	1.5	객석수 250당 5					

【주】 체육관이나 공장의 샤워기의 경우, 일시에 많은 사람이 사용을 하여 모든 샤워기가 동시에 사용될 수가 있는데, 이러한 경우에는 상기 급탕단위가 아니고 표 3.6의 값을 이용하되, 동시사용률을 100%로 하여 산정한다.

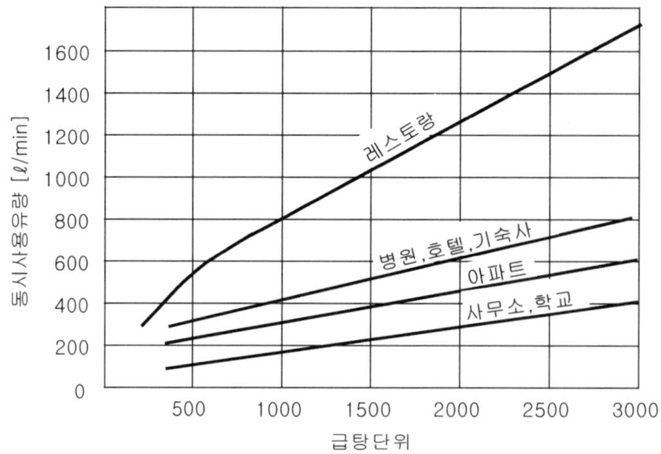

(a) 동시사용유량(대규모 건물)

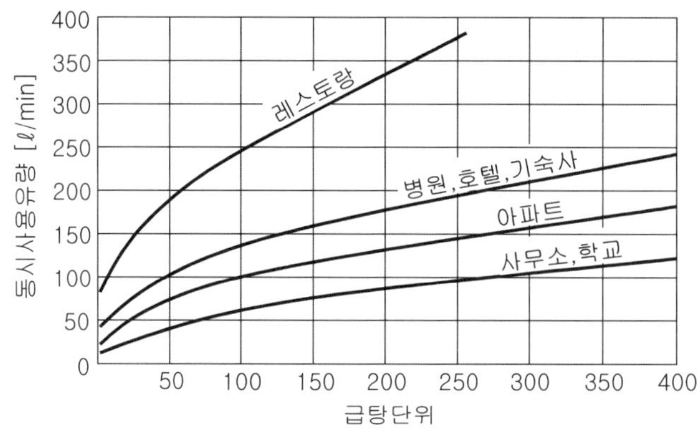

(b) 동시사용유량(소규모 건물)

그림 3.30 급탕단위에 의한 동시사용유량

2) 급탕관경 결정

「제2장 5. (2) 2) 유량선도에 의한 관경 결정」에서의 방법과 마찬가지로, 위에서 산정한 순간 최대급탕량 또는 동시사용유량, 그리고 허용마찰손실을 이용하여 제2장의 그림 2.46~그림 2.50의 유량선도에 의해 관경을 산정한다. 한편, 급수설비에서도 설명한 바와 같이 허용마찰손실을 산정하기 위해서는 정수두(靜水頭)가 필요한데, 급탕시스템에서 정수두가 존재하기 위해서는 급탕용 보일러나 저탕탱크 등이 건물 최상부에 설치되어 모든 급탕기구보다도 상부에 있도록 하거나, 고가수조로부터 보급수가 이루어져야 한다. 그러나 일반적인 건물에서 이와 같은 급탕용 기기가 건물의 최상부에 있는 경우는 거의 없고, 고가수조에 의한 급수방식도 줄어드는 추세이므로, 급탕관을 선정할 때는 단위길이당 마찰손실을 가정해서 수행하는 것이 일반적이다. 이때 급탕관의 단위길이당 마찰손실은 5mmAq/m로 가정하는 것이 실무적으로 적용되고 있다.

3) 환탕관경 결정

「(1) 1) 급탕관과 환탕관」에서 설명한 환탕관의 설치 의미에서 알 수 있듯이, 급탕개소에서 급탕을 필요로 하든 필요로 하지 않든 급탕용 온수는 항상 흐르게 되며, 이 온수의 양을 순환수량이라고 한다. 환탕관의 관경은 급탕 사용의 여부에 관계없이 급탕배관계를 항상 순환하는 순환수량에 따라 결정이 되는데, 순환수량은 온수가 순환하면서 발생하는 열손실(온수가 순환하면서 온수가 식는 것)과 허용온도강하(급탕온도와 환탕온도와의 온도차)에 의해 결정이 된다(뒤의 식 3.11). 즉, 배관계를 통과하면서 발생하는 열손실이 많을수록 그것을 보충하기 위해 순환수량은 많을 필요가 있고, 반면 급탕온도와 환탕온도와의 허용온도차를 크게 한다는 것은 열손실이 많아지는 것을 허용한다는 의미이므로 그만큼 순환수량은 적어도 된다는 것을 의미한다. 그런데 배관의 관경이 클수록 표면적이 커져서 배관계에서의 열손실도 커지므로 순환수량을 결정하기 위해서는 환탕관의 관경이 결정될 필요가 있다.

이와 같은 이유로 인해 환탕관의 관경을 결정할 때는 일단 환탕관의 관경을 임시로 정한 후에 그 관경에 따라 순환수량을 산정한 후, 정해진 관경과 순환수량에 의해 배관 내 유속을 체크하는 과정을 거쳐서 관경을 결정하게 된다. 한편, 급탕개소에서 온수를 사용할 경우 급탕개소에서 온수가 빠져나가므로 환탕관을 흐르는 순환수량은 급탕관을 흐르는 순환수량에 비해 적으며, 또 급탕량이 많은 곳은 그에 따라 순환수량도 많아지게 되므로, 환탕관은 급탕관에 비해 그 크기는 작으면서 어느 정도 비례하게 된다. 따라서 임시로 정하는 환탕관의 관경은 표 3.11과 같이 급탕관에 비해 작으면서 급탕관이 클수록 비례해서 커지는 값을 실무적으로 적용하고 있다. 일반적으로는 표 3.11의 환탕관의 크기에 따라 순환수량 및 순환펌프를 결정한 후 유속을 체크하여 유속이 1.5m/s를 초과하면 관경을 크게 하여 1.5m/s 이하가 되도록 조정한다.

표 3.11 급탕관과 환탕관의 관경

급탕관경 [mm]	20~32	40	50	65 이상
환탕관경 [mm]	20	25	32	40

【예제 3.7】

다음 그림과 같이 세면기(공용)에 온수를 공급하는 사무소건물의 급탕배관계에서 급탕관 A, B 구간과 환탕관 C 구간의 관경을 선정하시오. 배관의 종류는 스테인리스강관으로 하며, 급탕관의 단위길이당 마찰손실은 5mmAq/m로 가정한다.

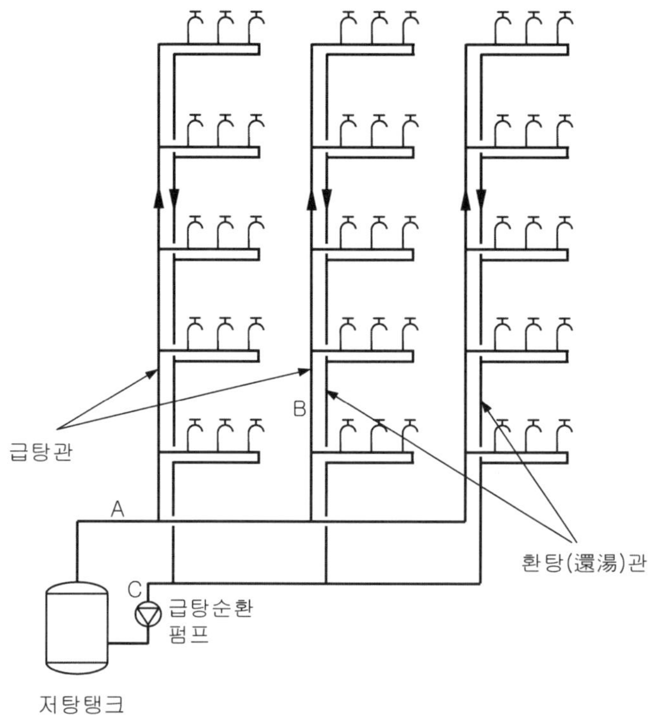

풀이

표 3.10의 급탕단위 및 그림 3.30의 동시사용유량을 이용하여 공급유량을 결정하고, 정해진 유량과 주어진 조건의 마찰손실을 이용하여 제2장의 그림 2.47인 스테인리스강관에 대한 유량선도에서 급탕관경을 결정한다.

(1) 구간 A

A 구간을 통과하는 온수는 배관계 내 모든 세면기인 45개에 공급되는 것이므로, 급탕단위는 1.0×45=45, 급탕단위 45를 그림 3.30(b)의 사무소건물에 해당하는 곡선에 대응시키면 동시사용유량은 약 40[l/min]이 된다(그림의 점선 화살표).

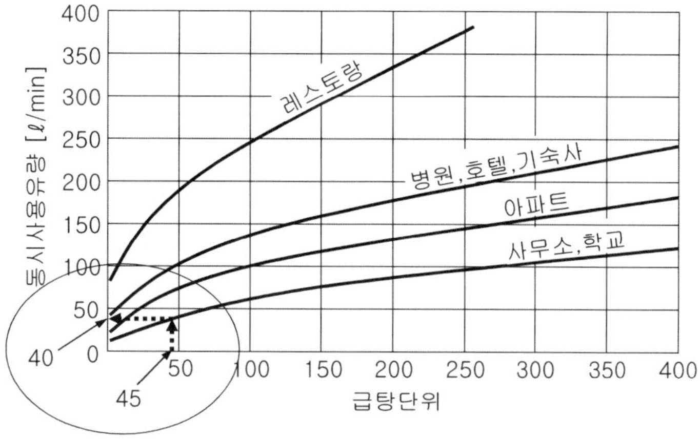

다음, 위에서 결정된 동시사용유량 40[l/min]과 문제의 조건인 단위길이당 마찰손실인 5mmAq/m를 아래 스테인리스강관에 대한 유량선도에 점선과 같이 적용시키면 만나는 점은 40과 50 사이에 있으므로 급탕관경은 50mm로 결정한다(40과 50 사이의 관경은 시판되지 않으므로 40 또는 50으로 해야 하는데 이렇게 사이에 있을 경우에는 배관 내 원활한 흐름을 위해 큰 쪽의 배관경을 선정한다). 또, 이때의 유속은 1.5m/s 이하이므로 관경에 대한 수정 없이 그대로 50Su로 정한다.

(2) 구간 B

구간 A와 동일한 방법으로 결정한다. B 구간의 온수는 세면기 12개에 공급되므로 급탕단위는 1.0×12=12, 급탕단위 12를 동시사용유량 그래프에 대입하면 약 15[l/min]이 되며, 유량 15[l/min]과 마찰손실 5[mmAq/m]를 유량선도에 적용하면 만나는 점은 30과 40 사이에 오게 되므로 B 구간의 급탕관경은 40Su로 한다. 유속에 대한 문제는 없다.

(3) 구간 C

구간 C는 환탕관이며 환탕관의 경우 대응되는 급탕관의 관경에 따라 정하게 된다. 환탕관의 구간 C에는 모든 세면기로부터 돌아오는 온수가 통과하게 되므로 대응되는 급탕관은 구간 A가 된다. A 구간의 급탕관경이 50Su이므로 표 3.11에서 환탕관의 관경은 32Su로 정한다.

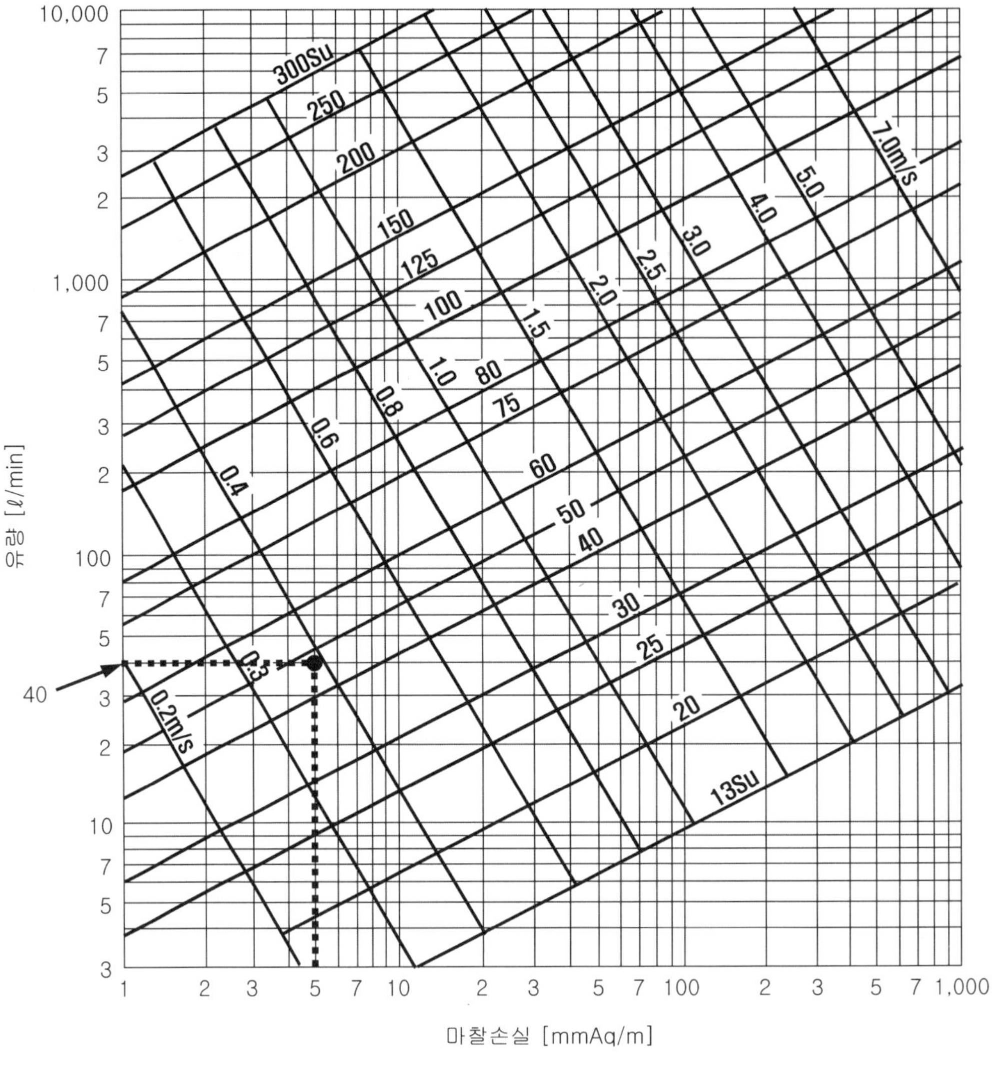

(3) 급탕순환펌프

「제2장 4. (2) 펌프」에서 설명했듯이 펌프의 크기를 결정하는 요소는 수량(유량)과 양정이다. 따라서 급탕순환펌프의 크기를 결정하기 위해서는 급탕배관계를 순환하는 순환수량과 순환 과정에서 발생하는 마찰손실을 구해야 한다.

한편, 급탕순환펌프는 일반적으로 양정이 매우 작은 편이므로 그 크기도 그다지 크지 않아 설치공간의 제약도 없는 편이다. 흔히 배관의 도중에 설치한다는 의미에서 라인펌프(line pump)라고도 불리고 있다. 그림 3.31에 급탕순환펌프 등에 이용되는 라인펌프의 형태와 설치모습을 나타낸다.

그림 3.31 라인펌프

1) 순환수량

「(2) 3) 환탕관경 결정」에서 설명했듯이, 급탕배관계의 순환수량은 온수가 순환하면서 발생하는 열손실과 허용온도강하에 의해 아래 식 3.11과 같이 결정되므로, 먼저 배관계에서의 열손실 및 급탕과 환탕과의 온도차에 의해 필요한 순환수량을 결정한다.

$$W = \frac{Q}{\Delta t \times 60} \qquad (3.11)$$

W : 순환수량 [l/min]

Q : 배관 및 기기로부터의 열손실 [kcal/h]

Δt : 급탕과 환탕과의 온도차 [℃]

배관계를 구성하는 배관 및 기기들로부터의 열손실은 배관의 재질, 배관의 크기(관경), 보온재의 유무, 배관 내외부의 온도 등에 따라 달라지는데, 먼저 배관으로부터의 열손실은 각 관경의 배관길이에 표 3.12에 나타나 있는 값 및 배관 내외부의 온도차를 곱하여 각 관경의 열손실을 구한 후 이들 값을 모두 더한 값을 배관 전체로부터의 열손실로 한다. 표 3.12에 나타나 있는 수치는 그 단위인 kcal/mh℃에서 알 수 있듯이 배관길이 1m당, 또 배관 내외부 온도차 1℃당의 값이므로 배관으로부터의 열손실[kcal/h]은 표 3.12의 값에 배관길이[m] 및 배관 내외부의 온도차[℃]를 곱하여 산정하게 되는 것이다.

여기에 밸브, 펌프 등 배관계 기기들로부터의 손실열량을 더한 값을 배관계 전체의 열손실로 산정하게 되는데, 밸브, 펌프와 같은 기기들로부터의 손실열량은 배관으로부터의 손실열량 값의 20~30%를 개략치로서 적용하는 것이 일반적이다.

표 3.12 배관의 종류별 및 관경별 열손실 〔kcal/mh℃〕

구 분	15A	20A	25A	30A	32A	40A	50A	60A	65A	75A	80A	100A	125A	150A
보온한 동관	0.20	0.24	0.29	-	0.33	0.37	0.44	-	0.45	-	0.52	0.64	0.77	0.78
보온한 스테인리스강관	0.20	0.24	0.29	0.32	-	0.37	0.41	0.42	-	0.50	0.56	0.69	0.82	0.82
보온 안한 동관	0.58	0.81	1.04	-	1.27	1.51	1.97	-	2.43	-	2.90	3.82	4.75	5.67
보온 안한 스테인리스강관	0.58	0.81	1.04	1.24	-	1.56	1.77	2.20	-	2.78	3.25	4.16	5.09	6.01

【주】 배관의 외표면열전달률은 10kcal/m²h℃, 내표면열전달률은 6kcal/m²h℃, 보온재의 열전도율은 0.04kcal/ mh℃로 했으며, 보온재의 두께는 배관경 15~50A는 20mm, 60~125A는 25mm, 150A는 30mm로 했다.

배관의 열손실을 산정할 때 표 3.12를 이용하여 배관의 관경별로 열손실을 별도로 산정하는 것은 매우 번잡하기 때문에, 배관계를 구성하는 각 관경들 중 가장 긴 부분을 대표 관경으로 하여 전체 배관길이에 대한 열손실을 산정하는 약산법이 실무적으로 많이 적용되고 있다. 이 경우에도 배관계 기기들로부터의 열손실은 배관으로부터의 열손실의 20~30%를 적용하면 된다.

앞의 식 3.11의 분모에 있는 요소인 급탕과 환탕과의 온도차는 통상 5℃를 적용하고 있으며, 또 분모에 60이 있는 것은, 식에서 순환수량의 시간 단위는 '분'이고, 열손실의 시간 단위는 '시간'이므로 이 두 요소를 환산하기 위한 값이다.

2) 양정

「제2장 4. (2) 펌프」에서 설명했듯이, 펌프의 양정이란 보내고자 하는 물을 얼마만큼 멀리 또는 높이까지 보낼 수 있는가를 나타내는 것이므로, 급탕순환펌프의 양정은 예를 들어 저탕탱크와 저탕탱크로부터 가장 먼 곳에 있는 급탕기구까지의 순환경로에 대한 손실양정(마찰저항+국부저항)을 구하면 된다. p.63 그림 2.22에서 설명했듯이, 일반적으로 급탕배관계에서는 실양정이 '0'이 되므로 실양정은 고려할 필요가 없기 때문이다.

한편, 환탕관에 비해 급탕관은 관경이 커서 급탕관에서의 마찰손실은 상대적으로 작기 때문에 순환경로 중 급탕관 부분은 고려하지 않고 환탕관 부분만 고려해도 충분하며, 따라서 급탕관 부분까지 고려하여 펌프 양정을 산정하게 되면 오히려 지나치게 양정이 커져서 급탕압력이 커지는 결과를 초래할 수도 있다고 일컬어지고 있다. 그러나 실무적으로는 급탕관 부분과 환탕관 부분에서의 마찰손실을 동시에 고려하는 것이 일반적이며, 또한 다음 식에 의한 약산법이 널리 이용되고 있다.

$$H = 0.01\left(\frac{L}{2} + l\right) \tag{3.12}$$

H : 순환펌프의 양정 [m]
L : 급탕주관의 길이 [m]
l : 환탕주관의 길이 [m]

식 3.12는 배관계에서의 마찰손실압력을 급탕관에서는 5mmAq/m(= 0.005mAq/m), 환탕관에서는 10mmAq/m(= 0.01mAq/m)로 한 것으로, 따라서 식 우변의 0.01은 급탕 및 환탕관에서의 마찰손실을 양정으로 환산(mm와 m의 관계)하기 위한 값이다.

【예제 3.8】

다음 그림과 같이 세면기(개인용)에 온수를 공급하는 공동주택에서 급탕순환펌프의 순환수량과 양정을 산정하시오. 배관은 보온을 한 동관으로 하며, 배관경은 전구간 32A로 가정한다. 또 급탕온도는 60℃, 환탕온도는 55℃, 배관 주위의 온도는 20℃로 한다. 배관계 기기에서의 열손실은 배관으로부터의 열손실의 30%로 한다.

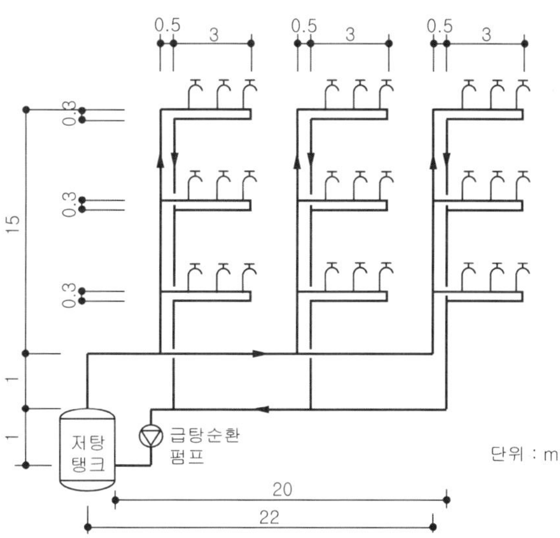

풀이

순환수량은 식 3.11과 표 3.12를, 양정은 식 3.12를 각각 이용한다. 식 3.11과 식 3.12를 적용할 때 주의해야 할 점이 있는데, 순환수량을 산정할 때 배관의 길이는 배관계 전체길이를 대상으로 해야 하고, 양정을 계산할 때 배관의 길이는 저탕탱크와, 저탕탱크로부터 가장 먼 세면기까지의 급탕관 및 환탕관의 길이를 대상으로 해야 한다는 점이다. 그 이유는 순환수량의 경우는 전체 배관계에서의 열손실을 고려하는 것이므로 모든 배관의 길이를 대상으로 해야 하고, 양정의 경우는 가장 먼 곳까지 갈 수 있는 힘, 즉 압력을 가지고 있으면 그보다 가까운 다른 구역은 당연히 갈 수 있기 때문이다.

(1) 순환수량

그림에서 저탕탱크에서 시작해서 다시 저탕탱크로 돌아오기까지의 전체 배관길이는 197.3m이고, 문제의 조건에서 배관은 보온이 된 32A의 동관이므로, 표 3.12에서의 해당 값인 0.33에 배관길이와 배관 내외부의 온도차를 곱하면 배관에서의 열손실 Q(배관)= 0.33[kcal/mh℃]×197.3[m]×(60−20)[℃]≒2,604[kcal/h]가 된다. 또, 기기에서의 열손실은 배관에서의 열손실의 30%라고 가정하면, 기기를 포함한 배관계 전체에서의 열손실 Q=2,604×1.3≒3,385[kcal/h]가 된다.

따라서, 순환수량 $W=\dfrac{3{,}385}{(60-55)\times 60}\fallingdotseq 11.3$ [l/min]

(2) 양정

양정 산정에서 기준이 되는 배관경로는 저탕탱크와, 저탕탱크로부터 가장 먼 세면기까지의 급탕관 및 환탕관이므로 다음 그림의 굵은 선이 된다. 그림의 굵은 선에서 급탕관의 길이는 41.5m(엄밀히는 가장 먼 세면기까지의 길이이지만 그림에서의 표현상 가장 먼 세면기보다 약간 더 긴 길이로 하였다), 환탕관의 길이는 40m이므로 양정 $H=0.01\left(\dfrac{41.5}{2}+40\right)\fallingdotseq 0.61$ [m]가 된다.

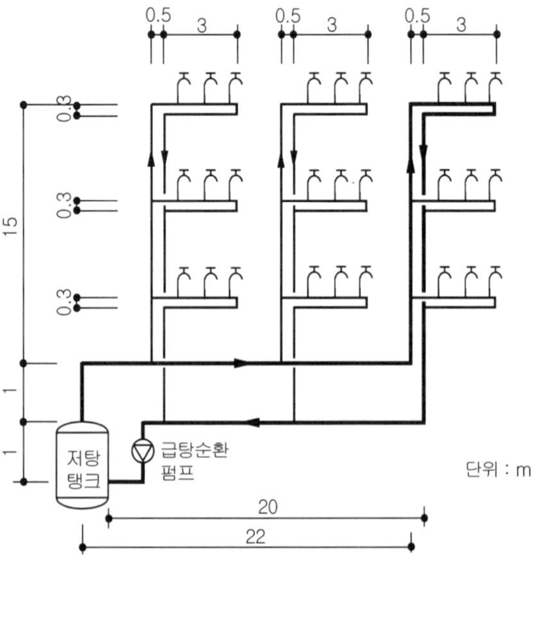

제4장 배수 · 통기설비

제4장 배수 · 통기설비

1. 개요

급수 및 급탕설비에서 언급했듯이, 물은 우리의 생활에 필수불가결한 요소로 그 용도는 음료, 요리, 목욕, 세탁, 청소, 변기세정과 같은 가정용은 물론, 공장의 생산과정에서 사용되는 공업용수 등에 이르기까지 대단히 다양하며 그 양 또한 방대하다. 그런데 이러한 물은 처음 사용할 때는 깨끗한 상태이지만 상기와 같은 목적으로 사용된 후에는 오염되어 더러운 물이 되므로 신속하게 건물 밖으로 배출시킬 필요가 있다.

여름 장마철에 우리는 이따끔 거리에 물이 넘쳐 흐르는 것을 볼 수 있는데, 그 원인으로는 건물 외부에 있는 공공배수관의 용량이 부족해서 집중호우를 미처 처리하지 못하는 경우도 있고, 때로는 관리 부족으로 공공배수관이 그 역할을 다 하지 못하는 경우도 있다. 마찬가지로 건물 내에서도 배수설비가 불완전하면 요리, 청소 등의 목적으로 사용된 후 오염된 물이 건물 안에 넘쳐흐르게 되는 최악의 상황에 이르게 된다. 따라서 건물에서는 사용된 물이 신속하게 건물 외부의 배수관(하수관)까지 배출될 수 있도록 하는 배수설비가 필요해진다.

한편, 배관 내에 물이 항상 가득 차 있는 급수관이나 급탕관과 달리, 배수관은 평상시에는 공기만 있다가 급수나 급탕 사용개소에서 이따끔씩 배수가 배출될 때 그 배수가 흐르면서 배관 내 공기를 밀어내는 역할을 하게 되고 그로 인해 배관 내 기압의 변동이 발생한다. 배관 내 기압의 변동이 발생하면 배수 흐름이 원활하지 않게 되며 경우에 따라서는 배수의 역류로 인해 위생에 매우 심각한 영향을 미치게 될 수 있어 이를 방지할 필요가 있는데, 그 방법으로 가장 유력한 것이 배수관 내를 항상 대기압과 동일하게 만들어 주는 통기관이다. 이와 같이 배수관과 통기관은 건물 내에서 항상 짝을 이루어 구성되고 있다.

(1) 배수의 종류

배수는 그 물에 포함되어 있는 내용물에 따라 다음과 같이 분류하는 것이 일반적이다.

① 오수

인체로부터의 배설물, 특히 분뇨를 포함한 배수로서 주로 대 · 소변기로부터 배출되는 배수를 의미한다.

② 잡배수

일반적인 생활 속에서 배출되는 배수 중에서 오수를 제외한 배수, 즉 세면기, 욕조, 싱크 등에서 배출되는 배수 및 냉장고, 펌프, 냉동기, 수조(물탱크)와 같은 장치에서 배출되는 배수를 말한다.

③ 우수

말 뜻대로 빗물은 물론이고, 빗물 이외에도 지하에서 용출되는 지하수와 같은 자연수도 우수에 포함된다.

④ 특수배수

공장, 병원, 연구소 등에서 배출되는 배수 중에서 상기 오수, 잡배수와 달리 산, 알칼리, 기름, 방사성 물질 등을 함유한 것을 말한다.

이상과 같은 배수의 종류 중에서 우수는 별도의 처리 없이 공공하수도에 방류해도 되지만, 오수, 잡배수, 특수배수는 지역에 공공처리시설이 충분히 갖추어져 있지 않은 경우에는 각 건물에서 일정 수질 이상으로 처리한 후 공공하수도에 방류해야 하며, 특히 특수배수는 각 배수의 종류에 따라 건물에서 적합한 처리를 한 후 공공하수도에 방류해야 한다.

(2) 배수·통기설비 설계순서

배수 · 통기설비의 설계는 먼저, 건물의 규모, 용도 및 건물에서 배출되는 배수의 종류와 같은 건물 개요를 파악한 후, 배수의 방식과 계통을 결정하고 배수관과 접속하게 되는 통기관의 방식 및 계통을 결정한다. 또, 배수 관련 기기와 배관경을 선정하기 위한 배수량을 산정한 후 기기의 결정 및 배관설계를 행하는 것이 일반적인 방법이다. 그림 4.1에 배수 · 통기설비 설계순서의 예를 나타낸다.

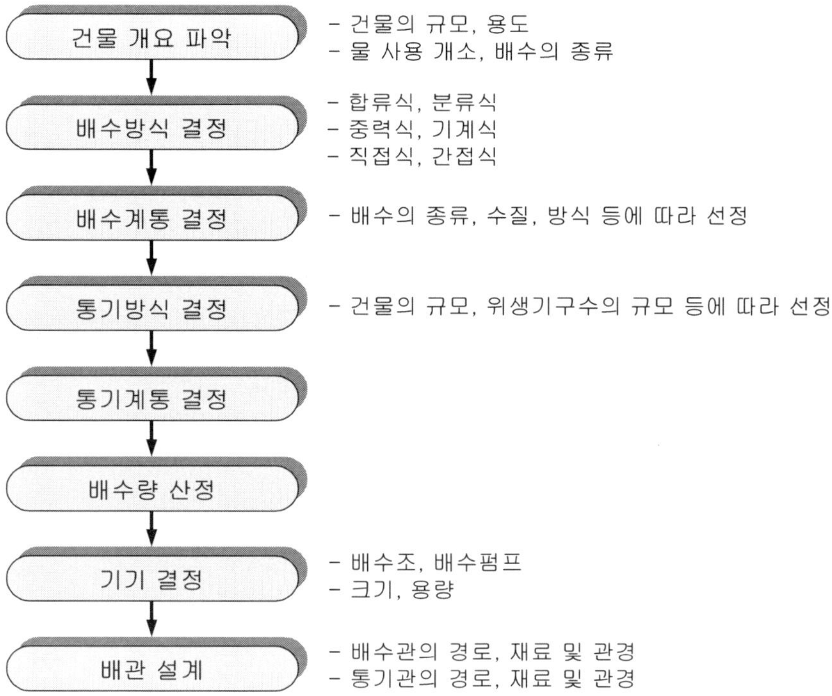

그림 4.1 배수 · 통기설비 설계순서의 예

2. 배수방식 및 배수계통

(1) 배수방식

배수방식은 배수 종류별 배관구성에 따라 합류식과 분류식으로, 배수의 반송방식에 따라 중력식과 기계식으로, 배수관 도중에 대기에 개방되는 부분 유무에 따라 직접식과 간접식으로 구분한다.

① 합류식과 분류식

그림 4.2의 (a)와 같이 오수와 잡배수를 하나의 계통, 즉 동일 배관으로 묶어서 건물 밖으로 배출하는 방식을 합류식이라 하고, (b)와 같이 별도의 배관으로 배출하는 방식을 분류식이라 한다. 「1. 개요」에서 배수관은 급수관이나 급탕관과 달리 내부에서 기압 변동이 발생할 수 있다고 했는데, 오수관과 잡배수관 내에 기압 변동이 있게 되면 오수나 잡배수가 제대로 흐르지 않거나 경우에 따라서는 역류할 가능성도 있으므로, 건물 내에서는 오수가 잡배수배관 쪽으로 역류하지 않도록 분류식으로 배관 구성을 하는 것이 일반적이다.

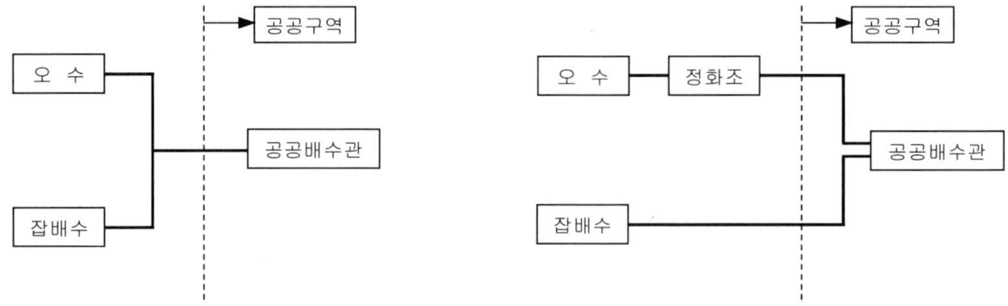

(a) 합류식 (b) 분류식

그림 4.2 합류식 배수와 분류식 배수

② 중력식과 기계식

중력의 힘으로 자연스럽게 배수가 이루어지는 것을 중력식이라 하고, 펌프와 같은 기계의 힘을 빌려 건물 외부의 공공배수관으로 배출시키는 것을 기계식이라 한다.

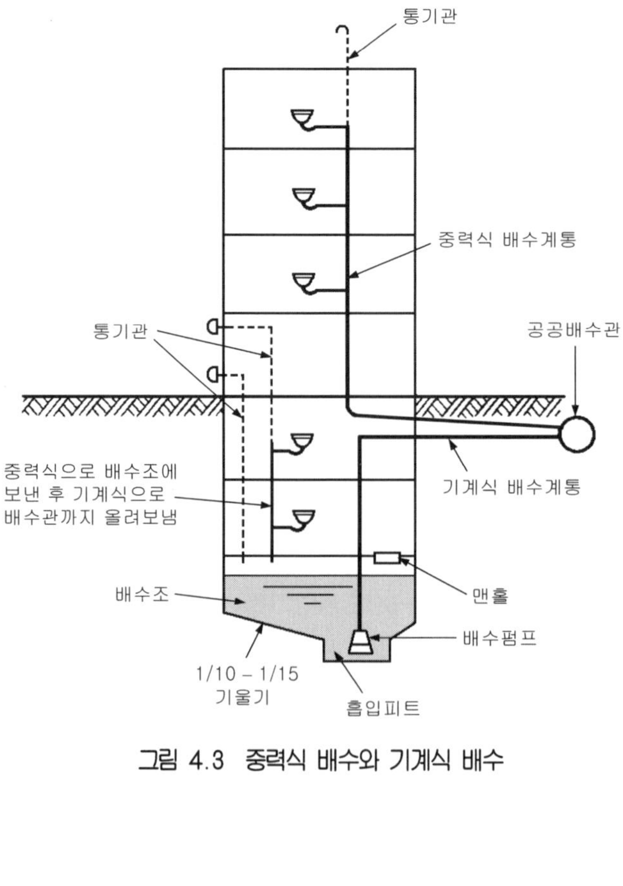

그림 4.3 중력식 배수와 기계식 배수

지상층에 있는 화장실이나 주방과 같이 건물 외부의 공공배수관보다 상부에 위치한 곳으로부터의 배수는 중력식으로 하며, 지하층에 위치한 화장실이나 주방 및 지하 기계실에 있는 배수조(또는 집수조(集水槽)라 한다) 등과 같이 공공배수관보다 아래쪽에 위치한 곳으로부터는 중력식에 의해 공공배수관으로 보낼 수 없으므로 이러한 곳으로부터의 배수는 펌프를 이용한 기계식으로 이루어진다. 그림 4.3에 중력식 배수와 기계식 배수의 예를 나타낸다.

③ 직접식과 간접식

세면기, 대·소변기, 싱크 등으로부터의 배수관은 중간에 대기에 개방됨이 없이 연속적으로 공공배수관까지 연결이 되지만, 급수탱크, 냉장고, 의료기기 등과 같이 절대로 오염되어서는 안 되는 장치 및 기구로부터의 배수는 오수관, 잡배수관 등에 직접 연결해서는 안 된다. 왜냐하면 배수관이 막히거나 배수관 내부에 압력변동이 있게 되면 배수가 역류할 염려가 있고, 또 뒤에 언급하는 트랩의 봉수가 파괴되는 경우에는 하수가스나 벌레가 침입할 위험성도 있기 때문이다. 따라서 이러한 기구의 배수관은 그림 4.4와 같이 도중에 끊어서 대기에 개방을 시키게 되는데 이러한 배수방식을 간접배수방식이라 한다. 배수관 도중에 끊겨진 공간의 수직거리를 배수구 공간이라 하며, 「제2장 급수설비」의 그림 2.59에 나타나 있는 토수구 공간과 같이 배수의 역류가 있어도 이 부분에서 더 이상 역류가 이루어지지 않게 되는 것이다. 배수구 공간의 크기는 배수관의 크기에 따라 표 4.1과 같이 확보하는 것이 일반적이다.

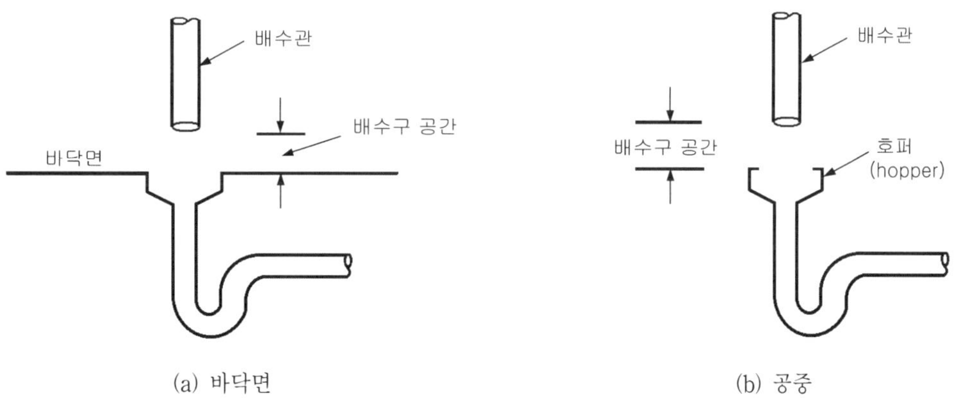

그림 4.4 간접배수

표 4.1 배수구 공간의 필요 크기

배수관 관경 [mm]	배수구 공간 [mm]
25 이하	50 이상
30~50	100 이상
65 이상	150 이상

【주】 음료용 저수조에 연결되어 있는 간접배수관의 배수구 공간의 크기는 배수관의 크기에 관계없이 150mm 이상으로 한다.

(2) 배수계통

배수의 계통은 건물 내 배수관들이 건물 밖으로 나갈 때까지의 상호 연결관계를 나타내고 있는 것이므로 「1. (1) 배수의 종류」에서 나타낸 배수 종류에 따라, 또 「2. (1) 배수방식」에 언급되어 있는 배수방식에 따라 구분되는 것이 일반적이다. 즉, 오수, 잡배수, 우수, 특수배수의 배수관들은 건물 내에서 서로 접속되지 않은 상태로 건물 밖까지 나가게 되며, 또 같은 오수라 해도 중력식으로 배출되는 배관과 기계식으로 배출되는 배관과는 별도로 건물 밖까지 나가도록 하는 것이 배수계통의 일반적인 구분 방식이다.

3. 배수트랩과 포집기

(1) 배수트랩

1) 트랩의 의미

배수설비를 의식하게 된 처음에는 배수만을 생각했기 때문에 하수도의 냄새나 하수가스가 배수관을 타고 건물 안으로 들어와 건물 안을 비위생적인 상태로 만들었다. 물은 액체이므로 여간해서는 하수도의 배수가 배수관을 타고 건물 안으로 올라오기가 어려우나, 냄새나 가스는 기체이므로 얼마든지 위로 올라올 수가 있으며, 또 벌레도 배수관을 타고 올라올 수가 있으므로 위생의 확보를 위해서 냄새나 벌레 등의 침입을 막기 위한 수단이 필요했다.

이 냄새나 가스 및 벌레의 침입을 막기 위한 수단으로 트랩이 고안되었다. 트랩의 역할은 배수는 통과시키면서 냄새나 벌레 등의 침입을 막는 것으로, 초기에는 밸브나 볼 등의 작동에 의한 기계식과 단순히 물을 체류시키는 수봉식(水封式)

이 이용되었으나, 기계식의 경우 오작동 및 내구성의 문제가 있었고, 더욱이 단순히 물만 남게 하는 수봉식으로도 트랩의 기능이 충분히 발휘되었기 때문에 지금은 수봉식만이 이용되고 있다. 수봉식 트랩은 특별한 장치 없이 단지 배관의 도중을 구부린 형태로 만들어 배수 중의 일부가 그 구부린 부분에 남게 함으로써, 남아 있는 배수가 일종의 차단막 역할을 하여 냄새 및 가스를 차단시키는 역할을 하는 것이다.

증기를 이용한 난방에서도 증기의 흐름을 차단시키는 증기트랩이 있기 때문에, 배수에서의 트랩은 증기트랩과 구분하기 위해 주로 배수트랩이라 부르고 있다. 그림 4.5에 배수트랩의 유무에 따른 영향의 예를 나타낸다.

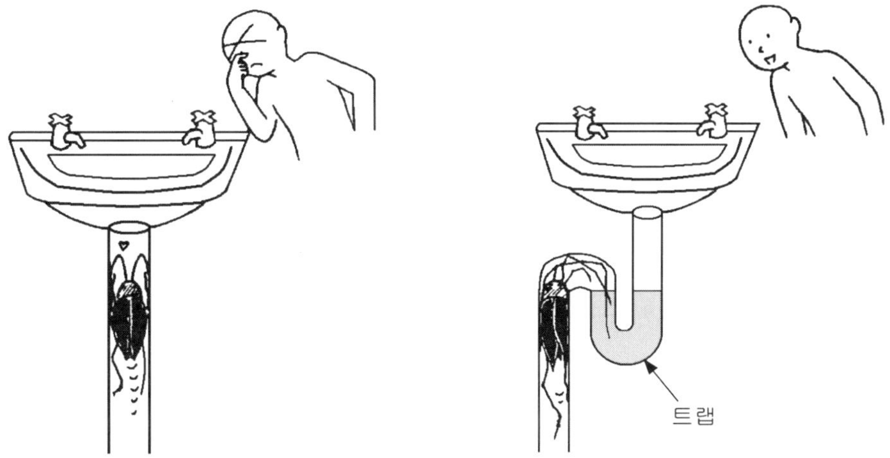

그림 4.5 트랩의 역할(출전 : 建築設備入門, 理工圖書)

2) 트랩의 봉수(封水)

상기 설명에서 트랩이란 배관의 도중을 구부려서, 흘러내려가던 배수 중 일부가 그 부분에 남게 하는 것이라 했는데, 이와 같이 하수가스나 벌레의 침입을 막아주는 역할을 하기 위해 남아 있는 물을 봉수(封水)라고 부른다.

① 봉수깊이

그림 4.6에 나타나 있는 트랩의 각부 명칭에서 웨어(weir)에서 딥(dip)까지의 깊이를 유효봉수깊이 또는 단순히 봉수깊이라 한다. 트랩의 유효봉수깊이가 너무 깊으면 배수가 트랩을 통과하기가 힘들어져 세정력이 약화되면서 트랩

바닥에 오물이 쌓이기 쉽고, 반대로 너무 얕으면 봉수를 유지하기가 힘들어져 기능을 수행하기가 어렵게 된다. 유효봉수깊이는 50~100mm로 하는 것이 일반적이다.

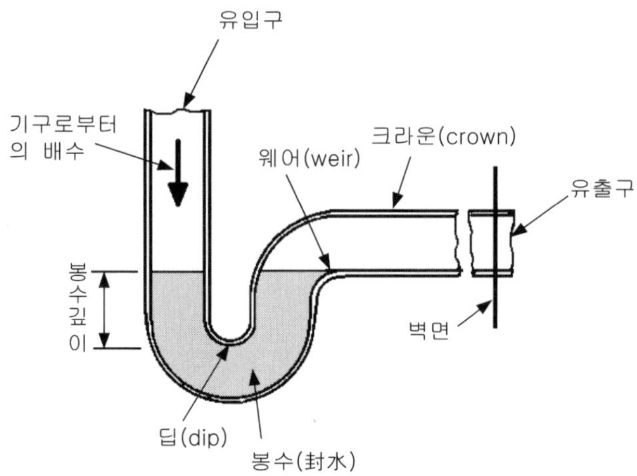

그림 4.6 트랩의 각부 명칭

② 봉수파괴의 원인 및 대책

트랩에서는 봉수가 없어지면 트랩의 기능을 전혀 발휘할 수가 없게 된다. 봉수는 여러 가지 원인으로 상실되어 트랩으로서의 기능을 하지 못하는 경우가 있는데, 이처럼 봉수가 없어지는 현상을 봉수파괴라 한다. 봉수가 파괴되는 원인과 그 대책으로는 다음과 같은 것들이 있다.

㉮ 자기사이펀작용

위생기구에서 트랩을 통해 물이 만수(滿水)상태로 흐를 때 사이펀 원리에 의해 그림 4.7(a)와 같이 배수 측으로 흡인되는 것을 의미한다. 자기사이편작용을 방지하기 위해서는 모든 위생기구에 통기관을 설치하는 각개통기방식을 적용하는 것이 바람직하지만 현재 국내에서는 비용 등의 문제로 각개통기관을 설치하는 경우는 거의 없다. 따라서 실질적으로는 다음과 같은 방법들을 적용할 수 있다. 먼저, 후술하는 트랩의 종류 중 S트랩에서 특히 자기사이편작용이 많이 발생되므로 가급적 P트랩을 사용하며, 또 트랩의 유출부분의 단면적이 유입부분의 단면적보다 큰 것을 설치하면 자기사이편작용의 방지에 효과가 있는 것으로 일컬어지고 있다.

㉯ 유도사이펀작용(흡입작용)

수직관에 근접하여 기구를 설치할 경우, 수직관 상부로부터 일시에 많은 양의 물이 낙하하면 배관 내부에 순간적으로 진공이 발생하여 수직관과 수평관이 연결되는 부분에서는 그림 4.7(b)와 같이 트랩 내의 물을 흡입하게 된다. 수직관 상부에 통기관을 설치하고 수직배수관경을 충분히 크게 선정하여 방지할 수가 있다.

㉰ 역사이펀작용(분출작용)

수직배수관에서 많은 양의 물이 낙하하고 하부에도 만수상태가 되어 있을 때, 수직관 하부가 순간적으로 고압이 되어 수직관과 수평관의 연결부분에서는 그림 4.7(c)와 같이 트랩에 고인 물이 실내로 분출하게 된다. 이와 같은 현상은 수직관의 낮은 부분에 통기관을 설치하여 방지할 수 있다.

㉱ 모세관현상

트랩의 넘침면(weir)에 실, 헝겊, 머리카락 등이 걸려있으면 그림 4.7(d)와 같은 모세관현상으로 봉수가 서서히 빨려나가게 되므로 트랩을 정기적으로 청소하여 이러한 이물질(異物質)을 제거해야 한다.

㉲ 증발작용

위생기구를 장기간 사용하지 않으면 그림 4.7(e)와 같이 자연증발로 인하여 봉수가 없어지므로 트랩에 물을 채워준다.

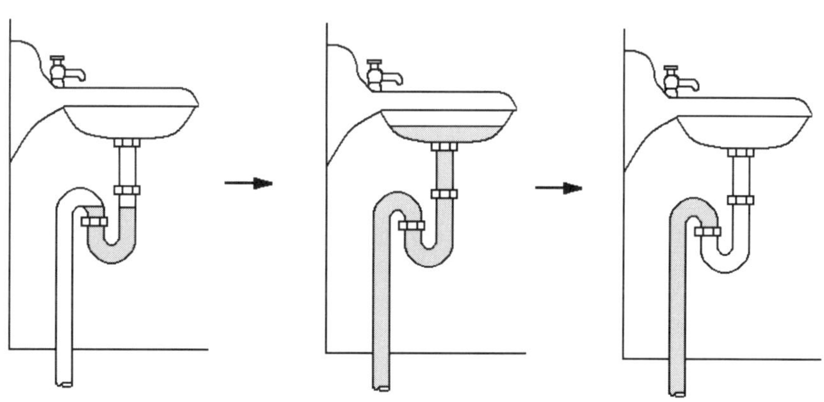

(a) 자기사이펀작용

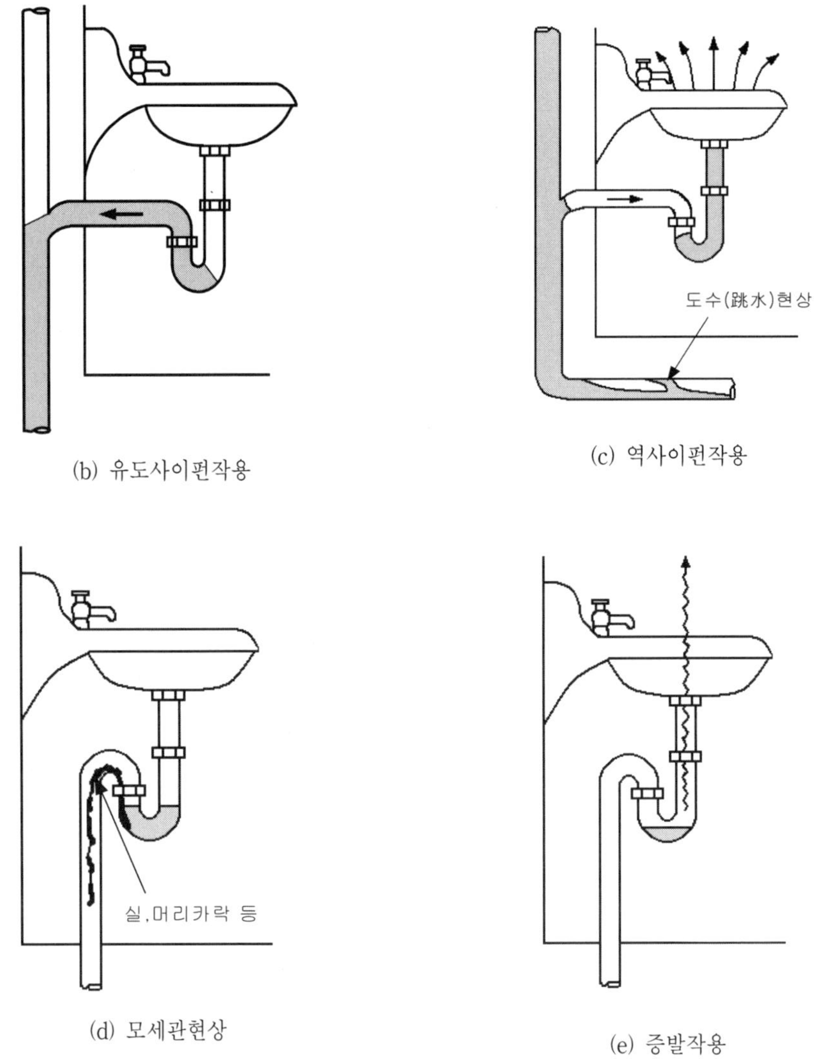

그림 4.7 트랩의 봉수파괴 원인

3) 트랩의 종류

① 관트랩

그림 4.8(a)~(c)에서 알 수 있듯이 관의 도중이 구부린 형태로 만들어진 것을 총칭해서 관트랩이라 한다. 대표적인 것으로 그 형상에 따라 P트랩, S트랩, U트랩이 있다.

P트랩은 세면기, 대·소변기 등의 배수를 벽체 내의 배수관에 접속하는 데 사용되고 있다. 가장 널리 쓰이는 종류로서, 통기관으로 각개통기관을 설치할 경우 봉수가 안정적으로 유지되어 이상적이다.

S트랩은 세면기, 대 · 소변기 등의 배수를 바닥 밑의 배수관에 접속하는 데 사용되는 것으로, 자기사이펀작용에 의해 봉수가 쉽게 파괴되는 경우가 많으므로 피하는 것이 좋다.

U트랩은 배수수평주관에 설치하는 것으로, 트랩부분이 배수 흐름에 방해를 주는 경우가 있어 설치에 주의를 요한다.

② 드럼트랩

그림 4.8(d)와 같이 관로의 도중에 드럼 모양의 통을 만들어 설치하는 것이다. 봉수부가 드럼 모양을 하고 있어 이렇게 불려지고 있다. 유지보수에 유리하지만 침전물이 고일 염려가 있어 점검 및 청소를 쉽게 할 수 있어야 한다.

③ 벨트랩

그림 4.8(e)에서 나타내는 바와 같이 봉수를 구성하는 부분이 종(bell)과 같은 형태를 하고 있어 벨트랩이라 한다. 주로 화장실 등의 바닥배수용으로 사용되며, 사용자가 상부의 벨을 들면 트랩의 기능을 잃게 되므로 주의를 요한다.

④ 기구트랩

대변기나 소변기와 같은 위생기구 중에는 기구 자체에 트랩이 부착되어 있는 종류가 있다. 이러한 트랩은 기구와 하나의 세트로 되어 있기 때문에 기구트랩이라 한다. 따라서 이러한 기구를 설치할 때에는 별도의 트랩을 설치할 필요가 없다. 그림 4.8(f)와 (g)에 기구트랩이 부착되어 있는 소변기와 대변기를 나타낸다.

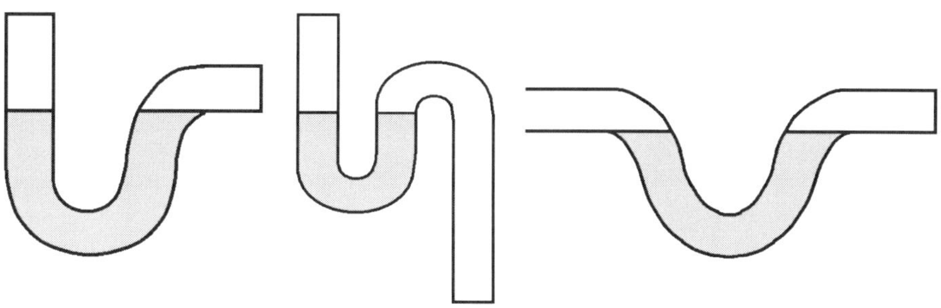

(a) P트랩　(b) S트랩　(c) U트랩

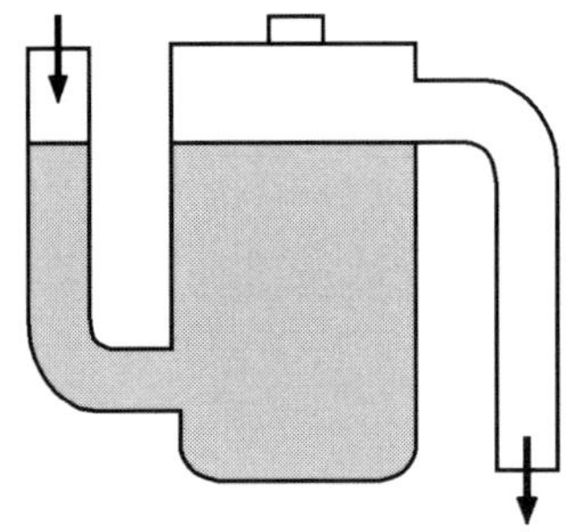

(d) 드럼트랩

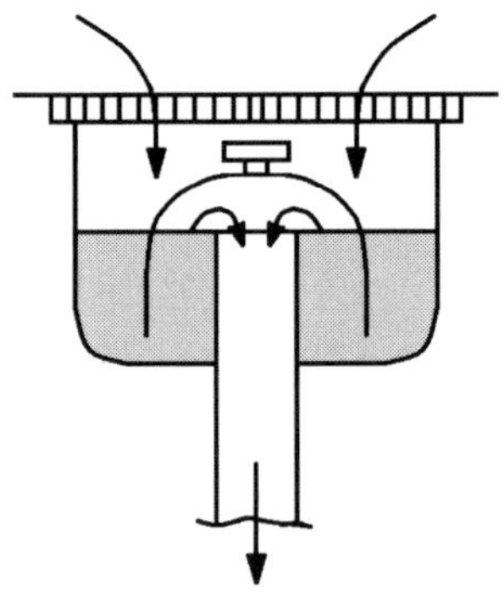

(e) 벨트랩

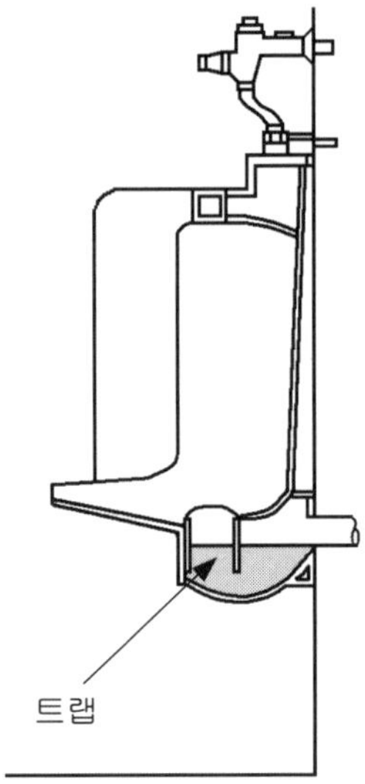

(f) 기구트랩 부착 소변기

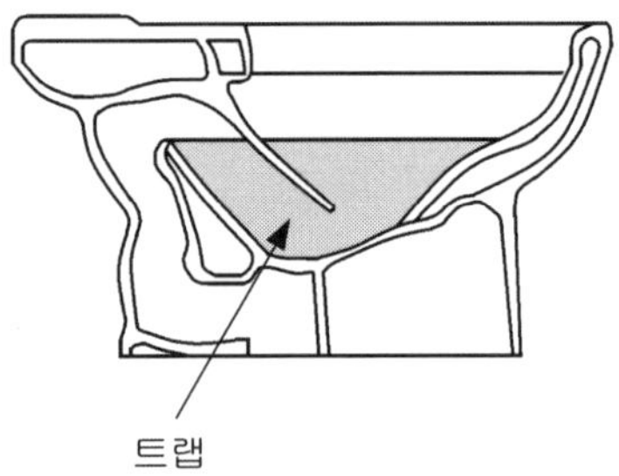

(g) 기구트랩 부착 대변기

그림 4.8 트랩의 종류

그림 4.9 및 그림 4.10에 세면기에 설치된 P트랩과 바닥에 설치된 벨트랩의 형상을 각각 나타낸다.

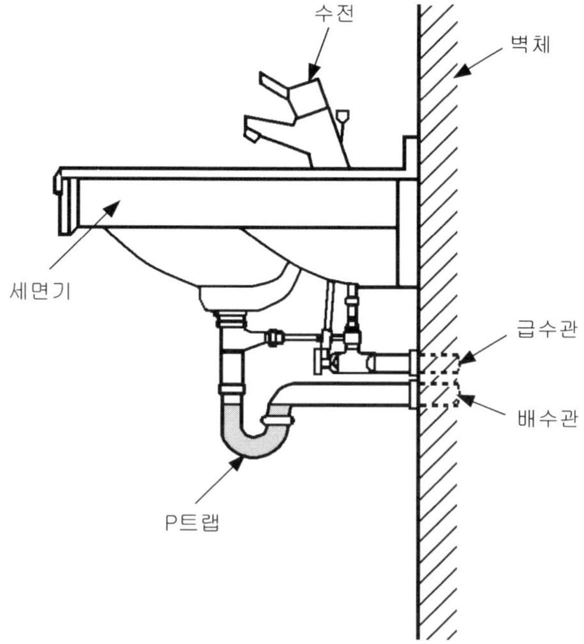

그림 4.9 P트랩 설치모습

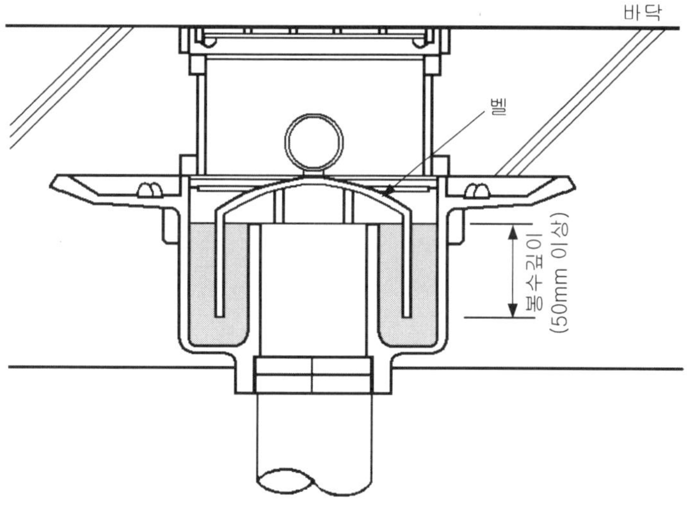

그림 4.10 벨트랩 설치모습

(2) 포집기(捕集器)

트랩이 하수도로부터 건물 안으로 역류하는 하수가스나 냄새를 차단하는 것에 비해, 포집기는 건물에서 배출되는 배수 중에서 배수관을 거쳐 하수도로 들어가게 되면 해로운 영향을 미칠 가능성이 있는 것을 차단시키는 역할을 하는 것이다. 포집기는 이러한 목적으로 설치되지만 해로운 물질을 100% 차단시킬 수 있는 성능을 가지고 있지는 못하고 가능한 한 많은 양의 물질을 차단시킨다는 개념으로 사용되고 있다. 또, 포집기는 시간이 지나면 차단된 물질이 포집기 안에 쌓이므로 정기적으로 청소를 해서 포집한 물질을 제거해 주어야만 원활한 기능을 지속할 수가 있다. 대표적인 포집기의 종류로는 다음과 같은 것들이 있다.

① 그리스(grease)포집기

호텔, 레스토랑 등의 주방에서 배출되는 배수에는 유지(油脂) 성분이 많이 포함되어 있는데, 이 유지 성분은 배수의 온도가 높을 때는 문제가 없지만 배수관에 들어가서 배수의 온도가 낮아지면 고형화되어 배관벽에 붙게 되므로 궁극적으로는 배수관을 막히게 한다. 이러한 유지 성분을 차단시키는 것이 그리스포집기이다.

② 오일(oil)포집기

주유소, 세차장, 자동차정비소 등에서 배출되는 배수에는 휘발유와 같은 기름이 포함될 수 있으며 이 기름이 배수관 내에 들어가서 인화하게 되면 폭발의 위험성이 있으므로 상기와 같은 건물의 배수관에는 오일포집기를 설치하여 기름을 제거한다.

③ 모래포집기

토사나 모래 등이 일반 배수와 함께 배수관에 유입되면 모래가 배수관 내에 퇴적되어 배수관이 막히게 되므로 이렇게 될 우려가 있는 곳에는 모래포집기를 설치하여 모래 및 토사가 제거된 배수가 배수관에 유입되도록 해야 한다.

④ 기타

미용실 등에서는 모발포집기를 설치하여 머리카락을 제거하고, 외과병원 등에서는 석고포집기를 설치하여 석고가 배수관 내로 유입되는 것을 방지한다.

그림 4.11 및 그림 4.12에 그리스포집기와 모래포집기의 설치 예를 나타낸다. 위에서 언급했듯이, 그리스포집기는 레스토랑 등에 설치되는 것이므로 배수 속에 음식물찌꺼기 등이 포함되어 있으며, 따라서 그림에 나타내듯이 포집기 입구에 스트레이너(그물망)를 설치하여 음식물찌꺼기를 걸러내도록 되어 있다. 또, 두 그림에서

알 수 있듯이, 그리스포집기에서의 기름은 위로 뜨게 되고, 모래포집기에서의 모래는 아래로 가라앉게 된다.

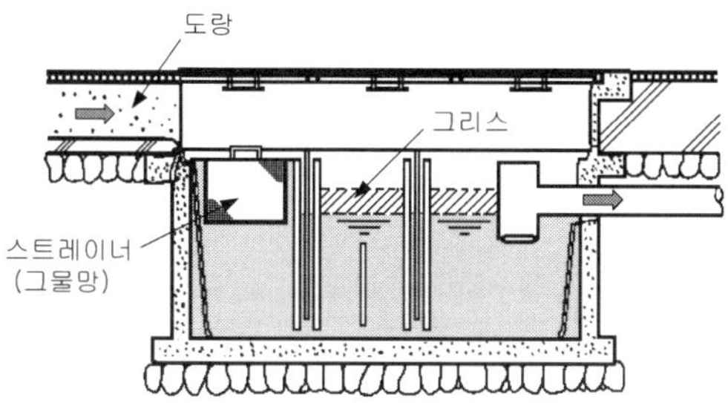

그림 4.11 그리스포집기

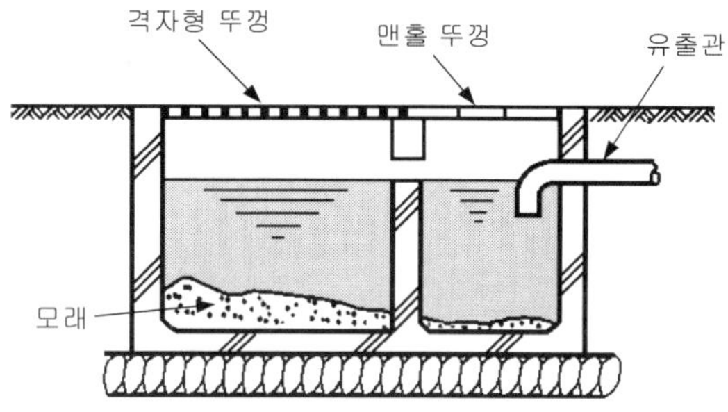

그림 4.12 모래포집기

4. 배수관의 종류와 발포(發泡)존

세면기, 대 · 소변기 등의 위생기구에 연결되어 있는 배관에서부터 건물 외부의 공공배수관에 연결되는 배관에 이르기까지의 배수관은 그 위치에 따라 배수흐름의 성상이 달라지며 각 부분의 명칭도 다르다. 또 5~6층 이상의 공동주택 등에서, 배수관 및 뒤에 언급하는 통기관의 연결상태에 따라서는 다른 세대에서 생긴 비누거품이 배수관을 타고 역류하는 경우도 있는데, 배수관 내에서 비누거품이 발생하는 구역을 발포(發泡)존이라 한다.

(1) 배수관의 종류

중력작용에 의해 배수가 이루어지는 일반적인 배수방식에서 배수는 대기압에 가까운 상태에서 자연유하(自然流下)식으로 흐르게 되므로, 배수관에는 적절한 관경과 기울기를 주어, 흐르는 물의 중력에 의해 고형물을 포함한 배수가 아무런 장애 없이 소정의 지점으로 배출되도록 해야 한다.

급수관이나 급탕관에는 물이 항상 가득 차 있고 또 물의 이동도 펌프에 의해 이루어지는 것이 대부분이므로 배관 내 유속의 변동이 별로 없으며, 또 배관 내에 물만 있게 되므로 고형물이 퇴적되는 일도 없다. 그러나 배수관은 대부분 중력에 의해 흘러가게 되므로 배관의 기울기에 따라 배관 내 유속의 차이가 크게 되며, 또 액체뿐 아니라 고체도 통과하게 된다. 이러한 배수관에서는 배관의 기울기가 너무 급하면 유속이 빨라져서 수심이 얕아지므로 오물이 세정되지 못하고 배관 표면도 손상될 염려가 있으며, 반대로 지나치게 완만하면 유속이 느려서 오물이 내려가지 못하고 관내에 남게 된다. 따라서 적당한 관경과 기울기를 유지해야 하는데 수심은 관경의 50~70%가 적당하다고 일컬어지고 있으며 배관 내 유속은 0.6~1.5m/s가 권장되고 있다.

배수관의 설치위치에 따른 명칭 및 각 부분에서의 흐름의 성상은 다음과 같다.

① 기구배수관

위생기구의 배수관 접속구에서 배수수평지관 접속부분까지의 배수관을 말한다. 대체적으로 수직관 부분이 많고 수직관 길이가 길면 접속기구 배수트랩의 봉수에 대해 자기사이펀작용을 일으키기 쉽다. 그림 4.13에 세면기에서의 기구배수관을 나타낸다.

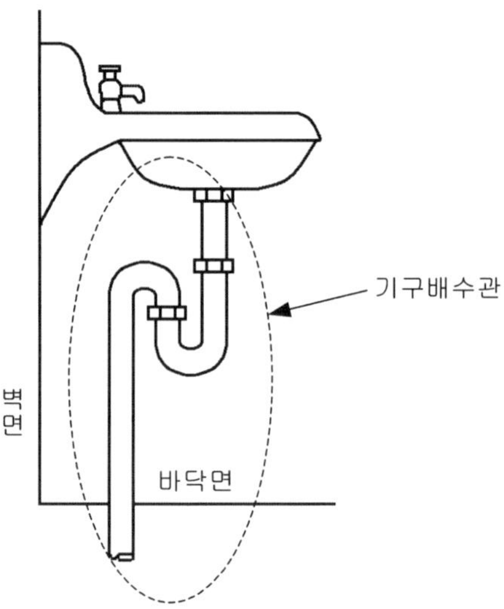

그림 4.13 기구배수관

② 배수수평지관

기구배수관과 배수수직관을 접속하는 수평관 부분을 말한다. 대변기 배수의 경우 배수량은 순간적으로 150LPM(l/min)을 초과하는 경우가 있으며, 이때 배수관 내에 물의 피스톤작용이 생겨서 흐르는 방향의 앞쪽은 정압(正壓, +압), 뒤쪽은 부압(負壓, −압)으로 된다. 뒤에서 설명할 배수수평주관과 함께 수평관의 경우는 앞에서 언급했듯이 적당한 기울기를 가져야 하는데, 수평관의 관경에 따라 표 4.2의 값이 권장되고 있다. 그림 4.14에 기구배수관 및 배수수직관을 포함한 배수수평지관을 나타낸다.

표 4.2 배수수평관의 기울기

관 경 [mm]	기 울 기
65 이하	최소 1/50
75, 100	최소 1/100
125	최소 1/150
150 이상	최소 1/200

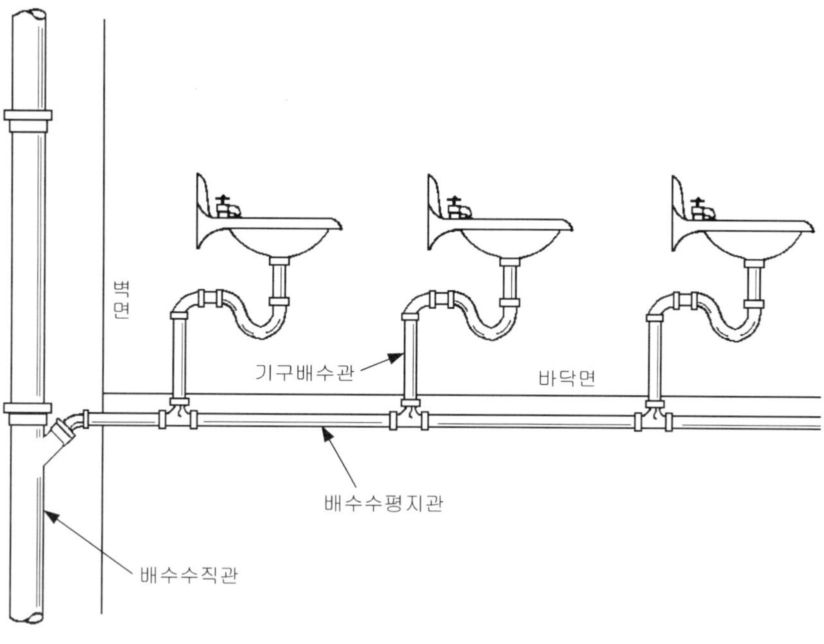

그림 4.14 배수수평지관 및 배수수직관

③ 배수수직관

배수수평지관에서 배수수평주관으로 연결되는 부분으로 상기 그림 4.14에 나타나 있다. 배수수직관에서 흘러내리는 물의 속도는 중력가속도에 의해 급격히 증가되지만 무한정 증가하지는 않는다. 즉, 배관 내벽과의 마찰저항 및 배수와 관내 공기와의 마찰에 의해 균형을 이루어 일정한 유속을 유지하게 되는데 이것을 종국유속(終局流速, terminal velocity)이라 한다. 종국유속은 다음의 Wyly-Eaton의 식에 의해 산출된다.

$$v = 0.635\left(\frac{Q}{d}\right)^{\frac{2}{5}} \qquad (4.1)$$

v : 종국유속 [m/s]

Q : 배수유량 [l/s]

d : 배수수직관 내경(안지름) [m]

또 배수수직관에 유입되어 종국유속이 될 때까지의 낙하길이를 종국길이(terminal length)라 하며 상기의 종국유속을 이용해서 다음의 식으로 산정할 수 있다. 종국길이는 배수유량 및 배관경에 따라 달라지지만 일반적으로 건물의 1~2층분 정도의 길이가 된다.

$$L = 0.14441v^2 \qquad (4.2)$$

L : 종국길이 [m]

v : 종국유속 [m/s]

한편, 배수수직관 도중에 수평으로 평행이동하기 위한, 엘보 등의 이음으로 구성되어 있는 배관의 수평부분을 배수관의 오프셋(offset)이라 한다.

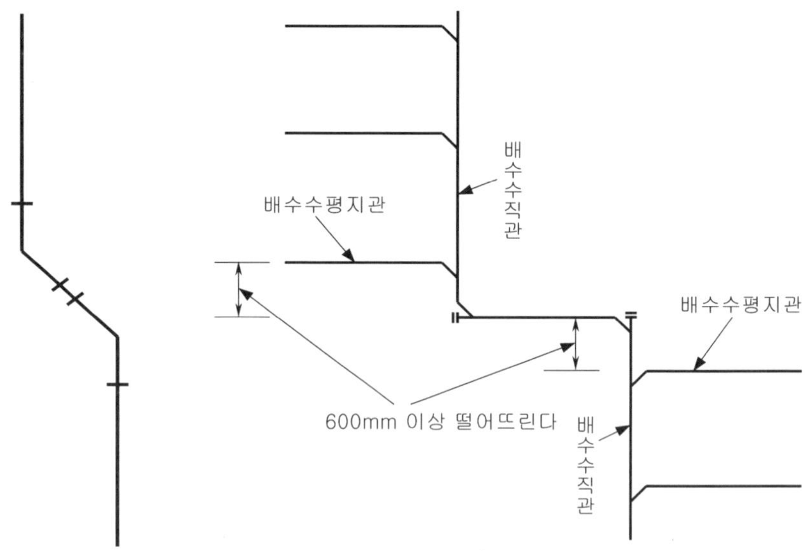

(a) 45° 오프셋 (b) 90° 오프셋

그림 4.15 오프셋의 의미 및 오프셋 부분에서의 배수수평지관 연결 방법

이 부분은 수직으로 내려오던 배수가 수평으로 방향전환을 하게 되므로 배수의 흐름에 급격한 변화가 생기면서 관내의 압력변동이 발생하기 쉽게 된다. 따라서 이러한 경우에는 그림 4.15(a)와 같이 가급적 45° 이하로 오프셋을 구성하는 것이 좋으며, 그렇지 않을 때는 그림 4.15(b)와 같이 오프셋 부분으로부터 상하 600mm 이내에는 배수수평지관을 연결하지 않는 것이 바람직하다.

④ 배수수평주관

그림 4.16에 나타낸 바와 같이 배수수직관의 최하부와 접속되는 수평관이며 건물 내 각 배수수직관을 접속하여 옥외의 공공배수관으로 배수를 끌고 가는 주관이다. 배수수평주관의 기울기를 1/100로 한다면 이때의 유속은 약 0.6m/s이다. 그러나 배수수직관의 종국유속은 이보다 훨씬 빠르므로 수직관에서 수평주관으로 방향전환을 할 때는 곡관부에서의 원심력이 작용하여 고속에서 저속으로 변환하면서 그림 4.17과 같은 물의 도수(跳水, hydraulic jump)현상으로 만류상태가 되어 관내에 압력이 생긴다. 「3. (1) 2) ② 봉수파괴의 원인과 대책」에서 설명한 봉수파괴의 원인 중 역사이펀작용(분출작용)이 발생하는 것이 이 경우에 해당된다.

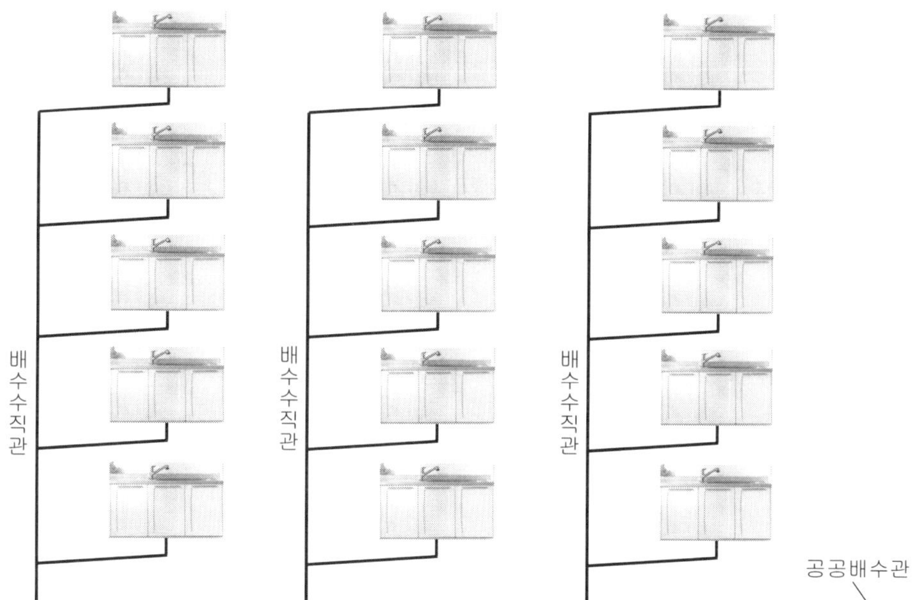

그림 4.16 배수수평주관

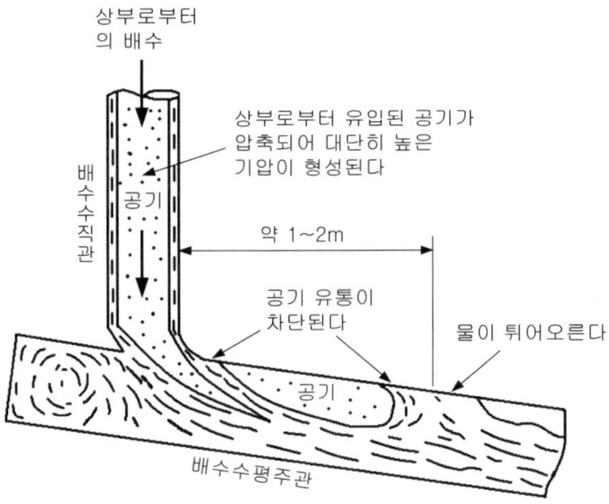

그림 4.17 도수(跳水)현상

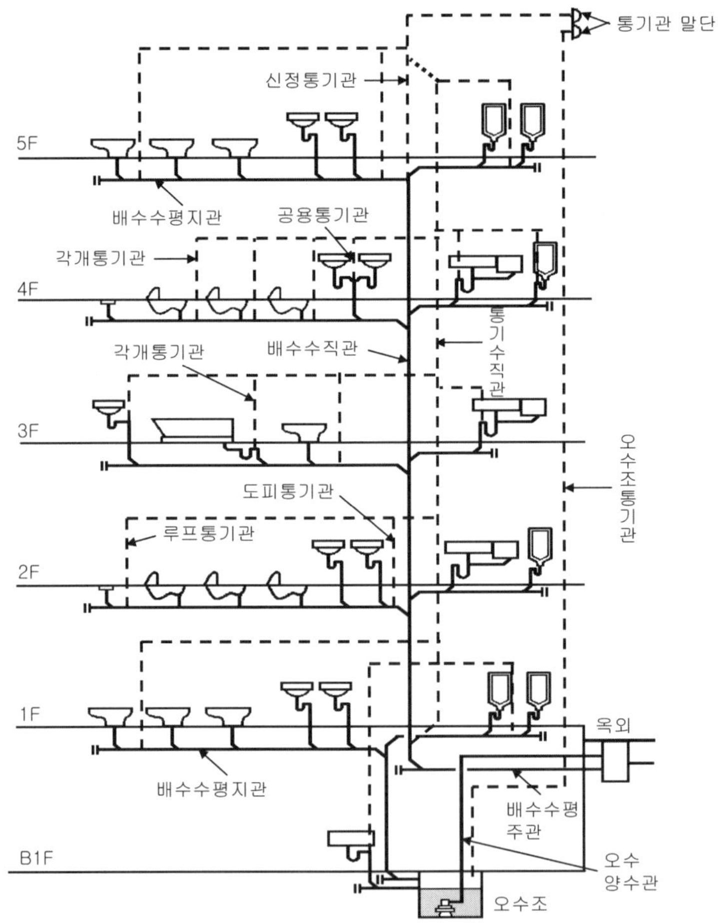

그림 4.18 배수관 및 통기관의 종류

뒤에 설명할 통기관을 포함해서 각 배수관의 종류를 그림 4.18에 종합적으로 나타낸다.

(2) 발포(發泡)존

규모가 크지 않은 건물은 배수관의 길이가 짧고 위생기구의 개수도 몇 개에 불과하므로 배수설계를 할 때 배관 내 압력변화에 대해 크게 주의를 기울일 필요가 없으나, 층수가 많은 대규모 건물에서는 이미 설명한 바와 같이 배수관의 내부가 진공에 가깝게 되기도 하고 공기가 압축이 되기도 하면서 배수가 원활히 이루어지지 않을 수 있으므로 뒤에 설명하는 통기방식과 함께 배수방식에도 신중을 기할 필요가 있다. 주택이나 호텔 등과 같이 세제를 많이 사용하는 건물에서는 바닥배수구 등을 통해 비누거품이 역류하는 경우가 있어 특히 주의를 기울여야 하는데, 단독주택은 층수가 1~2층에 불과하고 호텔의 경우에도 세탁실은 저층에 있기 때문에 별 문제가 되지 않지만, 아파트와 같은 공동주택은 고층부에서도 세탁을 위한 세제 사용이 많기 때문에 비누거품의 역류 가능성이 크다.

1) 발포존의 의미 및 원인

공동주택의 배수가 다른 용도 건물에서의 배수에 비해 크게 다른 점은 세탁기 사용 등으로 인해 세제가 많이 포함되어 있는 점이다. 그림 4.17에서 도수(跳水)로 인해 공기가 압축되는 현상을 설명했는데, 공기가 압축되고 있는 부분에 세제로 인한 비누거품이 있을 경우 그 비누거품 중 일부는 미처 공공배수관으로 빠져나가지 못하고 그 부분에 연결되어 있는 저층부의 배수관으로 역류해 들어갈 수가 있다. 그림 4.19에 비누거품이 역류하는 모습을 나타낸다. 그림에서 나타내듯이 배수관 중 거품이 주로 발생하는 구역이 있으며 이 구역을 발포존(發泡 zone)이라 한다.

거품이 역류하는 원인을 좀더 자세히 설명하면 다음과 같다.

고층아파트 등의 상층부에서 세제를 포함한 배수가 내려오면서 공기와 혼합하여 거품이 생기는데, 다른 층의 배수수평지관에서 세제가 포함된 배수가 합류되면 이 현상은 더욱 심해진다. 물은 거품보다 무겁기 때문에 먼저 흘러내리고 거품은 배수수평주관과 같은 수평에 가까운 부분에서 충만되어 오랫동안 정체한다.

그림 4.19 공동주택 저층부에서 비누거품이 역류하는 모습
(출전 : 공기조화위생설비의 알기쉬운 지식, 태림문화사)

수평관 내에 거품이 충만하면 배수와 함께 수직관을 통해 내려온 공기가 빠져나갈 곳이 없어지므로 배수수직관 아랫부분의 압력이 상승하여 트랩의 봉수가 파괴되고 거품이 실내로 솟아오르게 된다. 일반적으로는 공기가 빠져나가도록 하기 위해 뒤에 설명하는 통기수직관을 설치하게 되는데, 통기수직관이 설치되어 있는 경우에도 거품이 적을 때에는 공기와 함께 거품도 동시에 통기수직관으로 빨려 올라가게 되지만, 통기수직관 내에 어느 정도 높이까지 거품이 충만하면 거품에 막혀 공기가 빠져나가지 못하므로 배수수직관 아랫부분의 압력이 상승하면서 트랩의 봉수가 파괴되고 거품이 실내로 역류하게 된다. 현재 공동주택에서는 통기방식으로서 대부분 통기수직관이 없는 신정통기방식을 채택하고 있는데 이 경우 거품이 배수수평주관에 충만하면 즉시 이 현상이 발생한다. 통기방식의 종류에 대해서는 뒤에 설명하기로 한다.

2) 거품 역류의 방지

고층건물의 수직배수관에서 발생하는 이러한 문제점을 해결하기 위해 다음과 같은 방지책을 강구할 필요가 있다.

① 발포존에 배수수평지관을 접속하는 것을 피한다. 부득이 접속할 경우에는 최소 50mm 이상의 도피통기관(relief vent)을 설치하고 그 통기관을 압력상승이 없는 곳에 접속한다.

② 배수수평주관의 관경을 통상의 관경산정법에 의한 관경보다 한 단계 크게 한다.

③ 배수수평주관은 적어도 1/75 이상의 기울기가 이루어지도록 하고 가능한 한 배수수평주관의 길이를 짧게 한다.

④ 아래층 부분의 배수수직관을 상층부와는 별도로 설치한다.

위와 같은 방법 중에서 실무적으로 특히 ④번의 방법을 많이 적용하고 있다. 즉, 공동주택의 수직배수관은 그림 4.20과 같이 통상 1, 2층을 담당하는 수직관과 3층 이상을 담당하는 수직관을 별도로 설치하는 것이 일반적이다.

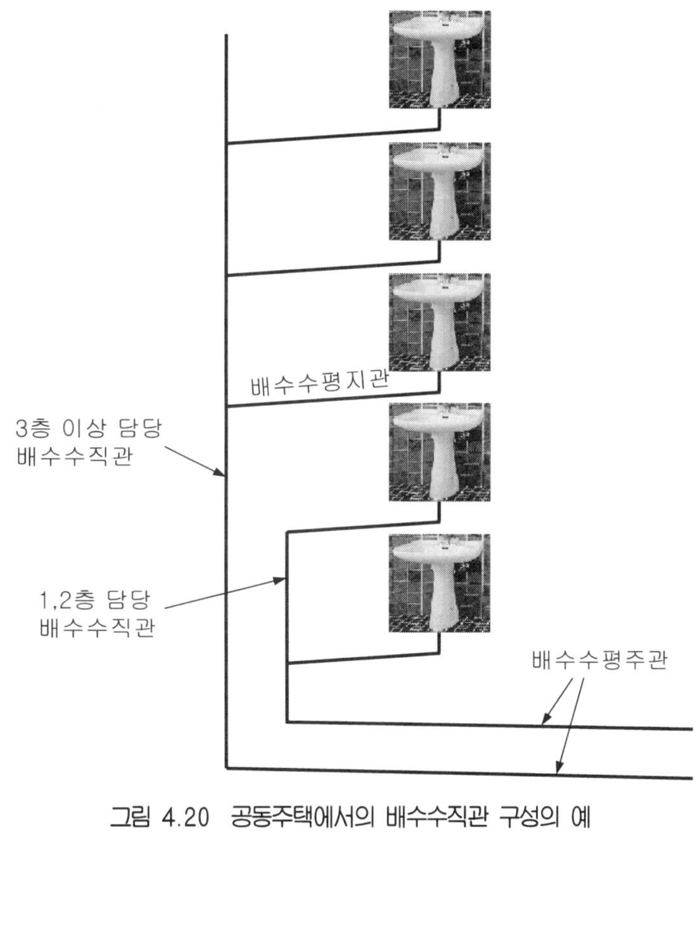

그림 4.20 공동주택에서의 배수수직관 구성의 예

5. 통기방식

(1) 통기관의 목적

「3. (1) 2) 트랩의 봉수」에서 언급한 바와 같이 배수관으로부터의 냄새나 벌레 등의 침입을 막기 위해서는 트랩의 봉수를 유지하는 것이 필수적이다. 그런데 트랩에 남아있는 물이 때때로 없어지면서 이러한 트랩의 역할을 수행할 수가 없게 되는데, 이미 설명했듯이 트랩의 물이 없어지는 가장 큰 이유는, 배관 내에 항상 물이 가득 차 있는 상태인 급수·급탕배관과는 달리, 배수배관은 평상시에는 비어 있다가 이따끔씩 배수가 흐르면서 배관 내의 공기를 밀어내는 역할을 하게 되고 그로 인해 배관 내 기압의 변동이 생기기 때문이다.

세면기를 예로 들어 설명하면, 공기는 고기압에서 저기압 쪽으로 이동하게 되므로, 배관 내 공기가 배수에 의해 밀려나가 내부 기압이 대기압보다 낮게 되면 세면기 주위에 있던 공기가 세면기에 연결되어 있는 배관을 통해 트랩 쪽으로 가면서 그 공기의 힘에 의해 트랩 내에 있던 물이 배수관 쪽으로 밀려가 트랩 안의 물이 상실되는 것이다. 반대로 상층부로부터 흘러내려오는 배수와 함께 공기도 밀려 내려오게 되면 배관의 어느 부분에서 공기가 압축이 되어 그 부분의 기압이 대기압보다 높게 됨으로써 트랩에 있던 물이 세면기를 통해 밖으로 튀어오르게 된다.

이러한 현상을 방지하기 위한 가장 확실한 방법은 배관 내의 모든 부분이 대기압과 항상 같은 압력을 유지하도록 하는 것이며, 그 역할을 하는 것이 통기관이다. 즉, 통기관은 지금까지 다루어 왔던 급수관, 급탕관, 배수관과 달리 물이 아닌 공기가 통과하는 배관이며, 이 통기관을 배수관 도중의 각 적절한 개소에 연결시키고 그 말단을 대기에 개방시킴으로써 배수관의 모든 부분에 공기가 자유롭게 통과하게 하여 대기와 같은 압력을 유지하도록 하는 것이다.

이와 같은 의미도 포함하여 통기관의 목적을 다음과 같이 나타낼 수 있다.

① 트랩의 봉수를 보호한다.

② 배수관 내의 압력 변동을 억제하여 배수의 흐름을 원활하게 한다.

③ 배수관에 신선한 외기를 통하게 함으로써 충분한 환기를 도모하여 배수관의 청결을 유지한다.

(2) 통기방식 및 통기관의 종류

1) 통기방식

대표적인 통기방식으로는 각개(各個)통기방식, 루프(loop)통기방식, 신정(伸頂)통기방식이 있으며, 이 외에도 여러 방식이 있어 각 건물의 평면 형태에 따라 적절한 것을 선택하게 된다. 그러나 각 건물마다 어느 한 방식만을 사용하는 경우는 거의 없고 대부분 상기와 같은 통기방식들을 조합하여 사용한다.

① 각개통기방식

그림 4.21과 같이 각 기구의 트랩마다 통기관을 설치하는 방법으로, 모든 트랩마다 통기관이 있으므로 기능상으로는 가장 완벽한 방식이다. 건물의 기능상 원활한 배수가 절대적으로 필요한 건물에 적합하지만 공사비가 많이 드는 것이 단점이다.

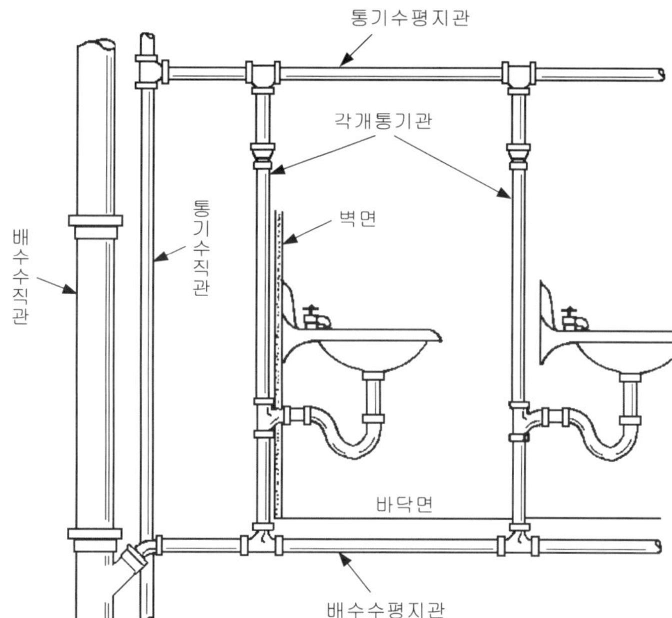

그림 4.21 각개통기방식

② 루프통기방식

그림 4.22와 같이 2개 이상의 기구를 대상으로 공용의 통기관을 설치하는 것으

로, 기능성 및 경제성을 고려하여 가장 일반적으로 적용되는 방식이다. 루프통기관은 그림에 나타낸 바와 같이 통상 배수수평지관의 최상류 기구(배수의 흐름이 가장 먼저 시작되는 기구) 바로 아래에 설치하는데, 그 이유는 배수관과 통기관의 접속부 주변에 배수관으로부터의 고형물이나 외부로부터의 낙엽 등이 있게 되면 공기의 유통에 지장을 줄 수 있으므로, 최상류 기구에서 흘러오는 배수로 하여금 이러한 이물질(異物質)을 씻어낼 수 있도록 하기 위해서이다.

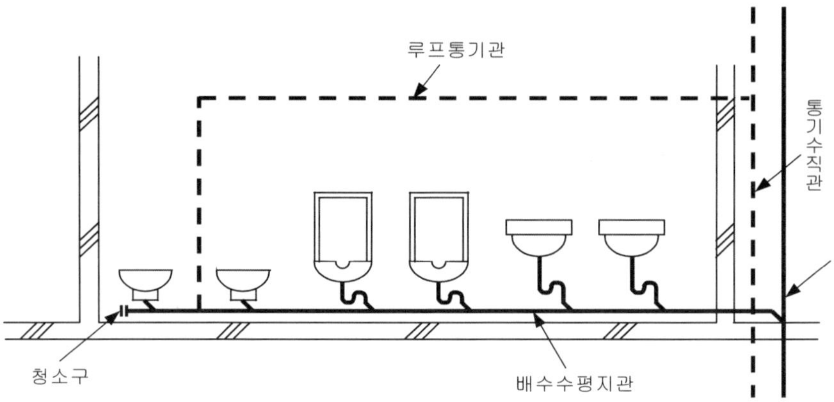

그림 4.22　루프통기방식

③ 신정통기방식

각개통기방식 및 루프통기방식에는 각 통기관이 연결되는 통기수직관이 있고, 이 통기수직관의 말단이 직접 대기에 개방되든가, 또는 신정통기관에 연결되어 대기에 개방되는데, 신정통기방식은 배수수직관의 상부를 그대로 연장하여 대기에 개방시킨 것으로 배수수직관이 통기관의 역할까지 하는 방식이다. 즉, 배수관 및 통기관의 종류를 나타낸 그림 4.18에서 각개통기관, 루프통기관, 통기수직관 등은 없고 배수수직관이 그대로 상부로 연장되어 옥상을 뚫고 대기에 개방된 신정통기관만 있으면 신정통기방식이 된다. 이 방식은 수직관 이외의 통기관이 없으므로 위생기구수가 적고, 그 위생기구들이 배수수직관 가까이에 몰려 있는 아파트, 호텔 등에 주로 채택된다. 그림 4.23에 배수수직관이 그대로 연장된 신정통기관만 있는 신정통기방식을 나타낸다.

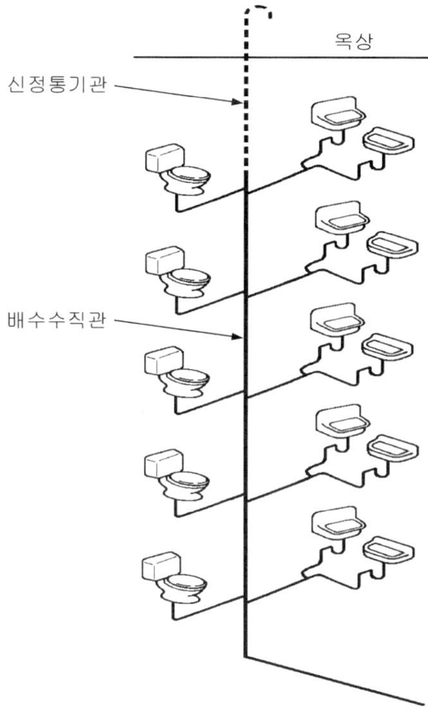

그림 4.23 신정통기방식

④ 특수통기방식

특수통기방식은 배수와 통기를 1개의 관으로 대처하는 일종의 신정통기방식의 변형이라 할 수 있다. 배수수평관과 배수수직관이 만나는 위치에 특수한 형태의 이음을 부착하여 배관 내 배수의 흐름을 원활히 함과 동시에 압력변동을 완화시킴으로써 신정통기방식보다 통기의 기능을 향상시킨 것이다. 각개통기관 및 루프통기관 등을 설치하지 않으므로 배관은 간단해지나, 그로 인한 자기사이펀작용 등의 염려가 있으며 이음 부분의 누수에 주의를 요한다. 신정통기방식과 마찬가지로 각 층의 평면이 거의 동일하고 배수수직관으로부터 가까운 거리에 위생기구가 있는 공동주택이나 호텔 등에 적용할 수 있다. 이음의 형태에 따라 여러 방식이 소개되어 있으나 국내에서는 대부분 섹스티아방식을 채택하고 있다.

섹스티아방식에 이용되는 섹스티아 이음은 내벽에 나선형의 돌기부분이 부착되어 있어, 배수가 이곳을 통과할 때 벽을 타고 선회하면서 낙하가 되므로 배수의 속도를 낮춤과 동시에 배수수직관 중심에 공기코어가 용이하게 형성된다. 따라서 배수관이면서도 통기관의 역할을 겸할 수가 있다.

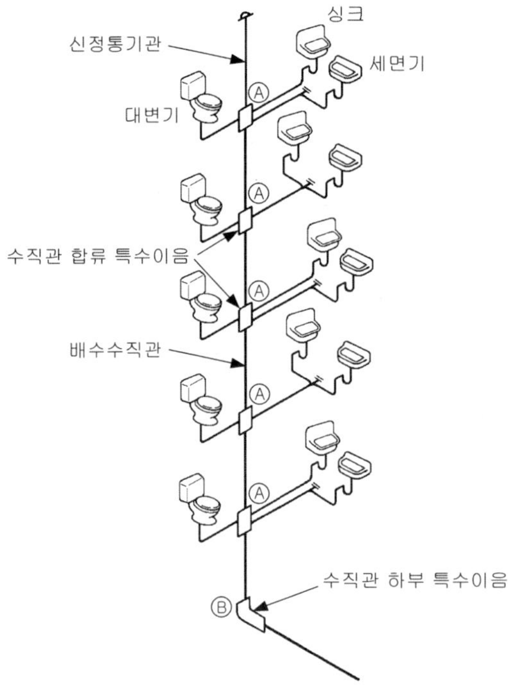

그림 4.24 특수통기방식 개념도

그림 4.25 섹스티아 이음

그림 4.26 배수관 도중에 섹스티아 이음이 설치된 모습

그림 4.24에 특수통기방식의 개념도를 나타낸다. 그림의 A 및 B 위치에 이음이 설치되는데, A 위치에 설치되는 섹스티아 이음을 그림 4.25에 나타낸다.

그림 4.26은 섹스티아 이음이 공동주택의 배수관 도중에 설치되어 있는 예를 나타내고 있다. 한편, 그림 4.24에서는 신정통기관을 실선으로 나타내고 있고, 그림 4.23에서는 점선으로 나타내고 있는데, 이는 실제의 도면에서 통기관을 점선으로 나타내고 있기 때문인 것으로, 본서에서는 실선 및 점선을 혼용하여 사용하기로 한다.

2) 통기관의 설치

통기관은 배수관에 접속이 되어 있으면서 배수가 아닌 공기가 통과하는 것이므로 통기관에는 배수관으로부터의 배수가 흘러 들어가지 않도록 주의를 기울여야 한다. 따라서 통기관의 수평부분은 그곳에 접속되어 있는 배수관 및 관련기기(세면기, 대 · 소변기 등)보다도 높은 곳에 있도록 해야 하는데, 배수관이 막히거나 관내의 압력변동으로 인해 배수가 통기관을 타고 올라오는 것을 방지하기 위해 관련기기의 넘침면(over flow)보다 150mm 이상 높게 되도록 하는 것이 필요하다고 여겨지고 있다. 그림 4.27의 (a)와 (b)에 각개통기방식과 루프통기방식에서의 통기수평지관의 최소 필요높이를 나타낸다.

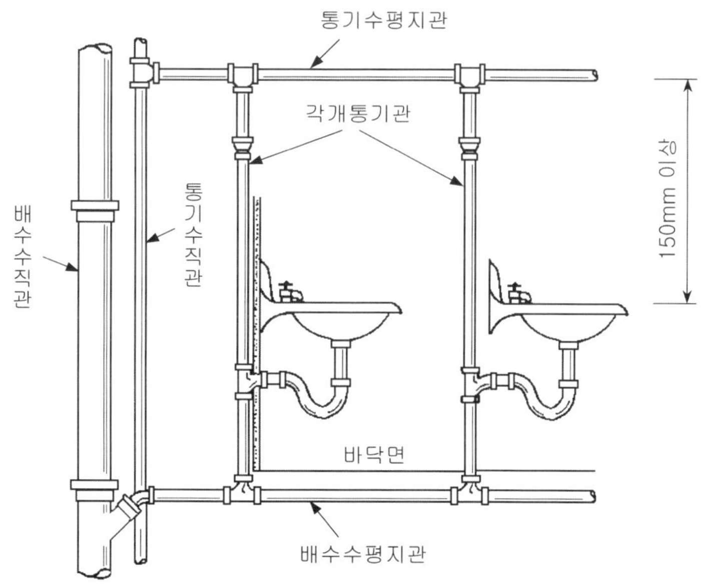

(a)

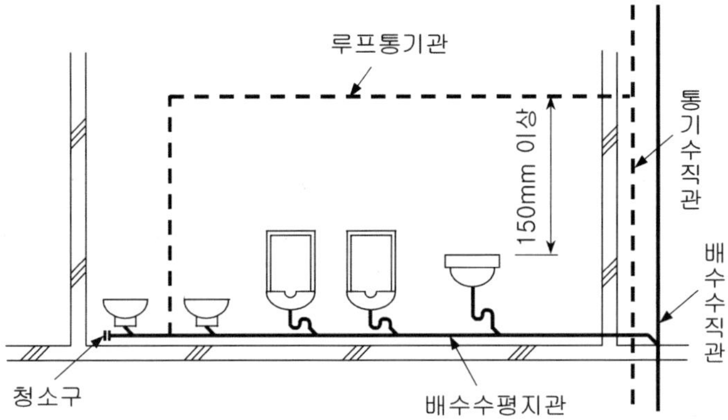

(b)

그림 4.27 통기관 설치위치의 예

3) 통기관의 종류

상기 통기방식에서 언급한 각개통기방식, 루프통기방식, 신정통기방식에서 적용시킨 통기관을 각개통기관, 루프통기관, 신정통기관이라 하며, 이것들은 그림 4.18에도 나타나 있다. 통기관에는 널리 설치되는 이와 같은 종류 외에도 아래와 같은 통기관이 있다.

① 도피통기관

그림 4.28과 같이 루프통기관과 배수수평지관을 연결시키고 있는 것으로, 배수 · 통기 양 계통 간의 공기의 유통을 원활히 하기 위해 설치한다.

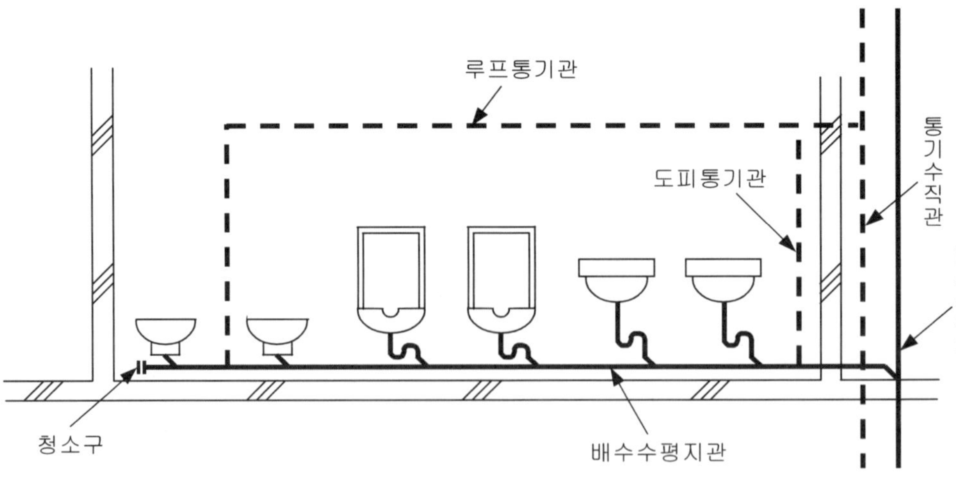

그림 4.28 도피통기관

예를 들어 루프통기관에 연결되는 기구수가 많아지면 기구 중에는 통기관과의 거리가 멀어서 원활한 통기가 이루어지지 않을 수 있다. 따라서, 그림과 같은 도피통기관을 추가로 설치함으로써 루프통기의 효과를 높일 수 있게 된다.

② 결합통기관

배수수직관의 길이가 길어지면 배수수직관 내에서도 압력의 변동이 발생할 수 있다. 결합통기관은 이러한 배수수직관 내의 압력변화를 방지하기 위해 배수수직관과 통기수직관을 연결하는 것으로, 고층건물에 적용되며 최상층에서부터 10층 이내마다 설치한다. 결합통기관은 그림 4.29에 나타내듯이 배수수직관으로부터 45° 각도로 분기하여 올린 후 해당 층 바닥에서부터 1m 위의 통기수직관에 마찬가지인 45° 각도로 연결시킨다.

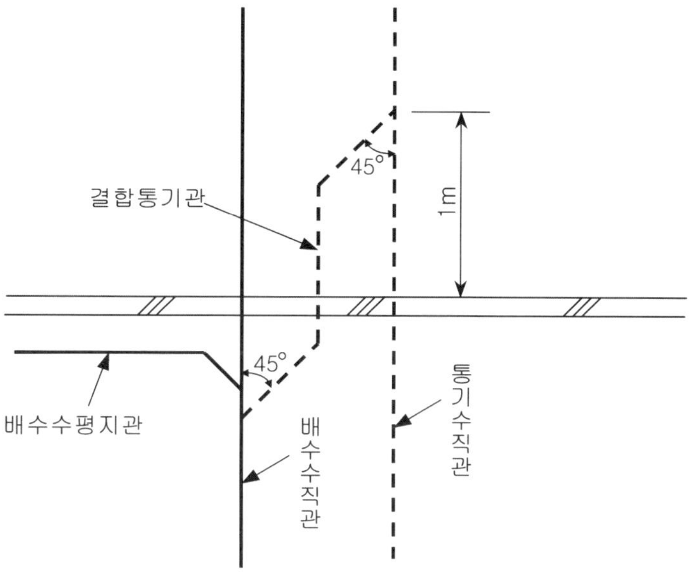

그림 4.29 결합통기관

③ 공용통기관

그림 4.30과 같이 기구가 반대방향에 병렬로 배치된 경우에 각 기구의 기구배수관이 만나는 지점에서 접속시켜 각 기구의 트랩을 동시에 보호하는 것으로, 통기효과는 확보되면서 배관의 비용을 절감할 수 있는 방법이다.

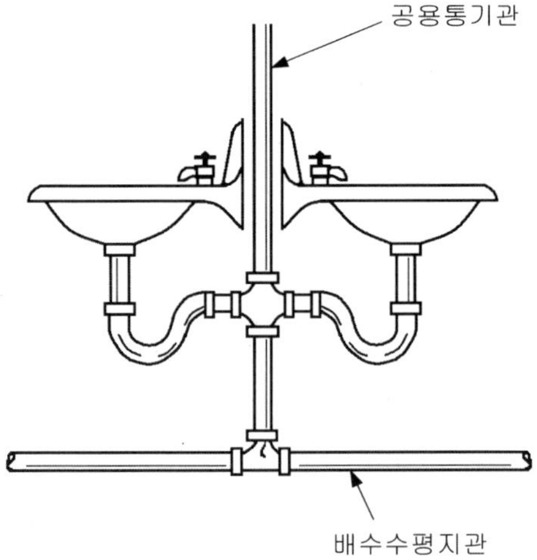

그림 4.30 공용통기관

④ 반송통기관

그림 4.31과 같이 기구에 접속되어 있는 각개통기관을 그 기구의 넘침면(over flow) 위치보다 높은 위치까지 올린 후에 다시 내려서 배수관에 접속하는 방법으로, 통기관 본연의 기능인 배수원활, 관내 청결유지, 봉수보호 등이 완전하게 이루어지지는 않으나 자기사이펀작용의 방지에는 유효하다.

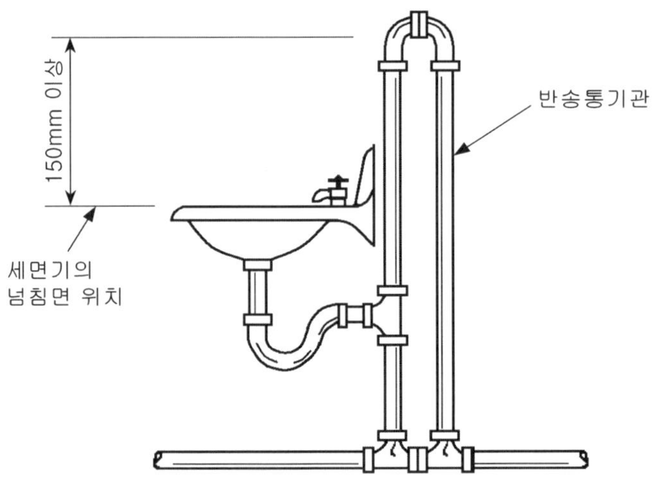

그림 4.31 반송통기관

반송통기관은 일반적인 건물 및 실내에서는 사용할 필요가 없고, 연구실험실 등의 중앙에 실험장치용 배수관이 있을 경우 그 실에 수직방향의 통기관은 작업 및 통행에 방해가 되므로 이를 피하기 위해 적용한다. 한편, 「2) 통기관의 설치」에서 설명했듯이, 통기관의 역할을 수행하기 위해 통기관의 최고 높이는 적어도 기구의 넘침면 위치보다 150mm 이상은 되어야 한다.

6. 기기 · 재료

(1) 배수조(排水槽)

배수조란 건물 내에서 발생된 배수를 건물 외부의 공공배수관으로 보내기 전에 모아 두는 역할을 하는 것으로, 지하층이 없는 건물에서는 화장실이나 주방 등과 같이 배수를 발생시키는 장소가 모두 건물 외부의 공공배수관보다 상부에 위치하고 있어 각 장소에서 발생된 배수가 중력작용에 의해 공공배수관으로 직접 흘러가게 되므로 배수조가 필요하지 않다. 그러나 지하층이 있는 건물에서 그 지하층에 화장실이나 주방이 있거나 또는 화장실이나 주방이 없더라도 지하수 발생으로 인해 지하층에서의 배수의 필요성이 있는데, 이들은 일반적으로 공공배수관보다 낮은 위치에 있으며, 또 일시에 많은 양이 배출되는 것이 아니므로 일단 배수조에 저장한 후 펌프로 배출시켜야 한다. 배수조는 집수조(集水槽) 또는 집수정(集水井)이라고도 한다.

배수조는 가능한 한 작게 하여 배수가 배수조 내에서 장시간 체류하지 않게 하는 것이 원칙이나 너무 작게 하면 펌프의 기동/정지가 빈번해져 펌프의 수명에 영향을 미친다. 배수조의 용량은, 배수량이 일정할 경우에는 뒤에 언급하는 배수펌프 용량의 10~20분간의 양으로 하며, 배수량이 평균화되어 있지 않을 경우에는 시간 최대 유입량의 15~60분간의 용량으로 하는 것이 일반적이다. 시간 최대유입량은 주로 화재가 발생했을 때 옥내소화전이나 스프링클러 헤드에서 방수된 물이 지하로 흘러오는 경우를 상정해서 정한다. 한편, 용량 계산이 용이하지 않을 경우에는 배수조의 가로 · 세로 · 깊이를 각각 1m로 설정하는 것이 실무적으로 적용되고 있다.

(2) 배수펌프

앞에서도 언급했듯이 지하층에서 배수가 발생될 때에는 일반적으로 배수펌프를 이용하여 배수를 배출하게 된다. 배수에는 고형물질이 일부 포함될 수 있기 때문에 공기조화나 급수에 사용되는 물과 같이 깨끗한 물을 다루는 펌프와 동일한 종류의 펌프를 사용하면 막히기 쉽고 부식도 빨리 진행된다. 따라서 배수용으로 사용되는 펌프는 고형물질도 함께 배출시킬 수 있는 구조를 갖춘 것을 선정해야 한다. 배수용 펌프로 많이 사용되는 것으로는 펌프가 배수조 속에 잠긴 상태에서 송수하는 수중 펌프가 있다.

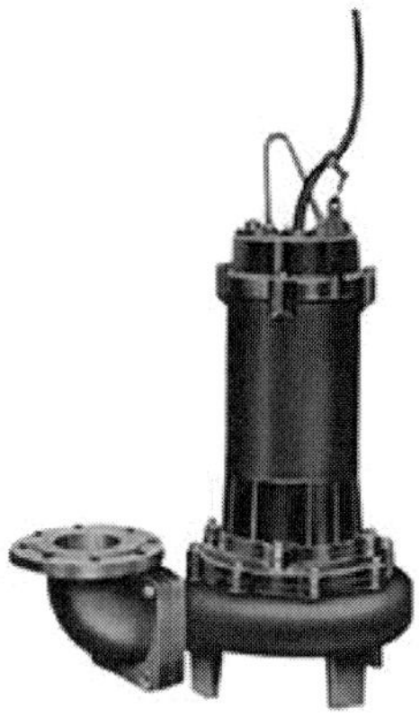

그림 4.32 수중펌프

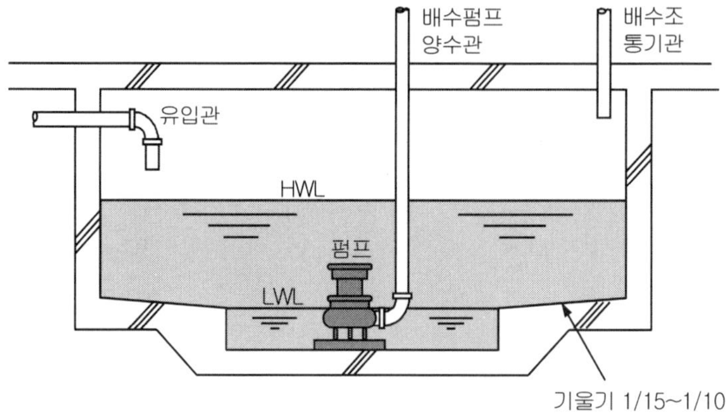

그림 4.33 수중(배수)펌프 설치모습

그림 4.32에 수중펌프의 형상을, 그림 4.33에 수중펌프의 설치형태를 나타낸다. 그림 4.33에서 HWL과 LWL은 각각 High Water Level과 Low Water Level의 약자로, 배수조에 HWL만큼 물이 차면 배수펌프가 작동을 하여 건물 밖으로 보내고 수위가 LWL만큼 내려가면 펌프의 작동이 멈추는 일련의 과정이 자동적으로 이루어지도록 되어 있다.

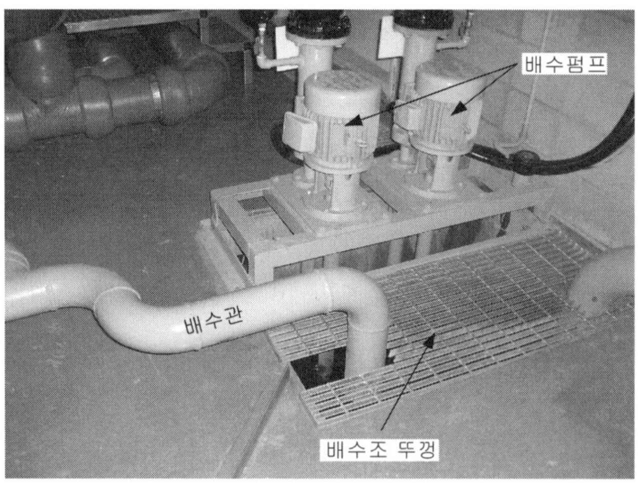

그림 4.34 배수조와 배수펌프

배수펌프의 용량은, 배수량이 일정한 경우에는 시간 평균유입량의 1.2~1.5배로 하고, 일정하지 않은 경우에는 시간 최대유입량의 1.2배로 하는 것이 일반적이다.

그림 4.34는 기계실 바닥 하부에 배수조가 설치되어 있고 배수조 상부에 배수펌프가 설치되어 있는 모습을 나타내고 있는 것으로, 배수펌프가 수중에 설치되어 있지는 않다. 펌프의 원리상 펌프가 수면보다 위에 있으면 물을 끌어올리는 데 한계가 있기 때문에 펌프는 가급적 수면보다 아래쪽에 있는 것이 바람직하지만, 일반적인 크기의 배수조에서는 그림과 같이 수면 위에 설치되어도 펌프의 성능을 발휘하는 데 전혀 문제가 없다.

(3) 배관재

배수배관은 배수의 화학적 성분상 공조 및 급수배관에 비해 부식의 정도가 심하므로 부식에 강한 재료가 요망된다. 과거부터 배수용으로 널리 이용된 것은 배수용 주철관으로, 이것은 무게가 무겁다는 단점은 있지만 내식성이 뛰어나고 차음성도 양호하여 일반적으로 많이 사용된다. 최근에는 경질염화비닐관도 많이 이용되는데, 경질염화비닐관은 가볍고 내식성이 뛰어나며 가격도 저렴한 장점이 있는 반면, 차음성을 기대할 수 없고 충격에 약한 단점이 있다. 이 외에 배관용탄소강강관(백관)이나 경질염화비닐라이닝강관 등이 사용되기도 한다.

통기관으로 사용되는 재료는 배수용 배관의 재료와 유사한데, 그중 배관용탄소강강관과 경질염화비닐관이 널리 이용되고 있다.

(4) 청소구

급수관이나 급탕관을 흐르는 물은 깨끗하기 때문에 배관 내에 오물 등이 부착되어 배관이 막히는 일이 없지만, 배수관을 흐르는 배수는 고형물이 부착되면서 배관이 막힐 수가 있다. 따라서 배수관 내부는 정기적으로 청소를 하여 배관이 막히는 일이 없도록 해야 하며, 이를 위해 배관 도중에 청소구를 설치할 필요가 있다. 그림 4.35에 배관 도중에 청소구를 설치한 예를 나타낸다.

청소구는 다음과 같이 배수가 막히기 쉬운 장소, 청소가 용이한 장소 및 경로가 긴 배관 도중에 설치하는 것이 바람직하다.

① 배수수평주관 및 배수수평지관이 시작되는 곳

② 길이가 긴 배수수평관의 도중

③ 배수관이 45°를 초과하는 각도로 방향을 바꾸는 곳

④ 배수수직관의 최하부 또는 그 부근

배수관을 청소하기 위해서는 청소구를 통해 청소도구를 넣어야 하므로 청소도구가 들어가서 청소가 가능한 정도의 간격으로 청소구를 설치해야 한다. 통상 30m 이내의 간격으로 청소구가 설치되며, 배관의 관경이 100mm 이하일 때는 15m 이내의 간격으로 한다.

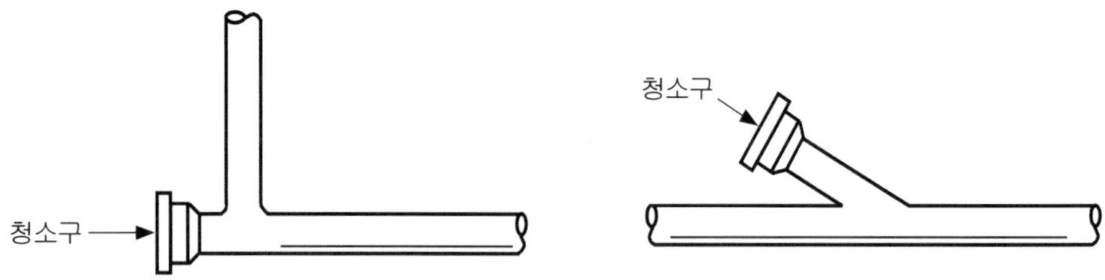

그림 4.35 청소구 설치모습

청소구의 크기는 배관경에 따라 정하고 있는데, 배수관의 관경이 100mm 이하일 때는 청소구의 크기도 배관경과 동일하게 하고, 관경이 100mm를 초과할 때는 관경과 일치시킬 필요는 없으나 이때도 청소구의 최소 크기는 100mm로 하는 것이 일반적이다.

(5) 폐열회수기

폐열회수기는 배수 및 통기와 직접적인 관련이 있는 기기는 아니지만, 배수로부터의 폐열을 회수하는 방법으로 에너지절약에 이용되기 때문에 이곳에서 설명하기로 한다.

사우나, 수영장, 호텔 등과 같이 상대적으로 급탕용 온수의 사용량이 많은 곳에서 배출되는 배수는 그 양이 상당하며 온도 또한 높으므로 그대로 건물 밖으로 배출시키지 않고 건물 내 급탕에 다시 이용하는 경우가 많다. 물론 배수는 더러워진 물이기 때문에 그대로 사용할 수는 없으며, 따라서 급탕용으로 공급되는 급수의 예열용으로 이용하는 것이 일반적이다. 즉, 급탕용 온수를 만들기 위한 원수(原水)로서 보일러나 저탕탱크(급탕탱크)에 들어가는 수돗물을 배수와 열교환시켜 온도를 높인 후에 보일러나 저탕탱크에 들어가도록 하면 에너지를 덜 사용하고도 동일한 온도의 온수를 제조할 수 있게 되는 것이다. 그림 4.36에 사우나, 수영장 등에서 폐열회수기

를 이용하여 배수로부터 열을 회수하는 개념도를 나타낸다.

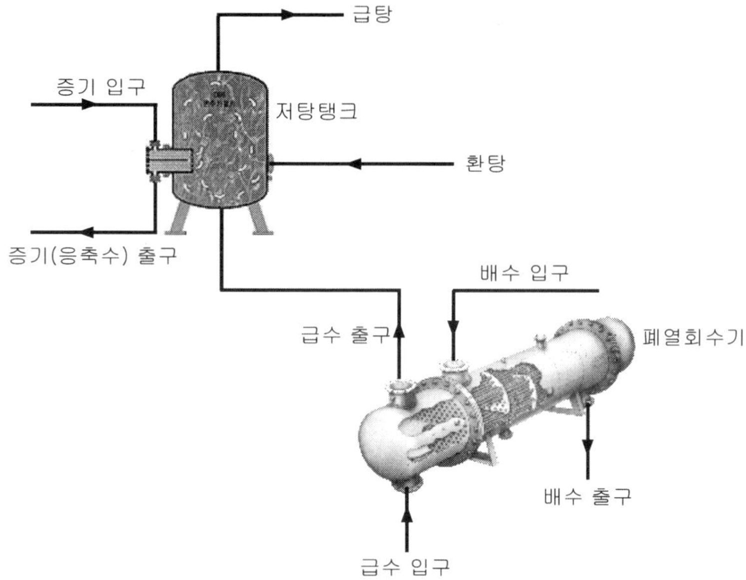

그림 4.36 배수로부터의 폐열 회수 개념도

7. 배관경 산정

(1) 배수관의 관경

배수관 관경의 산정방법으로는, 배수가 발생되는 기구마다 부여되어 있는 부하단위를 이용하는 기구배수부하단위법과, 기구마다의 배수특성을 적용하는 정상유량법(定常流量法)이 있다. 정상유량법이 기구의 배수특성 및 사용특성을 더 정확히 고려하고 있기 때문에 더 정밀한 관경 결정이 가능하나, 실무적으로는 사용의 간편성으로 인해 기구배수부하단위법이 널리 이용되고 있다.

1) 기구배수부하단위법

① 기구배수부하단위

각종 배수기구로부터의 최대배수량을 해당 기구의 동시사용률, 사용빈도수 및 사용자를 감안하여 배수기구마다 정한 값으로, 32A(32mm)의 트랩이 부착되어 있는 세면기의 배수량 28.5[l/min]을 기준값 1로 하여 각종 배수기구의 부하단위를 상대적으로 나타내고 있다. 표 4.3에 각종 위생기구에 대한 기구배수부하단위를 나타낸다. 기구배수부하단위는 fuD(Fixture Unit for Drainage)라는 기호로도 나타내고 있다.

표 4.3 각종 위생기구의 기구배수부하단위

기 구 명	부속 트랩 구경 [mm]	기구배수부하단위
대변기 세정밸브형	75	8
세정탱크형	75	4
소변기 벽걸이형	40	4
스톨형	50	4
세면기 일반용	32	1
수술용	32	2
세발용(이용실, 미용실 등)	32	2
치과용	32	1
수세기(水洗器)	32	1
욕 조 주택용	40	2
공 용	50~75	4~6
샤워기 헤드 1개당		3
화장실 유닛(대변기, 세면기, 욕조)		
대변기가 세정밸브형		8
대변기가 세정탱크형		6
싱크 청소용	65	2.5
	75	3
주방용	40	2
	50	4
수술용	40	2
실험용	40	1.5
배수펌프		
토출량 3.8 l/min마다		2
바닥배수구	40	0.5
	50	1
	75	2

한편, 표 4.3에 나타나 있지 않은 기구는 접속되어 있는 기구배수관이나 트랩의 크기에 의거하여 다음의 표 4.4와 같이 정하고 있다.

표 4.4 표준기구 이외의 위생기구의 기구배수부하단위

기구배수관 또는 트랩의 크기 [mm]	기구배수부하단위	기구배수관 또는 트랩의 크기 [mm]	기구배수부하단위
30 이하	1	65	4
40	2	75	5
50	3	100	6

② 관경 결정 순서

그림 4.37에 기구배수부하단위법에 의한 관경 결정의 순서를 나타낸다.

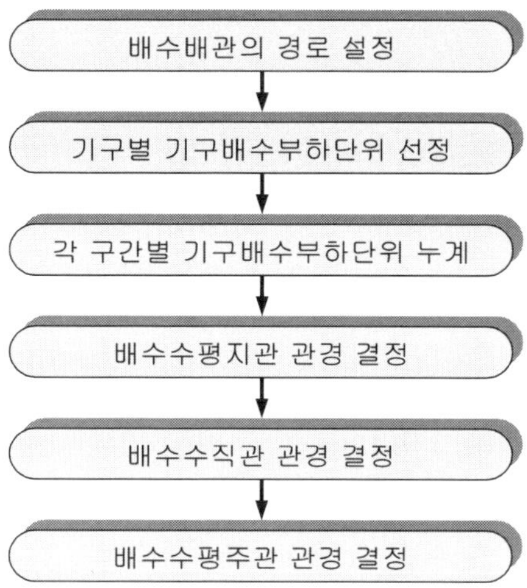

그림 4.37 기구배수부하단위법에 의한 배수관경 결정 순서

㉮ 배수수평지관

정해진 배수관의 경로에 따라, 각 배수수평지관이 담당하는 구간에 있는 위생기구의 기구배수부하단위(fuD) 합계값에 의해 표 4.5의 Ⅰ란을 이용하여 배수수평지관의 관경을 결정한다.

㉯ 배수수직관

정해진 배수관의 경로에 따라, 각 배수수직관이 담당하는 구간에 있는 위생기구의 기구배수부하단위(fuD) 합계값에 의해 표 4.5의 Ⅱ, Ⅲ 및 Ⅳ란을 이용하여 배수수직관의 관경을 결정한다.

- 3층 이하의 건물 : 표의 Ⅱ란을 이용한다.
- 4층 이상의 건물 : 해당 배수수직관이 담당하는 구간의 fuD 합계값으로 표의 Ⅲ란에서 구한 관경과 그 배수수직관이 담당하는 1층분 또는 1브

랜치 간격분의 최대 fuD 합계값으로 표의 Ⅳ란에서 구한 관경 중 큰 값을 해당 배수수직관의 관경으로 결정한다. 브랜치 간격에 대해서는 뒤에 설명하기로 한다.

한편, 1브랜치 간격에 속하는 배수수평지관으로부터의 유량은 배수수직관 허용유량의 1/2을 초과하지 않도록 한다.

표 4.5 배수수평지관 및 배수수직관의 관경 산정표

관경 [mm]	I		II		III		IV	
	담당하는 구간의 기구배수부하단위의 합계							
	배수수평지관		3층 건물 또는 브랜치 간격 3의 1개 수직관		4층 이상의 건물			
					1개의 수직관에 대한 합계		1층분 또는 1브랜치 간격의 합계	
	실용 규격	미국 규격	실용 규격	미국 규격	실용 규격	미국 규격	실용 규격	미국 규격
30	1	1	2	2	2	2	1	1
40	3	3	4	4	8	8	2	2
50	6	6	9	10	24	24	6	6
65	10	12	18	20	38	42	9	9
75	14	20	27	30	54	60	14	16
100	96	160	192	240	400	500	72	90
125	216	360	432	540	880	1,100	160	200
150	372	620	768	960	1,520	1,900	280	350
200	840	1,400	1,760	2,200	2,880	3,600	480	600
250	1,500	2,500	2,660	3,800	3,920	5,600	700	1,000
300	2,340	3,900	4,200	6,000	5,880	8,400	1,050	1,500

【주】 상기 내용 중 실용 규격은 기구수가 일반적으로 거주자 20~30인에 대해 1개의 비율로 있고 통기관은 루프통기관이 주로 적용되고 있는 경우로, 국내에서는 이 값이 일반적으로 적용된다. 또, 미국 규격은 기구수가 일반적으로 거주자 10~15인에 대해 1개의 비율로 있고 각개통기관을 많이 적용하고 있는 미국에서 일반적으로 적용되는 것이다. 따라서 국내에서도 각개통기관이 주로 계획되어 있는 건물이라면 미국 규격을 적용하는 것이 바람직하다.

㉰ 배수수평주관

정해진 배수관의 경로에 따라, 배수수평주관이 담당하는 구간에 있는 위생기구의 기구배수부하단위(fuD) 합계값 및 수평주관의 기울기(구배)를 이용하여 표 4.6에서 배수수평주관의 관경을 결정한다.

표 4.6 배수수평주관의 관경 산정표

관경 [mm]	I		II		III		IV	
	담당하는 구간의 기구배수부하단위의 합계							
	배관의 기울기(구배)							
	1/200		1/100		1/50		1/25	
	실용 규격	미국 규격	실용 규격	미국 규격	실용 규격	미국 규격	실용 규격	미국 규격
50					21	21	26	26
65					22	24	28	31
75			18	20	23	27	29	36
100			104	180	130	216	150	250
125			234	390	288	480	345	575
150			420	700	504	840	600	1,000
200	840	1,400	960	1,600	1,152	1,920	1,380	2,300
250	1,500	2,500	1,740	2,900	2,100	3,500	2,520	4,200
300	2,340	3,900	2,760	4,600	3,360	5,600	4,020	6,700
375	3,500	7,000	4,150	8,300	5,000	10,000	6,000	12,000

【주】 실용 규격과 미국 규격의 적용에 대해서는 표 4.5에서와 마찬가지이다.

③ 브랜치 간격

배수수직관의 관경을 결정하기 위한 요소 중 하나인 브랜치 간격이란 그림 4.38에 나타나 있는 바와 같이, 배수수직관에 접속되어 있는 배수수평지관 또는 배수수평주관 사이의 수직거리가 2.5m를 초과하는 배수수직관의 구간을 의미한다. 따라서 수평관 사이의 거리가 2.5m 이하인 경우에는 브랜치 간격으로 간주하지 않는다. 대부분의 건물에서 배수수평지관은 각 층마다 배수수직관에 접속되기 때문에 배수수평지관 사이의 거리는 그 층고와 같게 되며, 일반적인 건물에서 층고는 통상 2.5m를 넘게 되므로 배수수평관 사이의 간격도 2.5m 이상이 되어 모두 브랜치 간격이 된다. 그러나 중간층의 존재 등으로 인해 배수수평지관 사이의 간격이 2.5m 이하가 되는 경우에는 수평관 사이 중 브랜치 간격이 되지 않는 것도 있을 수 있다.

그림 4.38에 브랜치 간격의 산정방법을 나타낸다. 그림과 같이 배수수평지관이 형성되어 있고 또 구간 c나 d와 같이 배수수평지관 사이의 거리가 2.5m 이하가 된다면 이 구간은 브랜치 간격이 되지 않고 그림에서 구간 e가 브랜치 간격이 되는 것이다.

그림 4.38의 설명에 의한 방법으로 브랜치 간격을 계산한 예를 그림 4.39에 나타낸다.

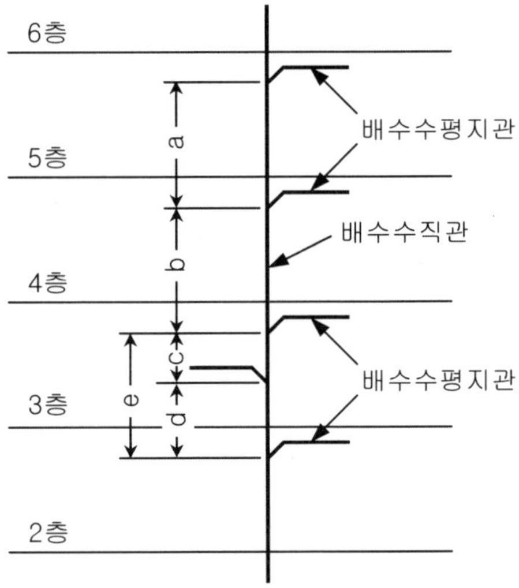

a, b, e는 2.5m를 초과하는 구간,
c, d는 2.5m 이하인 구간

그림 4.38 브래치 간격의 산정방법

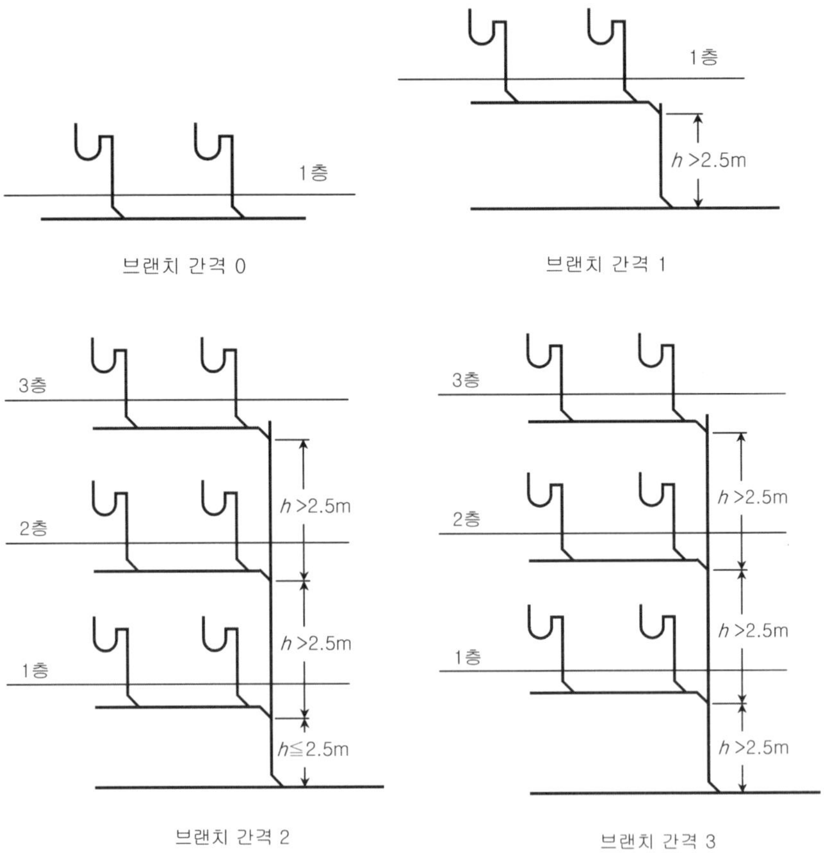

그림 4.39 브래치 간격의 계산 예

브랜치 간격의 기준을 2.5m로 한 이유는, 배수수평지관에서 배수수직관으로 배수가 흘러갈 때는 배수의 흐름이 수평방향에서 수직방향으로 갑자기 전환되면서 배수흐름이 불규칙하게 되는 난류(亂流)상태가 되는데, 이 난류상태가 정상적인 상태로 되돌아오기 위해서는 약 2.5m의 거리를 필요로 하기 때문이다. 어느 배수수평지관에서 배수가 흘러온 후 다음 단계의 배수수평지관에서 배수가 흘러와도 배수수직관 내의 기압 변동을 일정 이하로 유지할 수 있도록 하기 위해서는 배수관경을 크게 결정할 필요가 있는데, 따라서 1브랜치 간격 내에 2개 이상의 배수수평지관이 있는 경우에는 그 브랜치 간격 안에 있는 모든 배수수평지관의 배수량 합계를 표 4.5의 Ⅳ란에 있는 fuD 합계값으로 하는 것이다.

2) 정상유량법

위생기구별 배수특성을 나타내는 요소로서, 기구배수량, 기구평균배수유량, 기구평균배수간격을 이용하여 구해진 정상유량(定常流量)을 변수로 하여, 동시최대배수에 의한 배수부하량을 예측할 수 있게 한 것이다. 사용특성으로는, 이용형태를 임의이용형태와 집중이용형태로 구분하고 있으며, 남자용 화장실과 여자용 화장실의 사용상의 차이 등도 고려하고 있다.

① 정상유량법에서의 용어

정상유량법에서 이용되는 용어로는 다음과 같은 것들이 있다.

㉮ 기구배수량(w)

한 번의 배수에서 각 기구가 배출하는 배수의 양

㉯ 기구평균배수유량(q_d)

어느 기구의 1회당 기구배수량이 $w[l]$이고, 배수량 전체 중 20%가 배출될 때부터 80%가 배출될 때까지의 시간을 t초라고 할 때, 기구평균배수유량 q_d는 $q_d = 0.6\,w/t\,[l/\text{s}]$로 나타내어진다.

㉰ 기구평균배수간격(T_o)

어느 기구가 한 번 사용되고 나서 다음에 사용될 때까지의 평균시간을 나타내는 것으로, 기구의 사용빈도를 의미한다.

㉱ 정상유량 [$\overline{Q}$]

기구정상유량과 배수관의 정상유량이 있는데, 기구정상유량 $\overline{Q}$란 어느 기구의 기구배수량을 그 기구의 기구평균배수간격으로 나눈 값을 의미한다. 또, 배수관의 정상유량이란 관경을 결정하고자 하는 개소보다 상류에 설치되어 있는 모든 기구의 기구정상유량을 합한 것을 나타낸다.

배수관의 정상유량은 관경 산정을 편리하게 하기 위해 고안된 것으로, 해당 배수관의 상류에 설치되어 있는 모든 기구의 배수량을 시간적으로 평균화하여 정상연속배수(定常連續排水)로 가정한 가상의 유량이다.

② 관경 결정 순서

그림 4.40에 정상유량법에 의한 관경 결정의 순서를 나타낸다.

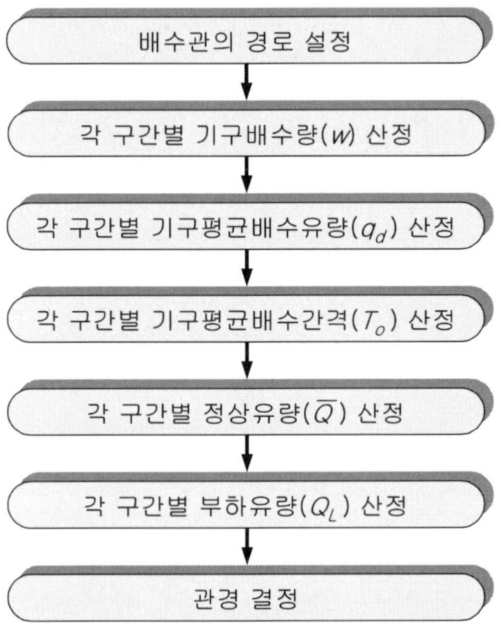

그림 4.40 정상유량법에 의한 배수관경 결정 순서

㉮ 기구배수량, 기구평균배수유량

각 위생기구별 기구배수량과 기구평균배수유량을 표 4.7에 나타낸다.

표 4.7 위생기구별 기구배수량 및 기구평균배수유량

기 구		트랩 구경 [mm]	기구배수량 w[l]		기구평균배수유량 q_d[l/s]
대변기	일반형	75 또는 100	사이펀제트식, 사이펀식, 블로우아웃식	15	1.5 (사이펀제트식은 2.0)
			세출식, 세락식	11	
	절수형	75	사이펀제트식, 사이펀식	13	
			세출식, 세락식	8	
소변기	대형	50	4~6		개별세정 : 0.5 자동세정 : 동시세정 개수×0.5 (최대값은 2.0으로 한다)
	소형	40			
세면기	대형	30	세면기에 물을 담아놓은 후 씻기	8	1.0
	중형			7	
	소형			5	
			세면기에 물을 흘려보내면서 씻기	3	0.3
수 세 기		25	3		0.3
욕 조		40	90~180		1.0
샤 워 기		50	50		0.3
주방싱크		40	50		물을 담아놓고 씻기 1.0 물을 흘리면서 씻기 0.3
청소싱크		65	40		물을 담아놓고 씻기 2.0 물을 흘리면서 씻기 1.0
세탁싱크		40	40		물을 담아놓고 씻기 1.0 물을 흘리면서 씻기 0.3
실험싱크		40	40		0.3

㉯ 기구평균배수간격

각 위생기구별 기구평균배수간격을 표 4.8에 나타낸다.

표 4.8 위생기구별 기구평균배수간격

기구 종류		기구평균배수간격 T_o [s]												
		집중이용형태	임의이용형태 (1개소에 설치된 기구수)											
			1	2	3	4	5	6	7	8	9	10	11	12
화장실	여자변기	60	400	280	220	190	170	150	140	140	130	130	120	120
	남자대변기	200	600	600	600	600	560	510	480	480	440	420	400	390
	소변기(개별세정)	35	240	160	130	110	100	90	85	80	75	75	70	70
	세면기	25	170	120	90	80	70	65	60	55	55	50	50	50
	소변기(자동세정)	T_o=180~900(평균 600), 소변기 사용빈도에 따라 설계자가 판단하여 결정												
욕조		T_o=1,800												
샤워기		T_o=300												
기타 기구		사용빈도가 매우 높은 경우 T_o=60 사용빈도가 높은 경우 T_o=300 사용빈도가 일반적인 경우 T_o=600												

【주】 표에서 집중이용형태란 학교, 영화관 등과 같이 짧은 시간에 다수의 사용자가 이용하는 건물에서의 이용형태를 의미하며, 임의이용형태란 사무소와 같은 일반적 건물에서와 같이 위생기구의 사용시간이 비교적 균등화되어 있는 곳에서의 이용형태를 말한다.

㉰ 정상유량

각 구간별로 기구배수량의 합계와 기구평균배수간격에 의해 다음의 식에 따라 정상유량을 산정한다.

$$\overline{Q} = \frac{\sum w}{T_o} \tag{4.3}$$

$\overline{Q}$: 정상유량 [l/s]

w : 기구배수량 [l]

T_o : 기구평균배수간격 [s]

㉱ 부하유량 및 관경

㉮에서 구한 기구평균배수유량(q_d)과 ㉰에서 구한 정상유량($\overline{Q}$)을 이용하여 그림 4.41(배수수평지관), 그림 4.42(배수수직관, 브랜치 간격수 2 이하), 그림 4.43(배수수직관, 브랜치 간격수 3 이상) 및 그림 4.44(배수수평주관)에서 부하유량(Q_L)과 관경을 결정한다.

각 그림에 기구평균배수유량 q_d가 있는데, 설치된 기구의 종류가 많을 때에는 모든 기구 중 q_d가 가장 큰 기구를 기준으로 하여 q_d를 정하는 것이 원칙이다. 그러나 q_d가 작은 기구가 대다수일 때는 q_d가 작아도 그 기구를 기준으로 하여 q_d를 정해도 된다. 또, 기구배수부하단위법에서와 마찬가지로 1브랜치 간격에 속하는 배수수평지관으로부터의 유량은 배수수직관 허용유량의 1/2을 초과하지 않도록 한다.

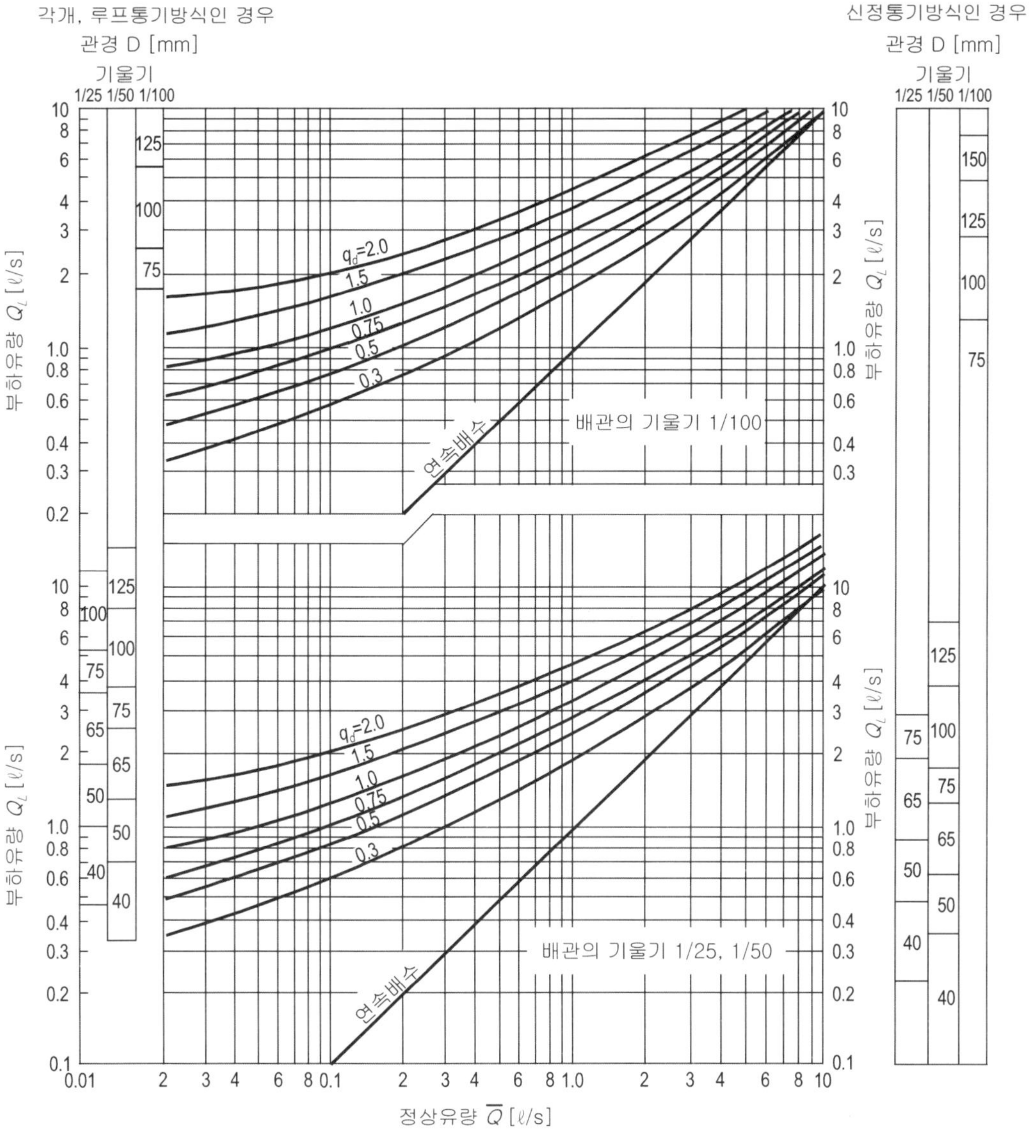

그림 4.41 배수관경 선정선도(배수수평지관)

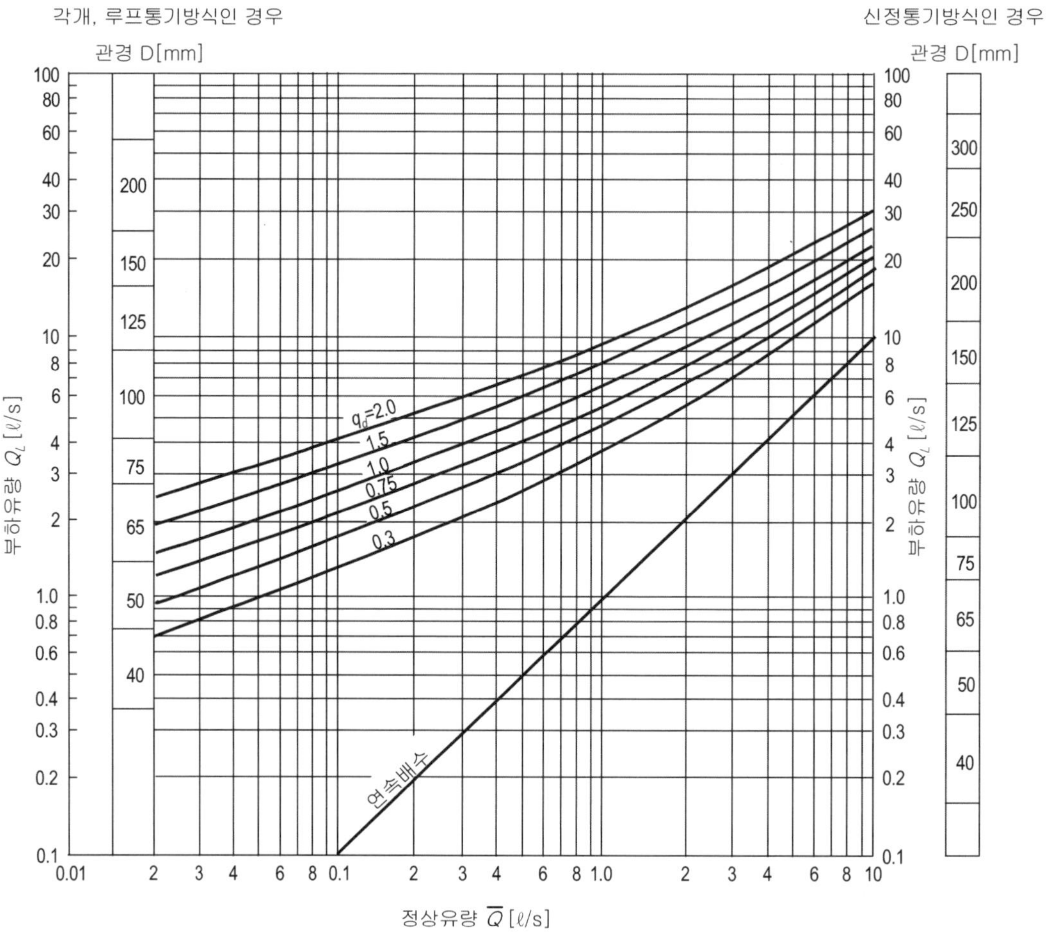

그림 4.42 배수관경 선정선도(배수수직관, 브랜치 간격수 2 이하)

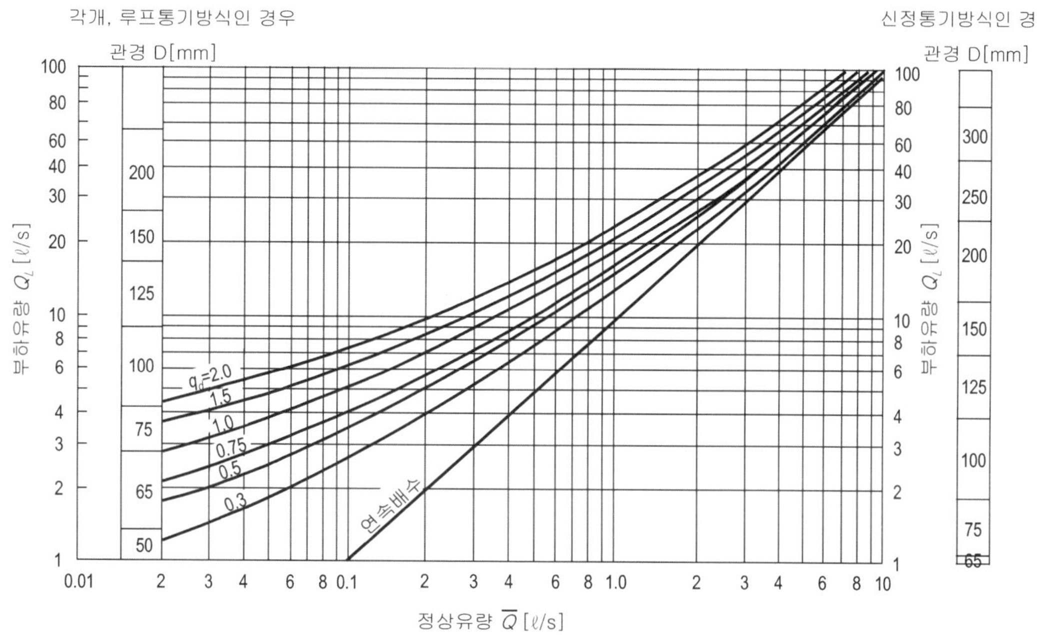

그림 4.43 배수관경 선정선도(배수수직관, 브랜치 간격수 3 이상)

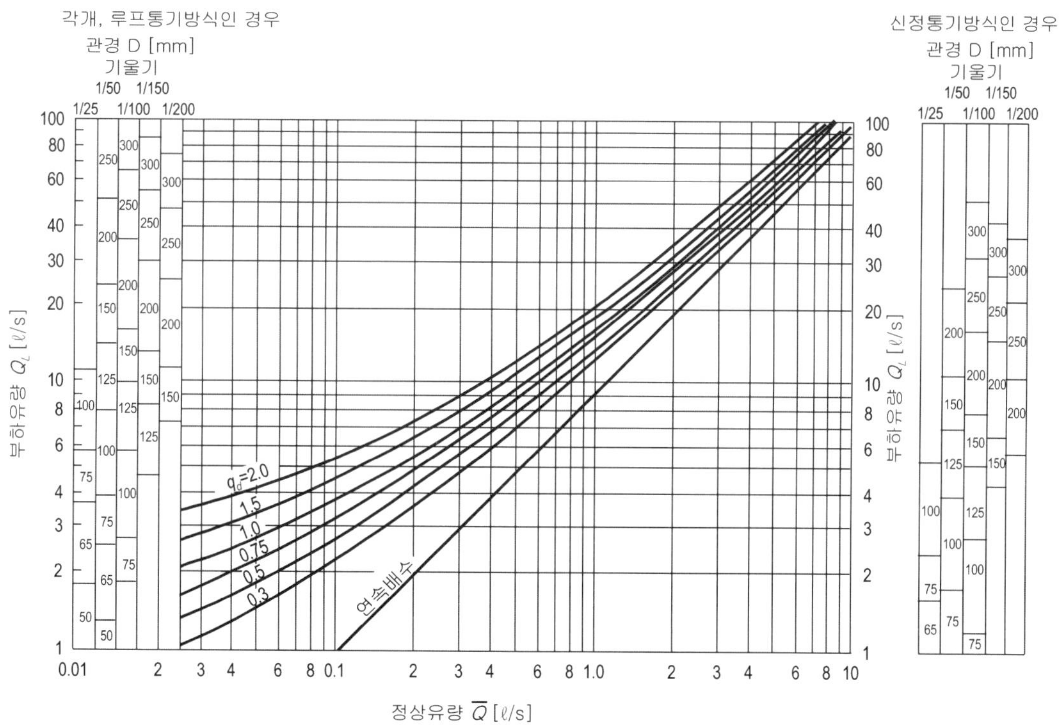

그림 4.44 배수관경 선정선도(배수수평주관)

3) 관경 결정의 기본 원칙

앞에서 설명한 기구배수부하단위법 및 정상유량법에 의해 배수관의 관경을 결정하게 되는데, 배수량의 많고 적음에 관계없이 배수관의 관경을 정할 때에는 기본 원칙이 있으며 그 내용은 다음과 같다.

① 기구배수관의 관경은 표 4.7에 나타나 있는 배수트랩의 구경(口徑, 크기) 이상으로 하고 또 최소 30mm로 한다.

② 수직관, 수평관 모두 배수가 흐르는 방향으로 관경이 축소되어서는 안 된다.

③ 배수수직관은 배수량이 가장 많게 되는 최하부의 관경을 최상부까지 동일하게 적용한다.

④ 땅속에 매설되는 배수관은 최소 50mm로 한다.

【예제 4.1】

다음과 같이 구성되어 있는 배수계통에서 a~e 각 구간의 배수관경을 기구배수부하단위법 및 정상유량법에 의해 각각 산정하시오. 화장실은 사무소건물의 남자용이며 각 위생기구에 대한 조건은 아래와 같다. 그리고 그림에는 표현되어 있지 않으나 배관의 기울기는 1/50로 하고, 배수관에 접속되어 있는 통기관의 방식은 루프통기방식으로 한다.

① 대변기 : 세정밸브형 사이펀식(일반형)

② 소변기 : 스톨형, 세정방식은 자동방식

③ 세면기 : 일반용이며 씻을 때는 물을 흘려보내면서 씻는 것으로 가정한다.

④ 청소싱크 : 부속 트랩의 구경은 65mm이고, 물을 흘려보내면서 씻는 것으로 하며, 사용빈도는 일반적인 것으로 가정한다.

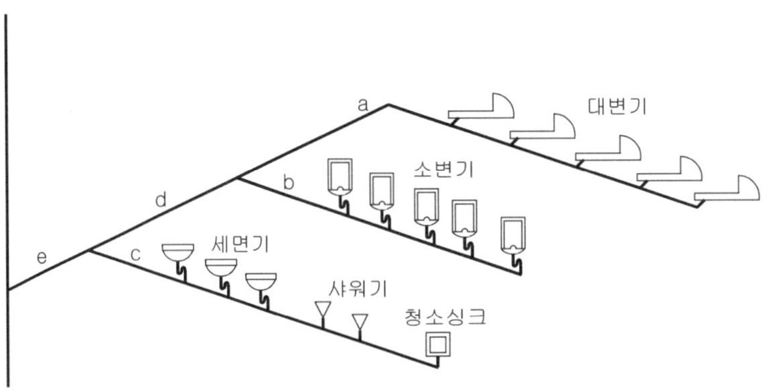

풀이

(1) 기구배수부하단위법

기구배수부하단위는 표 4.3에서, 그리고 관경은 표 4.5 I 란의 배수수평지관의 관경표에서 각각 구한다. 규격은 실용규격으로 하여 산정하기로 한다.

구 간	기 구	기구배수부하단위	기구배수부하단위 누계	관경 [mm]
a	대 변 기 5개	8×5=40	40	100
b	소 변 기 5개	4×5=20	20	100
c	세 면 기 3개 샤 워 기 2개 청소 싱크 1개	1×3=3 3×2=6 2.5×1=2.5	3+6+2.5=11.5	75
d	a 구간과 b 구간의 합계		40+20=60	100
e	c 구간과 d 구간의 합계		11.5+60=71.5	100

(2) 정상유량법

기구배수량 및 기구평균배수유량은 표 4.7에서, 기구평균배수간격은 표 4.8에서 각각 구한다. 또, 표 4.7 및 표 4.8에 의거해서 산정한 기구평균배수유량과 정상유량을 그림 4.41(배수수평지관에 대한 배수관경 선정선도)의 루프통기방식 및 배관 기울기 1/50 부분에 적용시켜 부하유량과 관경을 산정한다.

구간	기 구	기구 배수량 Σw [l]	기구평균 배수유량 q_d [l/s]	기구평균 배수간격 T_o [s]	정상유량 $\overline{Q}=\frac{\Sigma w}{T_o}$ [l/s]	정상유량 합계 [l/s]	부하 유량 Q_L[l/s]	관경 (수정 관경) [mm]	비 고
a	대변기 5개	15×5=75	1.5	560	75/560≒0.134	0.134	1.9	65 (75)	대변기 접속 트랩구경 75
b	소변기 5개	6×5=30	0.5×5 =2.5→ 2.0	600	30/600=0.05	0.05	1.7	65	
c	세면기 3개 샤워기 2개 청소싱크 1개	3×3=9 50×2=100 40×1=40	0.3 0.3 1.0	90 300 600	9/90=0.1 100/300≒0.333 40/600≒0.067	0.1+0.333+ 0.067=0.5	2.3	65	q_d는 청소싱크 값을 취함
d	a 구간과 b 구간의 합계					0.134+ 0.05=0.184	2.2	65 (75)	상류인 a 구간보다 작을 수 없음
e	c 구간과 d 구간의 합계					0.5+0.184= 0.684	4.0	100	q_d는 소변기 값을 취함

두 방법의 결과에서 알 수 있듯이 동일한 구간이라 해도 배관경의 산정방법에 따라 그 값이 달라질 수 있다.

한편, 정상유량법 과정 중 c 구간을 예로 들어, 그림 4.41을 이용하여 부하유량과 배관경을 결정하는 과정을 아래에 나타낸다. 앞 표의 작성 과정에서 정상유량의 합계는 0.5이고, q_d는 세 기구 중 청소싱크의 q_d 값이 가장 크므로 청소싱크의 q_d인 1.0으로 정한다. 또, 문제에서 통기관의 종류는 루프통기방식이고 배수관의 기울기는 1/50로 했으므로, 그림의 점선과 같이 하여 부하유량 2.3과 관경 65를 구할 수 있다.

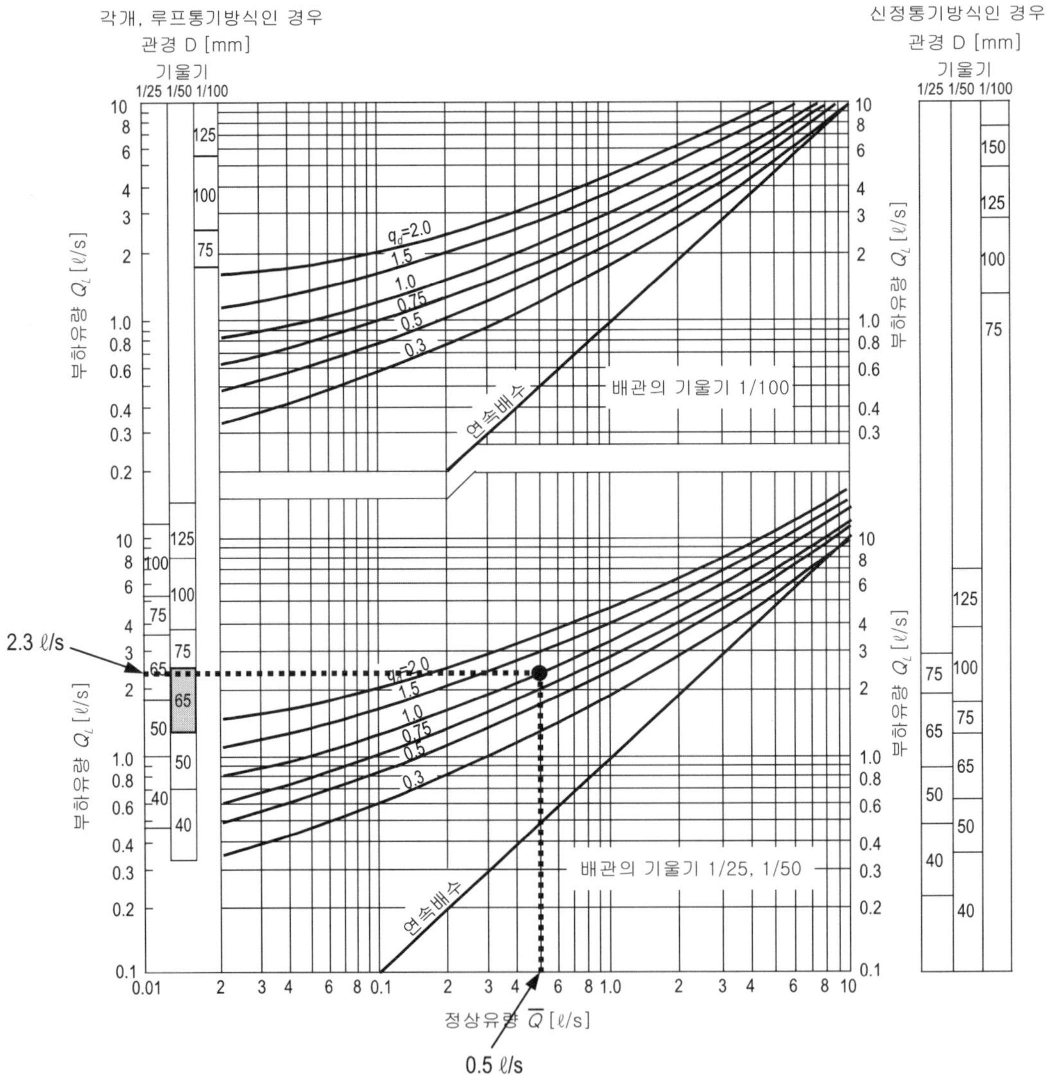

【예제 4.2】

다음과 같이 구성되어 있는 배수계통에서 a~e 각 구간의 배관경을 기구배수부하단위법에 의해 산정하시오. 배수수평주관의 기울기는 1/100로 하며, 설치된 각 위생기구에 대한 조건은 다음과 같다.

① 대변기 : 세정밸브형

② 소변기 : 스톨형

③ 세면기 : 일반용

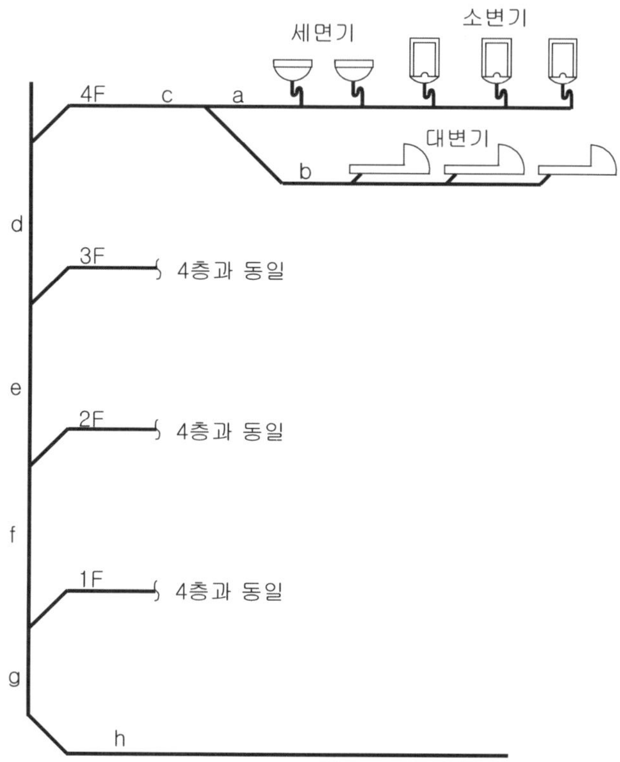

풀이

기구배수부하단위는 표 4.3에서, 관경은 표 4.5(배수수평지관 및 배수수직관)와 표 4.6(배수수평주관)에서 각각 구한다. 규격은 실용규격으로 하여 산정하기로 한다.

구간		기구	기구배수부하단위	기구배수부하단위 누계	관경 [mm]
배수수평지관	a	세면기 2개 소변기 3개	1×2=2 4×3=12	14	75
	b	대변기 3개	8×3=24	24	100
	c	a 구간과 b 구간의 합계		14+24=38	100
배수수직관	d	a 구간과 b 구간의 합계(c 구간과 동일)		38	100
	e	3층과 4층의 합계		38+38=76	100
	f	2, 3, 4층의 합계		38+38+38=114	100
	g	1, 2, 3, 4층의 합계		38+38+38+38=152	100
h(배수수평주관)		1, 2, 3, 4층의 합계(g 구간과 동일)		152	125

표 4.5에서 4층 이상인 건물의 수직관에 대해서는 1개의 수직관에 대한 합계와 1층분 또는 1브랜치 간격의 합계에 대한 관경 중 큰 것을 택하도록 되어 있는데, 본 문제에서의 수직관에 대한 기구배수부하단위 누계는 152이므로 관경 100mm에 해당되고(표 4.5의 Ⅲ란), 또 1층분에 대한 기구배수부하단위는 38로 이 값 또한 100mm에 해당되어(표 4.5의 Ⅳ란), 두 경우의 관경이 동일하므로 수직관의 관경은 100mm가 된다. 또한 수직관은 최상부에서 최하부까지 동일한 관경으로 선정하는 것이 원칙이므로 수직관의 전 구간에 걸쳐 동일한 100mm로 한다.

(2) 통기관의 관경

배수관과 통기관은 서로 접속되어 있고 통기관은 배수관에 있는 공기를 외기로 내보내거나 외기를 배수관으로 들여보내는 역할을 하는 것이므로 배수관이 커질수록 통기관도 커진다. 따라서 통기관의 관경 결정 방법도 배수관의 관경 결정 방법과 마찬가지로 기구배수부하단위법과 정상유량법이 있다.

한편 급수, 급탕 및 배수배관의 관경을 결정할 때에는 각 배관의 길이가 관경 결정의 요소로 작용하지 않으나 통기관의 관경을 결정할 때에는 통기관의 길이도 결정요소 중 하나가 된다. 그 이유는 배관의 길이가 길어질수록 배관계통의 총 마찰저항이 커지고, 따라서 공기의 이동이 그만큼 어려워지기 때문이다. 위에서 언급했듯이 통기관은 배수관에 공기를 보내거나 배수관에 있는 공기를 외기로 빼내어 배수관내의 압력변동을 완화시키는 것이기 때문에, 동일한 기구배수부하단위를 갖는 배수관에 연결되어 있다 하더라도 배관길이가 길어지면 저항이 커지므로 그만큼 관경을 크게 해서 공기의 흐름을 원활하고 신속하게 해야 한다. 급수관 등의 경우 펌프의 힘으로 물을 보내게 되므로 배관의 길이에 따른 총 마찰저항의 증가는 펌프의 용량 증가로 해결하게 된다.

1) 기구배수부하단위법

① 관경 결정 순서

그림 4.45에 기구배수부하단위법에 의한 통기관 관경 결정의 순서를 나타낸다.

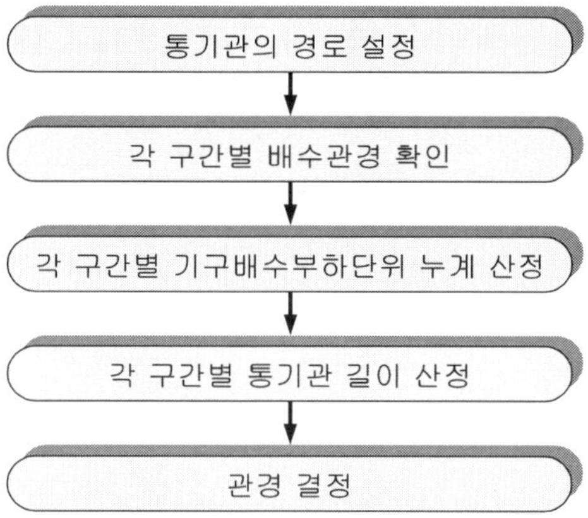

그림 4.45 기구배수부하단위법에 의한 통기관경 결정 순서

그림에 나타낸 바와 같이 각 구간별 배수관경이 확인되고 기구배수부하단위(fuD)와 배관길이가 산정되면 표 4.9를 이용하여 통기관의 관경을 결정하게 된다. 표 중 가장 왼쪽의 열은 해당 통기관이 접속되는 배수관의 관경을 나타낸다. 나타나 있는 관경은 근사값이므로 예를 들어 32mm라면 30mm의 값을 이용할 수 있다. 두 번째 열인 기구배수부하단위수는 해당 구간의 기구배수부하단위의 합계가 이 값을 넘지 않아야 하는 것을 의미한다. 예를 들어, 배수관의 근사관경이 50mm인 것의 기구배수부하단위수는 12와 20이 있는데 기구배수부하단위수가 15가 되었다면 20 부분의 값을 적용해야 하는 것이다. 문헌에 따라서는 통기관의 종류(루프통기관, 각개통기관, 통기수직관)에 따라 별도의 관경 산정표를 제시하고 있으나, 표 4.9를 모든 종류의 통기관에 적용시켜도 무방하다.

표 4.9 통기관의 관경 산정

배수관의 관경 근사값 [mm]	기구배수 부하단위수	통 기 관 의 관 경 [mm]								
		32	40	50	65	75	100	125	150	200
		통 기 관 의 최 장 길 이 [m]								
30	2	9								
40	8	15	45							
40	10	9	30							
50	12	9	22.5	60						
50	20	7.8	15	45						
65	42		9	30	90					
75	10		9	30	60	180				
75	30			18	30	150				
75	60			15	24	120				
100	100			10.5	30	78	300			
100	200			9	27	75	270			
100	500			6	21	54	210			
125	200				10.5	24	105	300		
125	500				9	21	90	270		
125	1,100				6	15	60	210		
150	350				7.5	15	60	120	390	
150	620				4.5	9	37.5	90	330	
150	960					7.2	30	75	300	
150	1,900					6	21	60	210	
200	600						15	45	150	390
200	1,400						12	30	120	360
200	2,200						9	24	105	330
200	3,600						7.5	18	75	240
250	1,000							22.5	37.5	300
250	2,500							15	30	150
250	3,800							9	24	105
250	5,600							7.5	18	75

② 통기관의 길이

그림 4.45의 설계순서에 나타나 있는 통기관의 길이는 표 4.9에 나타나 있듯이 가장 긴 길이를 의미한다. 즉, 통기관의 관경을 산정하고자 하는 어느 구간에서 그림 4.46과 같이 통기관의 분기가 이루어지도록 통기관의 경로를 정했다면 가장 긴 부분인 a~e 구간을 해당 구간의 통기관 길이로 정한다는 것이다.

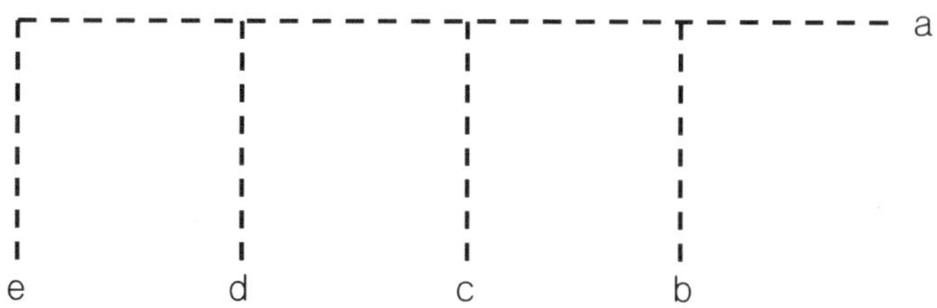

그림 4.46 통기관의 길이 산정(1)

이 외에도 통기관의 길이를 산정하는 요소로는 다음과 같은 것들이 있다.

㉮ 표 4.9에 나타나 있는 통기관의 길이는 직관부의 길이만 고려하며, 이음, 밸브 등에 대한 상당길이는 표에 이미 고려되어 있으므로 별도로 산정하지 않는다.

㉯ 루프통기관의 길이는 시작점을 배수수평지관과의 접속부로, 끝점을 통기수직관과의 접속부로 한다.

㉰ 통기수직관의 길이는 배수수직관 또는 배수수평주관과의 접속부로부터, 그 수직관이 단독으로 대기에 연결되는 경우에는 그 수직관의 말단, 또 2개 이상의 수직관이 접속되어 하나의 수직관이 되어 대기에 연결되는 경우에는 그 수직관이 신정통기관에 접속되는 곳까지의 길이에, 그 접속점에서 대기에 연결되는 지점까지의 길이를 가산한 것으로 한다.

㉱ 복수의 신정통기관이 하나의 통기주관에 합쳐져서 대기에 개방되는 경우의 통기주관의 길이는 가장 멀리 있는 통기수직관의 아랫부분의 접속점을 시작점으로 하고 대기에 연결되는 지점을 끝점으로 한다.

㉰와 ㉱의 설명에 나타나 있는 통기관의 길이를 그림 4.47에 나타낸다.

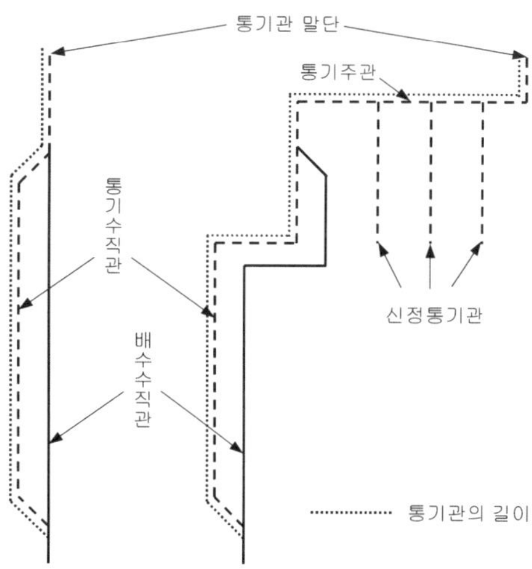

그림 4.47 통기관의 길이 산정(2)

2) 정상유량법

① 관경 결정 순서

그림 4.48에 정상유량법에 의한 통기관의 관경 결정 순서를 나타낸다.

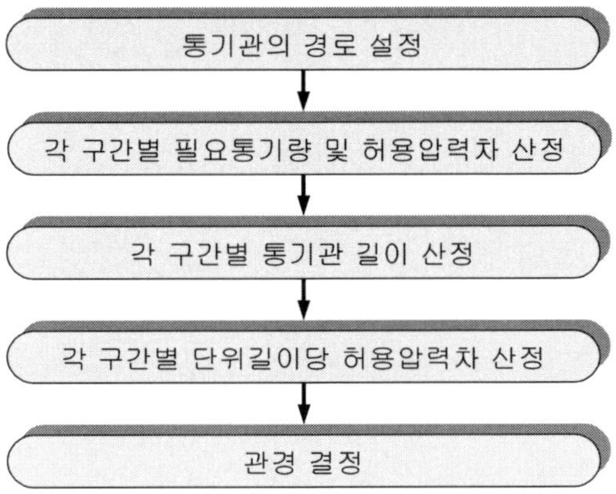

그림 4.48 정상유량법에 의한 통기관경 결정 순서

㉮ 필요통기량 및 허용압력차

표 4.10에 각 통기방식 및 통기부위별 필요통기량과 허용압력차를 나타낸다.

표 4.10 통기관의 필요통기량 및 허용압력차

통기방식	통기관 종류	필요통기량 [l/s]	허용압력차 [mmAq]
각개통기방식 및 루프통기방식	각개통기관, 루프통기관	배수수평지관의 부하유량과 같은 양	10
	통기수직관	배수수평주관 부하유량의 2배	25
	신정통기관, 통기주관	배수수평주관 부하유량의 2배	25
	배수조	배수수평주관 부하유량의 3배 또는 펌프 토출량 중 큰 쪽	25
신정통기방식	신정통기관 또는 통기주관	배수수평주관 부하유량의 4배	25
	배수조	배수수평주관 부하유량의 5배 또는 펌프 토출량 중 큰 쪽	25

㉯ 통기관 길이

정상유량법에서 통기관 길이를 산정하는 방법은 기구배수부하단위법에서와는 달리 직관부 길이에 이음, 밸브 등에 의한 국부저항값을 포함하는 것으로 한다. 구체적인 산정방법은 뒤의 「② 통기관의 길이」에서 나타낸다.

㉰ 단위길이당 허용압력차

표 4.10에 나타나 있는 허용압력차와, 국부저항을 포함한 통기관 길이에 의해 각 배관구간별 단위길이당 허용압력차를 산정한다.

㉱ 관경 결정

㉮에서 구한 필요통기량과 ㉰에서 산정한 단위길이당 허용압력차를 이용하여 그림 4.49의 통기관경 선정선도에 의해 각 구간별 관경을 결정한다. 그림에 나타나 있듯이 그림 4.49는 공기의 조건(기압, 온도, 밀도, 동점성계수), 배관의 조건(종류, 내면의 거칠기) 및 공기흐름의 조건(난류, 층류) 등이 정해진 상태에서 작성된 것으로, 이러한 조건들이 달라지면 당연히 그래프의 내용도 달라져야 하지만 그 정도가 크지 않으므로 조건이 다르다 해도 실무적으로는 그림 4.49로 통기관의 관경을 정하고 있다. 그림에 나타나 있는 동점성계수, 배관 내면의 거칠기, 공기흐름의 조건(난류역, 천이역, 층류역) 등에 대해서는 관련문헌을 참고하기 바란다.

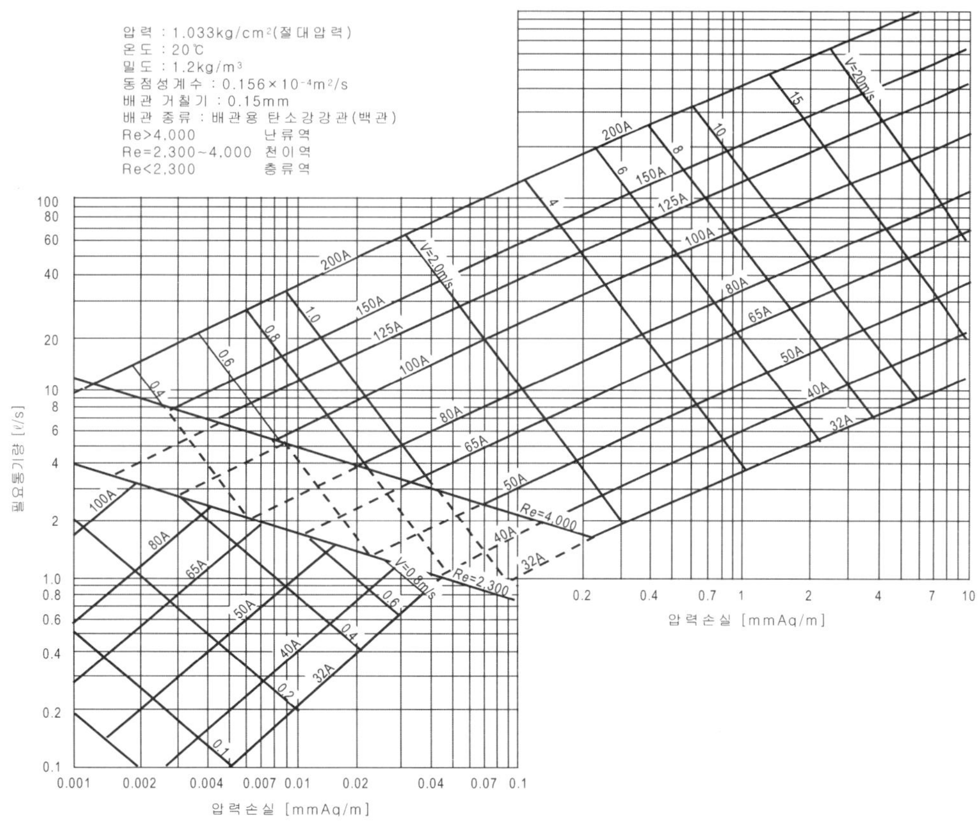

그림 4.49 통기관경 선정선도

② 통기관의 길이

앞에서 언급했듯이 통기관의 길이를 산정할 때 기구배수부하단위법에서는 직관부의 길이만을 고려했으나, 정상유량법에서는 직관부의 길이에 국부저항에 의한 상당길이까지 포함한 것을 통기관의 길이로 한다. 한편, 기구배수부하단위법에서 설명했듯이 통기관에 지관(가지관)이 있는 경우에는 가장 먼 구간을 통기관의 길이로 한다. 통기관의 길이를 산정할 때의 시작점과 끝점은 통기관의 종류에 따라 다음과 같이 정한다.

㉮ 통기지관에 대해서는, 배수수평지관 또는 기구트랩 접속부를 시작점으로 하고, 통기수직관에의 접속부를 끝점으로 한다.

㉯ 통기수직관에 대해서는, 배수수직관의 최하부 또는 배수수평주관과의 연결부분을 시작점으로 하고, 신정통기관에의 접속부를 끝점으로 한다.

㉰ 신정통기관 및 통기주관에 대해서는, 통기수직관과의 접속부를 시작점으로 하고, 대기에 개방하는 지점을 끝점으로 한다.

3) 관경 결정의 기본 원칙

배수관에서와 마찬가지로 통기관도 관경 결정에 대해서는 기본 원칙이 있으며, 그 내용은 다음과 같다.

① 통기관의 종류에 관계없이 최소 관경은 30mm로 한다.

② 신정통기관의 관경은 그것에 접속하는 배수수직관 이상으로 한다.

③ 루프통기관의 관경은 그것에 접속하는 배수수평지관과 통기수직관 중 작은 쪽 관경의 1/2 이상으로 한다.

④ 도피통기관의 관경은 그것에 접속하는 배수수평지관 관경의 1/2 이상으로 한다.

⑤ 각개통기관의 관경은 그것에 접속하는 배수관 관경의 1/2 이상으로 한다.

⑥ 결합통기관의 관경은 그것에 접속하는 통기수직관과 배수수직관 중 작은 쪽 관경 이상으로 한다.

【예제 4.3】

다음과 같이 구성되어 있는 통기계통에서 a~e 각 구간의 배관경을 기구배수부하단위법과 정상유량법에 의해 산정하시오. 배수관의 관경은 예제 4.1과 동일한 것으로 한다. 또, 통기계통의 국부저항의 직관상당길이는 직관부 길이의 50%로 가정한다.

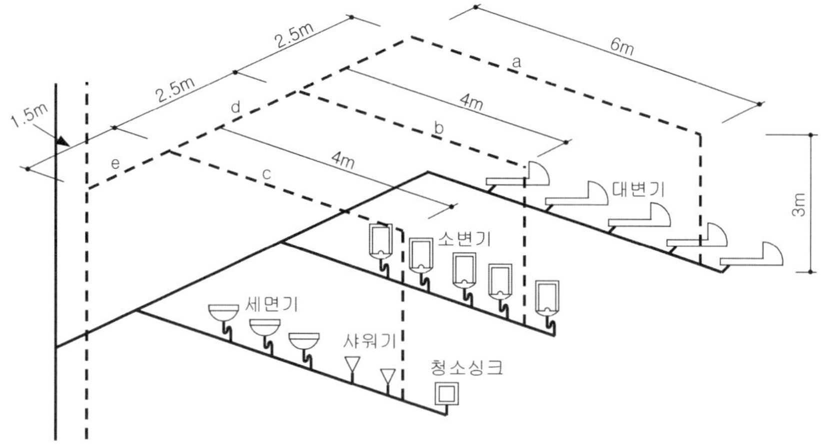

풀이

(1) 기구배수부하단위법

예제 4.1에서 구한 배수관경과 기구배수부하단위, 그리고 문제에서 주어진 통기관 길이를 표 4.9에 적용하여 통기관의 관경을 산정한다.

구 간	배수관경	기구배수부하단위 누계	통기관 길이 [m]	관경 [mm]
a	100	40	3+6+2.5=11.5	65
b	100	20	3+4=7	50
c	75	11.5	3+4=7	50
d	100	60	3+6+2.5+2.5=14	65
e	100	71.5	3+6+2.5+2.5+1.5=15.5	65

(2) 정상유량법

주어진 통기관은 루프통기관이므로 표 4.10에서 허용압력차는 10mmAq로 한다. 또, 필요통기량은 루프통기관의 경우 표 4.10으로부터 배수수평지관의 부하유량과 동일한 유량이 되므로, 예제 4.1에서 구한 각 구간별 부하유량 값(Q_L)과 동일한 양으로 한다. 한편, 그림의 통기계통에서 가장 긴 구간은 a-d-e 구간으로 그 길이는 15.5m이고, 국부저항의 직관상당길이는 50%로 가정했으므로 총 길이는 15.5+15.5×0.5가 된다. 따라서 단위길이당 허용압력손실은 10/(15.5+15.5×0.5)≒0.43mmAq/m로 계산할 수 있다. 허용압력손실은 각 구간별로 별도로 계산하는 것이 보다 경제적인 설계수법이 되지만, 번잡하기도 하고 관경을 여유있게 산정한다는 의미에서 상기 설명과 같이 가장 긴 구간을 기준으로 한 허용압력손실을 전체 구간에 걸쳐 적용하는 것이 실무적으로 많이 이용되고 있다. 구해진 필요통기량과 단위길이당 허용압력차(압력손실)를 그림 4.49(통기관경 선정선도)에 적용하여 정상유량법으로 관경을 선정하는 과정을 다음의 표에 나타낸다.

구 간	부하유량	필요통기량 [l/s]	단위길이당 허용압력차 [mmAq/m]	관경 [mm]
a	1.9	1.9	0.43	32
b	1.7	1.7	0.43	32
c	2.3	2.3	0.43	40
d	2.2	2.2	0.43	32
e	4.0	4.0	0.43	50

예제 4.1의 배수관경 산정에서와 마찬가지로 기구배수부하단위법과 정상유량법으로 각각 산정한 관경은 서로 차이가 있으며 정상유량법으로 구한 관경이 기구배수부하단위법에 비해 작게 산정되는 경향이 있다. 아래 그림은 구간 e에 대해 필요통기량과 단위길이당 허용압력차를 그림 4.49에 적용하여 관경이 산정되는 과정을 나타낸 것이다. 그림에서 2개의 점선이 만나는 위치는 40과 50 사이에 있으므로 관경은 50mm로 한다.

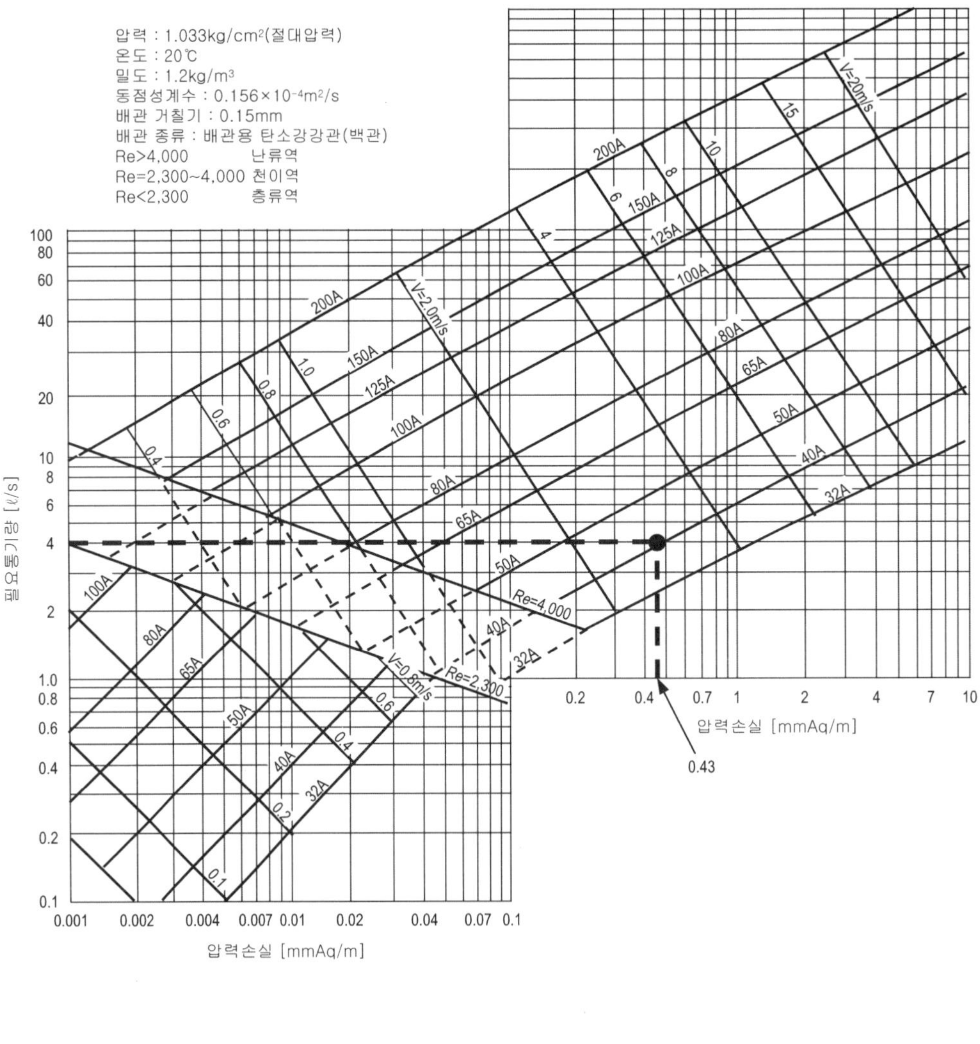

또, 「3) 관경 결정의 기본 원칙」에 의하면, 루프통기관의 관경은 그것에 접속하는 배수수평지관과 통기수직관 중 작은 쪽 관경의 1/2 이상으로 한다고 되어 있는데, 구간 a를 예로 들자면, 접속되어 있는 배수관의 관경은 예제 4.1에서 산정한 바와 같이 100mm이므로 이것의 1/2은 50mm가 된다. 본 예제에서는 통기수직관의 크기를 알 수 없지만 만일 본 예제에서의 루프통기관이 접속하는 통기수직관의 크기도 100mm 이상이라면 구간 a의 루프통기관은 최소 50mm가 되어야 한다.

【예제 4.4】

다음과 같이 구성되어 있는 통기계통에서 a 구간과 b 구간의 통기관경을 기구배수부하단위법으로 산정하시오. 대변기는 세정밸브형, 소변기는 스톨형, 세면기는 일반형으로 한다.

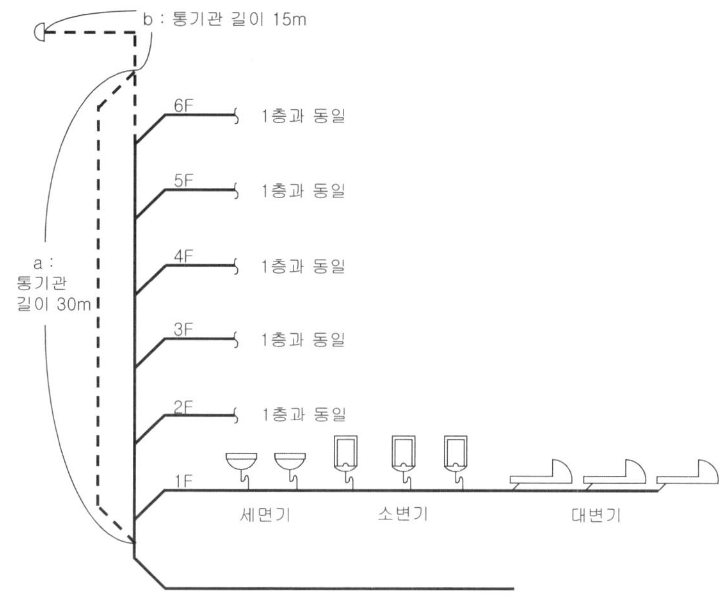

풀이

기구배수부하단위는 표 4.3에서, 배수관의 관경은 표 4.5(실용 규격)에서 각각 구하고, 통기관의 관경은 표 4.9에서 산정한다.

(1) a 구간

기구배수부하단위는 {8×3(대변기)+4×3(소변기)+1×2(세면기)}×6(6개 층)=228이므로 표 4.5의 Ⅲ란으로부터 배수수직관경은 100mm가 된다. 그리고 통기수직관의 길이는 그림에서 30m이므로, 표 4.9에서 통기관의 관경은 75mm로 산정된다(표 4.9에서 배수관의 관경 근사값 100에 대한 기구배수부하단위수는 100, 200, 500 세 개가 있는데, 본 예제에서의 기구배수부하단위는 228이므로 500 부분에 해당된다. 또, 통기관의 길이는 30m이므로 표에서 54에 해당되는 부분의 관경을 선정하면 되며, 그 값이 75이다).

(2) b 구간

a 구간과 마찬가지로 기구배수부하단위는 228이고 배수관의 관경은 100mm이며, 통기관 길이는 15+30=45m이므로 표 4.9에서 75mm가 산정되지만, b 구간의 통기관은 신정통기관이므로 그것에 접속되어 있는 배수수직관보다 작아서는 안 된다(「3) 관경 결정의 기본 원칙」 참고). 따라서 배수수직관의 관경과 동일한 100mm로 한다.

8. 우수배수설비

건물의 옥상에 내린 빗물(우수)은 옥상에서 넘칠 경우 건물 주위에 떨어지므로 건물 주변의 시설물이나 통행자에게 큰 피해를 줄 수도 있다. 따라서 옥상에서 넘치지 않도록 우수관을 통해 건물 주변의 공공배수관으로 흘러들어가게 해야 한다. 한편, 최근에는 수자원 활용의 차원에서, 특히 옥상의 면적이 큰 건물에서는 빗물을 그대로 옥외의 공공배수관에 방류하지 않고 저장한 후 중수(中水)로 활용하기도 한다. 중수의 의미에 대해서는 「제2장 1. (2) 상수와 중수」에 설명되어 있다.

(1) 우수배수설비의 구성요소

1) 우수관(우수배수관)

우수관(우수배수관)은 빗물이 떨어지는 곳에서부터 건물 주위에 매설되어 있는 옥외 공공배수관까지 연결되는 배관으로, 우수수직관은 기타 다른 용도의 배관과 함께 샤프트에 설치되는 것이 일반적이나, 아파트와 같이 베란다가 있는 건물에서는 옥상뿐 아니라 각 층 베란다로 들어오는 빗물도 함께 배수하기 위해 베란다 부분에 설치하고 있다.

어느 지역의 공공하수도가 합류식으로 이루어져 있다 해도, 건물 내의 우수관은 다른 배수관과는 별도의 계통으로 하는 것이 바람직하다. 공사비의 절약을 위해 우수관과 배수관을 겸용시키게 되면 배수관이 막힐 경우 빗물이 위생기구를 통해 실내로 들어올 염려가 있기 때문이다.

2) 루프드레인(roof drain), 발코니드레인

루프드레인은 옥상에 내린 빗물을 모아서 우수관으로 들어가게 하는 기구로, 배수구와 스트레이너(strainer)의 형상에 따라 많은 종류가 있다. 배수구는 빗물이 우수관으로 들어가는 부분을 말하며, 스트레이너는 빗물 외의 이물질(異物質)이 우수관으로 들어가는 것을 방지하기 위한 그물과 같은 부분을 말한다. 그림 4.50에 루프드레인을, 그림 4.51에 루프드레인을 옥상에 설치한 예를 나타낸다. 또, 그림 4.52에는 아파트와 같이 베란다에 우수관이 있는 경우에 각 층 베란다 바닥부분에 설치하는 발코니드레인을 나타내고 있으며, 그림 4.53은 발코니드레인의 설치 예를 나타낸다.

그림 4.50 루프드레인

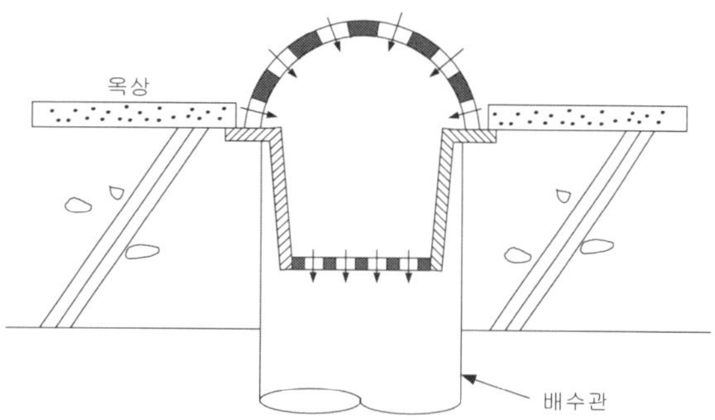

그림 4.51 루프드레인 설치 모습

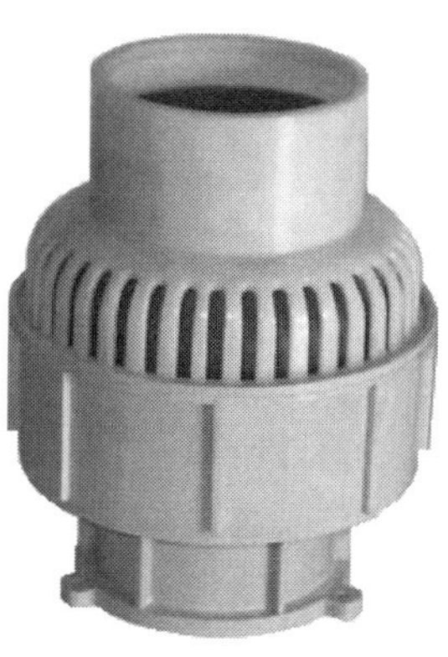

그림 4.52 발코니드레인

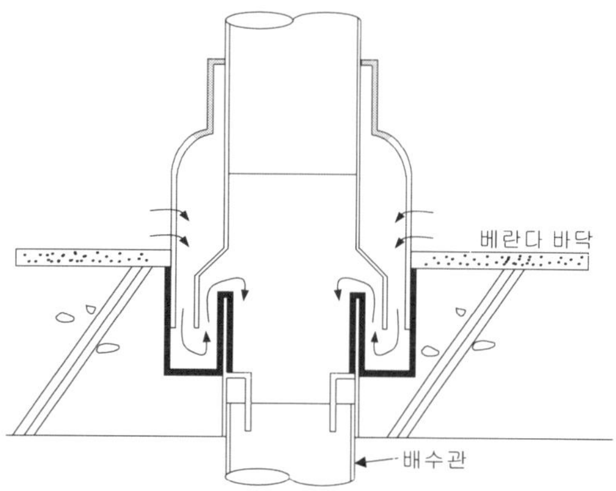

그림 4.53 발코니드레인 설치 모습

3) 트랩

발코니드레인이나 바닥배수구에는 봉수(封水)가 유지되는 부분이 있어 우수관이 다른 배수관과 연결되어 있어도 하수냄새나 벌레가 침입하기 어려우나, 루프드레인에는 트랩의 기능이 없기 때문에 우수관이 배수수평주관 등과 연결되는 합류식으로 구성되어 있을 때에는 우수관에 트랩을 설치해야 한다.

다른 배수관과 연결되어 있는 상태에서 트랩이 설치되지 않을 경우, 배수관 내의 유독가스나 악취가 우수수직관, 루프드레인을 거쳐 옥상이나 베란다 및 이것에 인접한 창, 환기구, 외기도입구 부근의 공기를 오염시켜 거주자의 건강에 나쁜 영향을 미칠 수 있다. 우수관에 설치하는 트랩은 U트랩이 이용된다.

(2) 우수관의 관경

1) 우수량과 지붕면적

급수, 급탕, 배수용 배관의 관경을 결정할 때의 개념과 마찬가지로 우수관의 관경을 산정할 때에도 기본이 되는 요소는 우수량이다. 따라서 우수관의 관경을 결정할 때에는 건물이 위치할 지역의 강우량과 그 건물의 지붕면적을 확인해야 한다.

① 각 지역 우수량

옥상 등에서 빗물이 넘치는 것은 하루 동안 많은 비가 내리는 것보다 단시간에 많은 비가 내릴 때 발생되므로, 우수 관경을 산정할 때 기준이 되는 우수량은 1시간당 최대강우량이다.

표 4.11 각 지역 1시간 최대강우량 〔mm〕

지 역	1시간 최대강우량	기록된 시기	지 역	1시간 최대강우량	기록된 시기
서 울	118.6	1942. 8. 5	원 주	79.5	1976. 8. 13
부 산	89.0	1970. 9. 10	청 주	62.7	1981. 7. 3
대 구	80.0	1941. 7. 6	포 항	93.4	1998. 9. 30
인 천	103.3	1953. 8. 13	전 주	109.6	1951. 5. 26
광 주	70.3	1997. 8. 4	마 산	86.6	1999. 7. 30
대 전	79.1	1969. 7. 31	목 포	64.5	2004. 7. 3
울 산	76.7	1993. 8. 21	제 주	105.0	1927. 9. 11
강 릉	100.5	2002. 8. 31	서귀포	92.5	1995. 7. 7
수 원	92.5	2000. 7. 22	춘 천	62.0	1988. 7. 13

표 4.11에 1971년~2004년 동안 우리나라 주요 도시의 1시간 최대강우량을 나타낸다.

② 지붕면적

지붕면적은 그림 4.54와 같이 수평투영면적으로 산정한다. 이는 빗물이 떨어지는 실제 면적을 기준으로 한 것으로, 지붕의 경사가 급할 경우 면적이 크더라도 빗물이 떨어지는 면적은 작아지기 때문이다.

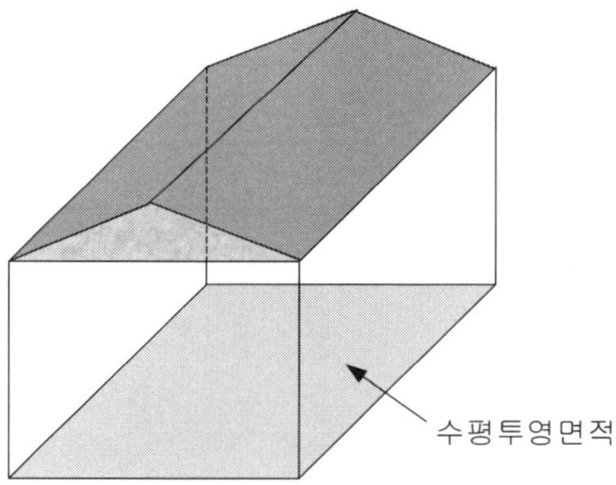

그림 4.54 지붕의 수평투영면적

또, 옥탑층의 벽면과 같이 벽면 하부에 지붕이 있는 경우에는 벽면에 부딪힌 빗물이 지붕에 떨어지게 되므로 벽면도 지붕면적에 포함시키게 되는데, 포함시키는 면적은 비가 내리는 각도를 30°라고 가정하여 벽면 면적의 1/2을 지붕면적에 가산한다.

2) 관경 산정

① 우수수직관

상기 지붕면적의 산정방법에 의해 산정한 지붕면적을 이용하여 표 4.12에 의해 관경을 산정한다.

표 4.12 우수수직관의 관경 산정

관 경 [mm]	지붕 면적 [m²]
50	67
65	135
75	197
100	425
125	770
150	1,250
200	2,700

② 우수수평관

산정된 지붕면적 및 설계자가 고려하고 있는 수평관의 기울기(구배)를 이용하여 표 4.13에 의해 관경을 산정한다.

표 4.13 우수수평관의 관경 산정

관경 [mm]	지붕 면적 [m²]								
	배관의 기울기								
	1/25	1/50	1/75	1/100	1/125	1/150	1/200	1/300	1/400
65	137	97	79						
75	201	141	116	100					
100		306	250	216	193	176			
125		554	454	392	351	320	278		
150		904	738	637	572	552	450		
200			1,590	1,380	1,230	1,120	972	792	688
250				2,490	2,230	2,030	1,760	1,440	1,250
300					3,640	3,310	2,870	2,340	2,030
350						5,000	4,320	3,530	3,060
400							6,160	5,040	4,360

위에서 우수관의 관경을 산정하는 기본적인 요소는 우수량이며, 우수량을 결정하는 요소는 각 지역의 강우량과 지붕면적이라 했는데, 수직 및 수평의 우수관 관경을 산정하는 표 4.12 및 표 4.13에는 지붕면적의 요소는 있으나 강우량의 요소는 들어있지 않다. 이는 각 지역마다 강우량이 모두 다른데, 이 다른 강우량을 지역마다 각각 고려하고자 하면 관경을 산정하는 표의 종류도 방대하게 되므로 매우 비효율적이 되기 때문이다. 따라서 어떤 특정 강우량을 기준으로 하여 관경 산정표를 작성할 필요가 있으며, 표 4.12 및 표 4.13은 1시

간 최대강우량을 100mm로 하여 작성된 것이다. 따라서 1시간 최대강우량이 100mm 이외의 지역에 대해서는 아래 식에 따라 100mm로 환산하여 관경을 산정해야 한다.

$$\text{환산지붕면적}[m^2] = \text{실제지붕면적}[m^2] \times \frac{\text{해당지역 최대강우량}[mm/h]}{100[mm/h]} \tag{4.4}$$

【예제 4.5】

다음과 같이 우수배수계통을 구성하는 건물에서 a 구간과 b 구간의 우수배수관의 관경을 산정하시오. 시간 최대강우량은 150mm/h로 하고, 2개의 루프드레인 및 우수수직관의 크기는 같은 것으로 한다. 또, 우수수평관의 기울기는 1/100로 한다.

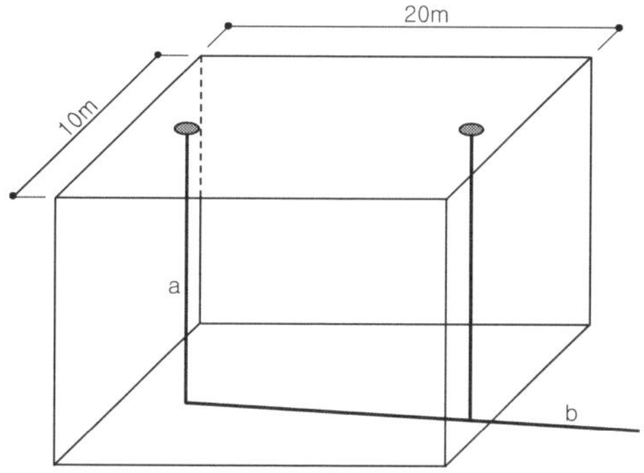

풀이

(1) a 구간

먼저, 시간 최대강우량이 100mm/h가 아니므로 환산지붕면적을 구하면, 식 4.4에 의해서 $200 \times \frac{150}{100} = 300[m^2]$가 된다. 한편, 문제의 그림에서 우수수직관이 2개 있으며 2개의 수직관의 크기는 같은 것이라 했으므로 1개의 수직관이 담당하는 지붕면적은 150m²가 되며, 따라서 표 4.12에 의해 우수수직관 a 구간의 배관경은 75mm가 된다.

(2) b 구간

b 구간은 2개의 수직관으로부터 내려오는 우수가 합쳐져서 통과하는 구간이므로 담당하는 지붕면적은 300m²가 된다. 또, 문제에서 수평관의 기울기는 1/100이라고 했으므로 표 4.13에 의해 우수수평관 b 구간의 배관경은 125mm가 된다.

제5장

위생기구설비

제5장 위생기구설비

1. 개요

급수, 급탕 및 배수설비에서 물을 운반시키는 통로 역할을 하는 것이 배관이었는데 이 배관은 일반적으로 벽 속 또는 천장 속에 있기 때문에 우리 눈에 잘 띄지 않는다. 위생기구란 급수·급탕설비용 배관의 끝부분에 있는 수도꼭지(수전), 배수설비용 배관의 첫 부분에 부착되어 있는 바닥배수구, 물을 모아두는 역할을 하는 세면기 및 욕조, 또 각종 대·소변기 등을 총칭하는 것으로, 건물의 화장실 및 주방 등에서 우리 눈에 띄는 부분에 해당하는 것이라 할 수 있다. 위생기구는 다목적으로 사용되기 때문에 각각의 사용성 및 제작성을 고려하여 만들어진다.

위생기구를 제작하는 재질은 다음과 같은 조건들을 만족시켜야 한다.

① 항상 청결이 유지되도록 흡수(吸水)·흡습(吸濕)성이 없을 것

② 청소가 용이하도록 표면이 매끄러울 것

③ 녹 발생, 마모 등이 일어나지 않고 쉽게 파손되지 않을 것

④ 음료수에 접하는 재질은 인체에 유해한 성분이 용출(溶出)되지 않을 것

⑤ 제작 및 설치가 용이하고, 접속 및 고정이 튼튼하게 이루어질 것

⑥ 배수가 급수·급탕계통으로 역류하는 것과 같은 오염이 이루어지지 않을 것

이러한 조건을 모두 만족시키는 재질을 선택하는 것은 쉽지 않지만 현재 일반적으로 많이 사용되는 재질로는 도기(陶器), 스테인리스강판, 법랑철기, 플라스틱, 동(銅)합금, 주철, 유리 등이 있다. 이 중에서도 가장 많이 사용되는 것은 도기이며, 위생기구로 사용되는 도기를 특히 위생도기라고 부르고 있다. 또, 법랑철기(琺瑯鐵器)는 금속 표면에 유리질의 유약을 도포하여 제작된 것이다. 표 5.1에 위생기구의 재질별 특징과 용도를 나타낸다.

표 5.1 위생기구의 재질별 특징 및 용도

재 질	장 점	단 점	용 도
도 기	· 흡수성이 적고 표면이 매끈하다. · 마모 및 부식(녹)에 강하다.	· 파손의 염려가 있다. · 완성제품 치수의 정확성이 떨어진다.	대변기, 소변기, 세면기 등
스테인리스강판	· 경량으로 운반 및 시공성이 좋다. · 녹슬지 않는다. · 가공성이 좋고 파손염려가 적다.	· 표면이 금속이므로 차가운 느낌을 준다.	싱크, 욕조 등
법랑철기	· 금속으로서의 견고성과 표면의 아름다움, 그리고 내식성을 갖추고 있다.	· 딱딱한 물체와 부딪히면 법랑이 벗겨질 수 있다.	욕조, 세면기, 싱크 등
플라스틱	· 경량이고 가공성이 뛰어나서 곡선형상도 쉽게 제작할 수 있다. · 컬러디자인을 자유롭게 할 수 있다.	· 시간의 경과와 함께 재질이 약해지고 색이 변할 수 있다. · 열 및 알칼리성에 약하다.	욕조 등
동 합 금	· 내구성과 가공성이 좋다.	· 녹이 슬 염려가 있다.	급배수기구, 부속품 등
주 철	· 견고하여 내구성이 좋다. · 부식(녹)에 강하다.	· 무거워서 큰 재료의 경우 운반성과 시공성이 떨어진다.	배수기구, 트랩 등
유 리	· 녹슬지 않는다. · 표면이 아름답다.	· 파손의 염려가 크다.	부속품 등

2. 위생기구의 종류

위생기구의 의미는 상기 개요에서 설명한 바와 같으며, 그 종류는 다음과 같이 분류할 수 있다.

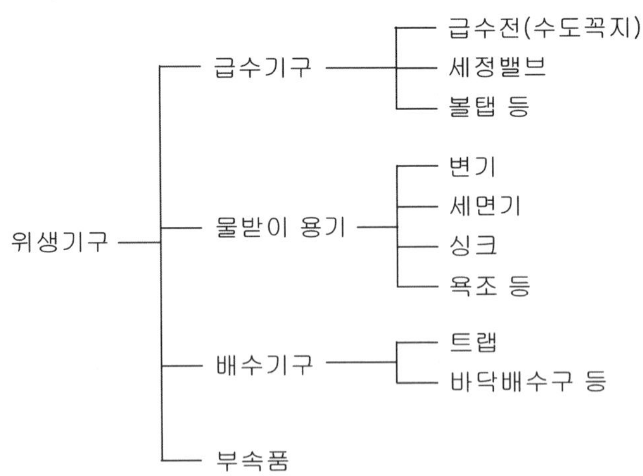

그림 5.1 위생기구의 종류

표 5.1 및 그림 5.1에 나타나 있는 부속품이란, 화장실에 설치하는 거울, 화장용 선반, 비누 받침대 등 물 사용과는 직접적 관련은 없으나 위생적인 생활을 위해 필수적인 요소를 말한다. 따라서 실제 설계 및 시공에서 상기 부속품은 설비가 아닌 건축파트에서 담당하는 경우도 많다.

위생기구의 종류 중 특히 종류가 다양한 대변기와 소변기에 대해서 자세히 살펴보기로 한다.

(1) 대변기

대변기는 크게 동양식 변기와 서양식 변기로 분류한다. 수세식 화장실이 보급되기 시작한 초기에는 호텔 등을 제외하고는 공공장소나 주택에서나 대부분 동양식이 사용되었으나, 현재는 거의 100%가 서양식 변기를 사용하고 있는 주택을 비롯, 공공 건물에서도 서양식 변기가 증가하고 있는 추세이다.

1) 대변기가 갖추어야 할 기능

아래 「2) 종류」에서 나타내는 바와 같이 대변기는 종류에 따라 각각의 특성이 있으나, 기본적으로 다음과 같은 기능을 갖추어야 한다.

① 변기에 물이 체류하는 유수면(留水面)이 넓고, 그에 따라 오물 부착이 적을 것

② 변기 안에 있는 오물의 냄새가 발산되지 않도록 유수부(留水部)의 깊이가 적절히 있을 것

③ 물이 빠지는 배수로는 오물이나 화장지가 걸리지 않을 정도의 크기가 될 것

④ 트랩의 봉수가 파괴되지 않도록 적절한 봉수깊이를 가질 것

⑤ 변기에 물이 공급될 때의 급수음(給水音) 및 변기에서 물이 빠질 때의 세정음(洗淨音)이 작을 것

⑥ 적은 수량으로 세정효과가 발휘될 것

2) 종류

대변기는 구조상 그림 5.2와 같이 6종류로 구분하는 것이 일반적이며, 각 종류마다 세정능력이나 소음 등의 특성이 다르므로 각각의 특성을 고려하여 건물의 용도에 적합한 것을 선정해야 한다. 예를 들어, 주택이나 호텔과 같이 야간에도 대

변기 사용이 이루어지는 곳에서는 소음성능이 좋은 것을 채택할 필요가 있으며, 공공장소와 같은 곳에서는 세정능력을 우선으로 고려하는 것이 바람직하다.

① 세출식(洗出式, wash out type)

오물을 변기 바닥의 유수면(留水面)에 일시적으로 받아 놓은 후, 변기의 가장자리 여러 곳에서 토출되는 세정수가 오물을 트랩 쪽으로 유출시키고 물의 낙차를 이용하여 오물을 배출하는 방식이다. 유수면의 수심이 얕아서 오물이 대기 중에 노출되므로 냄새가 발산되기 쉽고 오물의 부착도 많이 이루어지는 편이다. 동양식 변기에 주로 사용된다.

② 세락식(洗落式, wash down type)

오물을 직접 트랩 내의 유수(留水) 중에 낙하시켜 물의 낙차에 의해 오물을 배출하는 방식이다. 오물이 유수 속에 매몰되기 때문에 냄새의 발산은 적지만 유수면(留水面)이 비교적 좁아서 오물이 부착되기 쉽다. 서양식 변기에 많은 형식이지만 그다지 사용되지는 않는다.

③ 사이펀식(siphon type)

오물을 트랩 내의 유수(留水) 중에 낙하시키고 트랩 배수로에 만들어진 굴곡을 이용한 사이펀작용으로 오물을 빨아들이듯이 하여 배출하는 방식이다. 세정 시 소음이 작고 세출식(洗出式) 및 세락식(洗落式)에 비해 세정능력이 우수하여 국내에서 많이 채택하고 있다.

④ 사이펀제트식(siphon jet type)

오물을 트랩 내의 유수(留水) 중에 낙하시키고 굴곡진 배수로의 저항과 제트 구멍으로부터 분출하는 물의 힘을 이용하여 빠르고 강력한 사이펀작용을 일으킨다. 사이펀식과 같은 세정기능을 갖는 점 이외에도 유효봉수깊이를 가장 깊게 할 수 있어 우리나라에서도 채택이 늘고 있다.

⑤ 사이펀볼텍스식(siphon vortex type)

사이펀작용에 물의 회전운동을 부가하여 소용돌이 작용을 가한 것이다. 유수면(留水面)이 넓고, 냄새발산 및 오물부착은 적으면서, 세정 시 공기의 혼입이 없어 세정음이 아주 조용하다. 변기와 로탱크(low tank)를 하나로 성형시킨 원피스 변기(one piece water closet)로 만들 수 있으며, 최근 호텔 객실 및 주택과 같이 정숙이 요구되는 곳에서 많이 이용되고 있다.

⑥ 블로아웃식(blow out type)

분수구(噴水口)로부터 높은 압력으로 물을 뿜어내어 그 작용으로 유수(流水)를 배수관으로 유인하여 오물을 배출시키는 방식이다. 배수로가 크고 굴곡도 작아서 막힐 염려가 없으나 높은 급수압력을 필요로 하기 때문에 세정음이 크다. 따라서 주택이나 호텔 등에서의 사용은 바람직하지 않다.

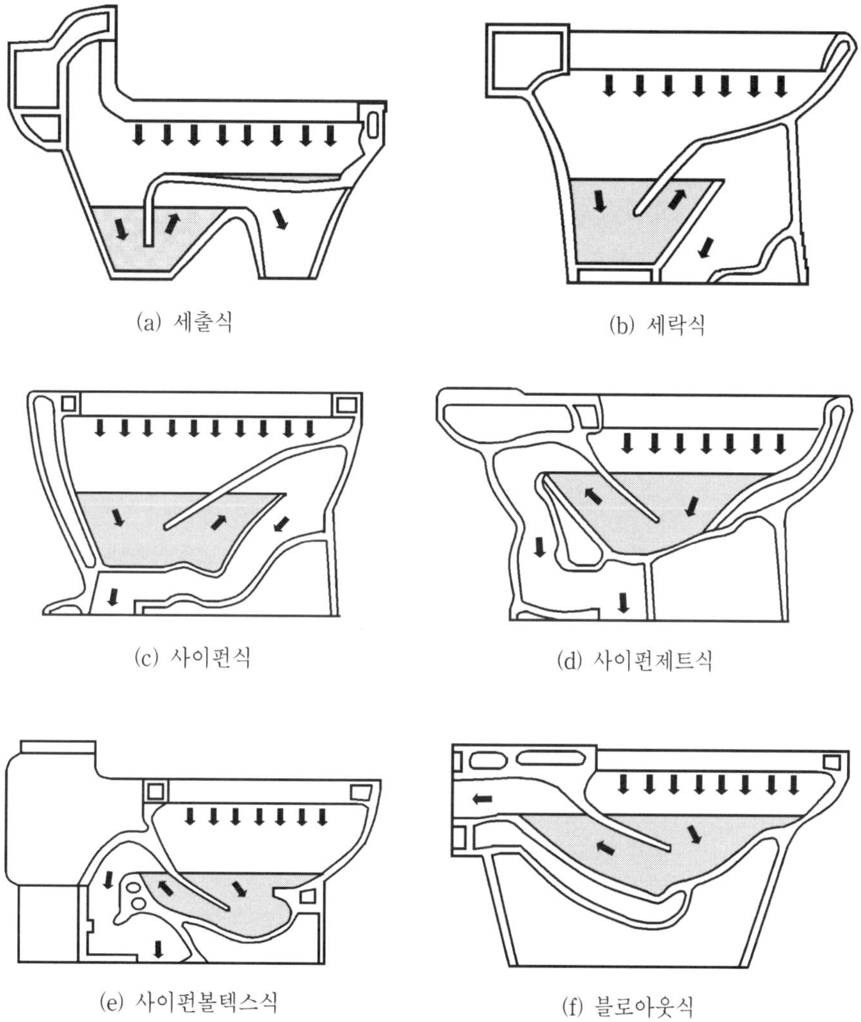

그림 5.2 대변기의 종류

3) 세정방식(급수방식)

대변기에서 사용되는 세정수를 대변기에 공급하는 방식은 크게 세정밸브(flush valve)방식과 탱크방식이 있으며, 탱크방식은 다시 로탱크(low tank)방식과 하이탱크(high tank)방식으로 분류한다.

① 세정밸브방식

대변기에 연결되어 있는 급수관에 항상 물이 차 있으므로 사용자가 용변을 본 후 대변기의 세정밸브를 누르면 그 즉시 물이 밀려 내려와 세정이 된다. 사용한 후 즉시 다음 사용이 가능하므로 사무소, 학교, 공장, 극장 등 대부분의 건물에서 일반적으로 많이 사용한다. 그림 5.3에 세정밸브방식의 대변기를 나타낸다.

그림 5.3 세정밸브방식의 대변기

② 로탱크방식

탱크 내에 일정량의 물을 받은 후 변기에 급수하는 방식으로 탱크는 변기의 약간 위에 위치하게 된다. 한 번 사용 후 다음 사용 때까지 탱크에 물이 저장되는 시간이 필요하나, 세정 시 소음이 세정밸브식에 비해 작기 때문에 연속 사용이 별로 발생하지 않으면서 정숙이 요구되는 호텔의 객실, 아파트, 주택 등에서 많이 사용된다. 그림 5.4에 로탱크방식의 대변기를 나타낸다.

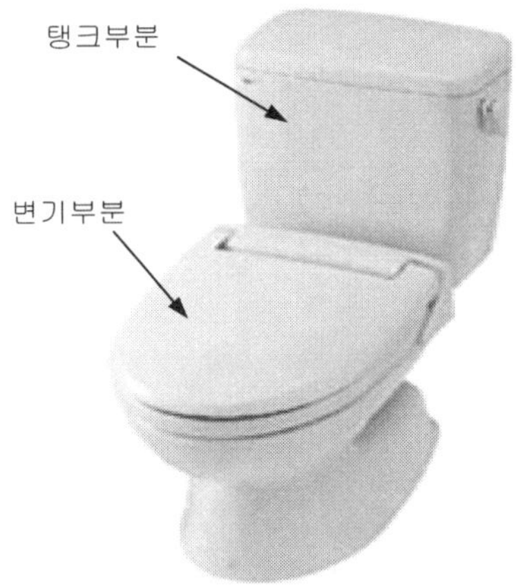

그림 5.4 로탱크방식의 대변기

③ 하이탱크방식

원리는 로탱크방식과 동일하며 탱크의 위치는 화장실의 상부에 위치하고 있다. 따라서 그림 5.4의 로탱크방식의 대변기와 달리 변기부분과 탱크부분이 떨어져 있고, 그 사이에 세정용 급수관이 연결되어 있다. 탱크가 바닥면적을 차지하지 않으므로 탱크면적만큼 화장실 면적을 넓게 사용할 수 있다. 그러나 탱크가 상부에 있기 때문에 세정수의 낙차가 커서 세정음이 크고 미관상 바람직하지 않으며, 또 설치 및 보수작업이 불편하여 최근에는 거의 채택되지 않고 있다.

(2) 소변기

1) 종류

소변기는 설치위치 및 형상에 따라 그림 5.5에 나타나 있는 바와 같이, 벽걸이형, 벽걸이스톨형, 스톨(stall)형으로 분류된다. 설치위치에 대한 분류로서, 벽걸이형 및 벽걸이스톨형은 설치위치가 벽인 관계로 바닥으로부터 떨어져 있으며, 스톨형은 바닥에 설치되어 있는 형태이다. 형태상 벽걸이형 및 벽걸이스톨형은 바닥으로부터 떨어져 있어 키가 작은 어린이는 사용할 수 없으므로, 백화점, 병원, 터미널 등과 같은 공공장소에는 어린이도 함께 사용할 수 있는 스톨형을 설치하는 것이 바람직하다.

형상에 따른 분류로서는 스톨형인가 아닌가로 구분한다. 스톨(stall)이란 칸막이라는 의미로서, 소변기의 양 옆이 칸막이와 같은 형상을 하고 있는 것이 벽걸이스톨형과 스톨형이고 그렇지 않은 형상을 하고 있는 것이 벽걸이형이지만 기능상 및 형태상의 차이는 별로 없다.

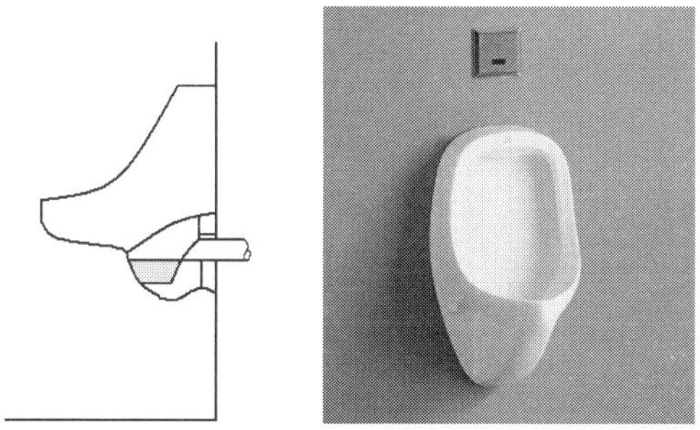

(a) 벽걸이형

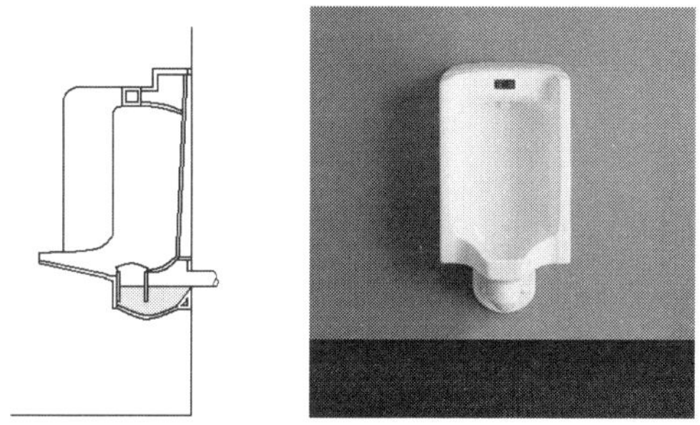

(b) 벽걸이스톨형

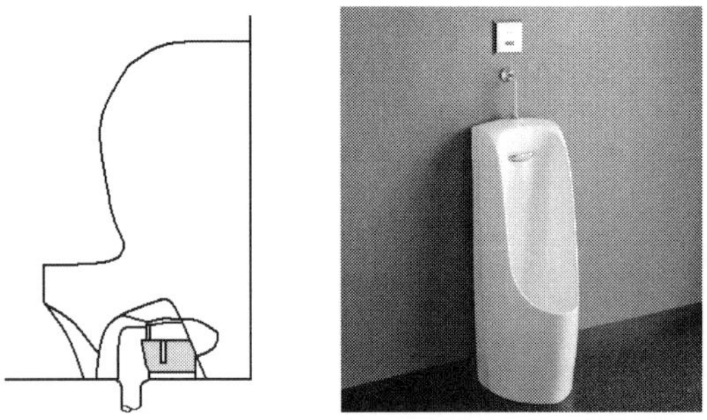

(c) 스톨형(트랩 부착)

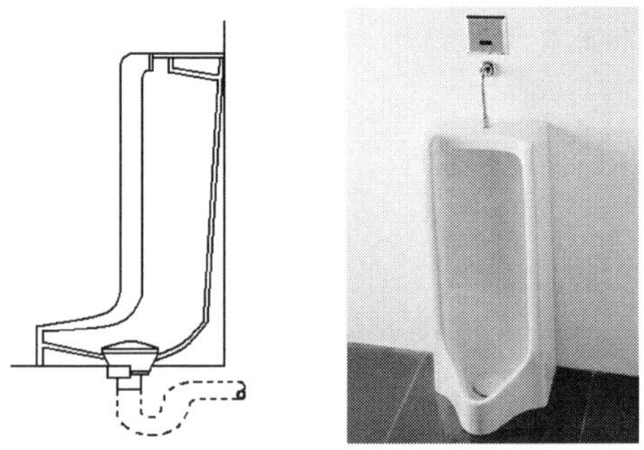

(d) 스톨형(트랩 미부착)

그림 5.5 소변기의 종류

2) 세정방식(급수방식)

① 세정밸브방식

소변기에 소변기용 세정밸브를 설치하고 세정밸브의 단추를 누름으로써 일정시간 물을 흘려서 소변기를 세정하는 방식으로, 과거부터 널리 사용되고 있다. 대변기의 세정밸브방식과 마찬가지로 소변기에 연결되어 있는 급수관에 물이 항상 차 있으므로 사용자가 세정밸브를 누름과 동시에 물이 나오며, 다음 사용자가 바로 사용해도 즉시 물이 나오도록 되어 있다. 일반적으로 세정밸브의 조작은 사용자에게 일임하고 있는데, 누르지 않는 사람이 많아서 청결의 면에서 바람직한 방법이라고 할 수는 없다. 그림 5.6에 세정밸브방식의 벽걸이스톨형 소변기를 나타낸다.

그림 5.6 세정밸브방식의 소변기

② 자동사이펀방식

자동사이펀장치를 구비한 하이탱크에 지속적으로 급수하고 탱크 내의 수위가 규정수위로 상승하면 자동적으로 탱크 내의 물을 방출하여 일정한 간격을 두고 지속적으로 변기를 세정하는 방식이다. 소변기 사용 유무에 관계없이 주기적으로 세정하게 되므로 물의 낭비가 있을 수 있다.

③ 전동(전자)밸브방식

자동사이펀방식이 물의 낭비요소가 있어서 그것을 방지하기 위해 개발한 방식으로, 급수관 도중에 전자밸브나 전동밸브를 설치하고 타이머 또는 소변기 트랩의 염분검출기 등에 의해 밸브를 작동시킨다.

④ 감지자동세정방식

자동제어에 의해 상태를 감지하는 센서(검출부)로 소변기 사용을 감지하여 소변기를 사용할 때마다 자동적으로 소변기에 물을 방출시키는 방식이다. 소변기를 사용하지 않으면 세정하지 않게 되는, 위생적인 효과와 동시에 절수 효과도 얻을 수 있는 합리적인 방식이므로 최근 사용이 크게 늘고 있다. 그림 5.7에 감지자동세정방식의 소변기를 나타낸다.

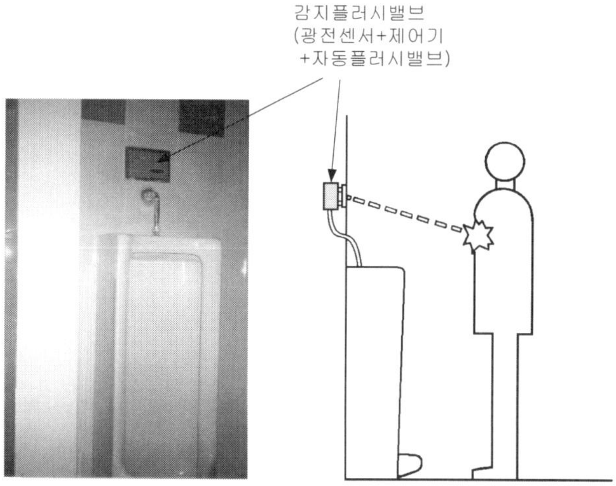

그림 5.7 감지자동세정방식의 소변기

(3) 세면기(洗面器)·수세기(水洗器)

세면기와 수세기는 그 용도상 얼굴까지 씻는 것과 손만 씻는 것의 의미로, 세면기가 약간 더 큰 것을 의미하고 있지만 외형상 큰 차이가 없다. 세면기는 보통 냉수와 온수가 같이 나올 수 있도록 급수전과 급탕전이 따로 있으나 수세기에는 급수전만 있는 것이 일반적이다. 그림 5.8과 그림 5.9에 욕실에 수세기가 설치된 모습과 세면기가 설치된 모습을 각각 나타낸다.

그림 5.8 욕실에 수세기가 설치된 모습

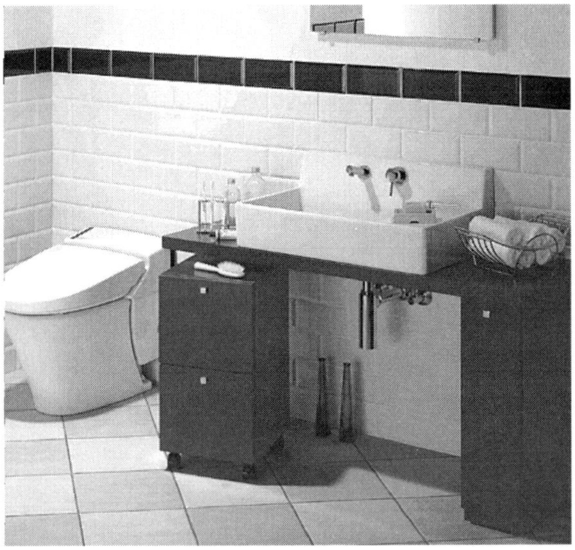

그림 5.9 욕실에 세면기가 설치된 모습

세면기와 수세기의 부속기구라고 할 수 있는 수도꼭지(수전)는 그림 5.10(a)와 같이 손잡이 1개를 좌우로 돌려가면서 냉수와 온수를 적절히 혼합하는 싱글레버(single lever)형, (b)와 같이 냉수용과 온수용의 손잡이가 각각 있는 듀얼레버(dual lever)형, 그리고 (c)와 같이 손잡이 없이 손을 근처에 대면 자동적으로 물이 나오는 자동수전 등이 있다. 자동수전에는 사용자가 손을 대지 않으므로 사용자가 임의로 물의 온도를 조절할 수는 없다.

(a) 싱글레버형 (b) 듀얼레버형 (c) 자동수전

그림 5.10 수도꼭지(수전)의 종류

이상과 같은 위생기구 외에 기타 기구로서 욕조, 싱크 등이 있다.

3. 설비의 유닛화

(1) 유닛화의 의미

산업혁명 이후 공업화 사회에서는 생산성 향상을 끊임없이 추구하면서 인간생활의 윤택함을 이룩해 왔다. 그러나 건설업도 공업화 사회를 구성하는 하나의 중요한 분야임에도 불구하고 여타 산업분야와 비교할 때 건설업의 생산성 향상의 정도는 대단히 미약하며, 그 예로서 제조업의 노동생산성은 지난 수십년간 수 배의 향상을 보였으나 건설업의 노동생산성은 거의 제자리걸음을 하고 있다는 것이 일반적인 분석이다.

건설업이 이처럼 낮은 생산성을 지니게 된 이유는 건설업이 수주(受注)생산, 단품(單品)생산, 옥외현장생산이라는 특징을 가지고 있기 때문이다. 이러한 특징 때문에 건설업은 대량생산체제를 갖출 수 없으며 이 점이 다른 제조업과 비교할 때 생산성이 현저히 떨어지게 되는 결정적인 요인이 되고 있다. 낮은 생산성을 제고시키는 수단으로서 건설업의 공업화는 우리가 피해 갈 수 없는 흐름이므로, 건설업 본연의 특성상 전체공정에서의 공업화는 불가능하다고 해도 부분적인 공정은 공장생산을 통해 진행시킴으로써 공기를 단축시키고 품질을 향상시키는 노력을 끊임없이 해야 한다.

설비를 유닛화할 경우 다음과 같은 장점이 있다.

① 현장작업의 공정을 최소화하여 공사 전체의 능률을 향상시키고 공기를 단축한다.

② 시공정밀도가 높아진다.

③ 현장관리 작업이 경감된다.

④ 규격생산 및 대량생산에 의해 원가가 절감된다.

(2) 유닛의 종류

급배수·위생설비 분야에서 유닛화가 이루어지고 있는 대표적인 것으로 위생유닛을 들 수 있다. 즉, 목욕, 세면, 세탁, 용변을 위한 기능 중 전부 또는 두 가지 이상의 기능을 이룰 수 있도록 하는 유닛을 미리 공장에서 제작하여 현장에 반입한 후 현장에서는 배관연결만 하는 것인데, 이 외에도 배관설비에 관한 유닛, 세면·화장유닛 등이 있다.

① 위생유닛

그림 5.11은 화장실에 욕조, 세면기, 대변기가 하나의 유닛으로 설치되어 있는 경우를 나타낸 것이고, 그림 5.12는 여러 개의 소변기가 유닛화되어 있는 경우를 나타낸 것이다.

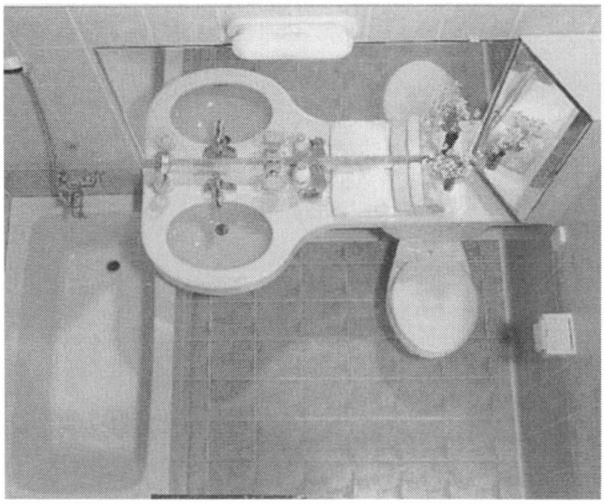

그림 5.11 위생유닛(1)(욕조, 세면기, 대변기유닛)

그림 5.12 위생유닛(2)(소변기유닛)

② 배관유닛

그림 5.13은 화장실에 설치되는 배관으로, 급수관, 통기관, 배수관을 유닛화시킨 배관유닛을 나타낸다.

한편, 배관유닛 중에 수직샤프트유닛이 있는데, 이것은 3층분 정도의 수직배관을 미리 공장에서 제작하여 현장 조립하는 것으로, 그림 5.14에 수직샤프트유닛의 형상 및 현장에서 설치되는 모습을 나타낸다.

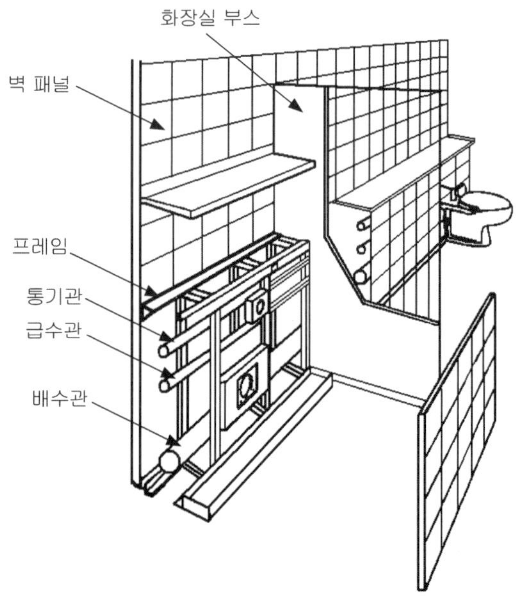

그림 5.13 화장실 배관유닛의 예

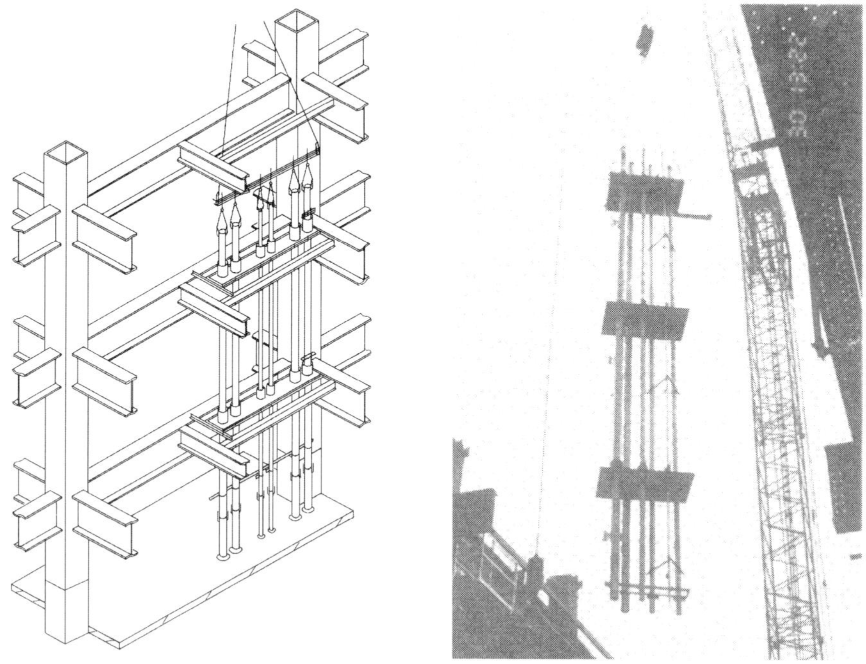

그림 5.14 수직샤프트유닛

③ 세면 · 화장유닛

그림 5.15는 거실에 세면기를 설치한 것으로 소형의 가구와 세면기를 유닛화 시킨 것을 나타내고 있다.

그림 5.15 세면 · 화장유닛

제6장

오수처리설비

제6장 오수처리설비

1. 개요

건물에서 급수용 및 급탕용 등으로 이용되는 물은 처음 사용할 때는 깨끗한 상태이지만 급수·급탕용 등의 목적으로 사용된 후에는 오염되어 더러운 물이 되므로 신속하게 건물 밖으로 배출시킬 필요가 있다는 것을 「제4장 배수·통기설비」에서 설명했는데, 건물에서 배출되는 배수는 각종 유해물질로 인해 건물 안에서 생활하는 거주자의 위생에 해로운 영향을 미칠 뿐 아니라, 그대로 하천이나 바다와 같은 곳에 흘러가게 되면 하천수 및 해수를 오염시키게 된다.

인적이 드문 외딴 곳에서는 별도의 처리 없이 배수를 하천에 방류해도 수질이 오염되는 경우는 없다. 왜냐하면 하천수는 그 속에 포함되어 있는 미생물의 활동으로 인해 자연적으로 오수를 정화하는 자정(自淨)능력을 가지고 있기 때문이다. 그러나 도시에서와 같이 인구가 밀집되어 있는 곳에서 배출되는 배수량은 하천의 자정능력을 훨씬 초과하기 때문에 인위적으로 미생물을 투입하여 오수를 정화시킨 후 하천에 방류시켜야 한다. 이와 같이 오수를 정화시키는 설비를 오수처리설비라 한다. 오수처리설비는 설비의 처리범위에 따라 정화조와 오수처리시설로 구분되는데, 정화조는 수세식 대·소변기에서 배출되는 대·소변을 처리하는 시설을 말하며, 오수처리시설은 대·소변뿐 아니라 욕조, 싱크 등에서 배출되는 잡배수까지 처리하는 시설을 말한다.

「제4장 배수·통기설비」에서 배수의 종류 중, 수세식 화장실의 대·소변기에서 배출되는 것은 오수이고, 세면기, 샤워기 등에서 배출되는 물은 잡배수라 하여 이 두 가지를 넓게는 모두 배수라고 설명했으므로, 넓은 의미에서 오수처리설비라는 용어 대신 배수처리설비라는 용어가 보다 합리적일 수도 있으나, 현재 국내의 「하수도법」에서는 수세식 화장실, 목욕탕, 주방 등에서 배출되는 것을 '오수'라고 정의하고 있어, 처리 대상이 오수인가 잡배수인가에 관계없이 통상 오수처리시설 및 오수처리설비 등으로 부르고 있다.

(1) 오수 오염도의 지표

표 6.1에 나타나 있는 바와 같이, 국내에서는 지역에 따라 건물에서 배출되는 오수의 오염도를 법으로 규정하고 있다. 또, 이와는 별도로 각 지방자치단체마다 더 강화된 기준을 조례로 정하고 있기도 한다. 배출되는 오수의 오염 정도를 규정하기 위해서는 오염도를 나타내는 지표가 필요한데, 오염도의 지표로서는 일반적으로 다음과 같은 것들이 이용된다. 이들 지표의 단위로는 pH를 제외하고는 mg/*l* 또는 ppm이 이용되고 있다.

① pH

물이 산성인가 알칼리성인가를 나타내는 것으로, 값이 7인 경우가 중성이며 이보다 클수록 강한 알칼리성을 나타내고 작을수록 강한 산성을 나타냄을 의미한다. 배수의 배출 기준으로는 5.8~8.5로 규정되어 있다.

② BOD(Biochemical Oxygen Demand)

생물화학적 산소요구량의 의미로서, 오수를 구성하는 물질 중에서 오염물질이 되는 유기화합물이, 공존하는 미생물에 의해 산화분해되어 안정한 물질(가스 및 무기물)로 바뀌어 갈 때 소비되는 용존(溶存)산소의 양을 말한다. BOD농도가 높다는 것은 오수 속에 유기물이 다량 함유되어 미생물이 이것을 분해 · 안정화시키는 데 많은 양의 산소를 소모한다는 것을 말한다.

③ COD(Chemical Oxygen Demand)

화학적 산소요구량의 의미로, 오수를 구성하는 물질 중에서 산화되기 쉬운 유기물을 산화제로 산화분해시킬 때 소모되는 산화제의 양에 상당하는 산소량을 말한다. 일반적으로 오수의 COD값은 BOD값보다 높은데, 이것은 미생물에 의해서는 분해되지 않는 유기물까지 화학적으로 산화되기 때문이다.

④ SS(Suspended Solids)

부유(浮遊)물질의 의미로서, 오수 속에 포함되어 있는 1μm~2mm 정도의 고형물질로서 물에 용해되지 않는 것을 말한다.

앞에서 언급한 바와 같이 각 건물에서 방류하는 방류수의 수질에 대해서는 법률로 정하고 있으며, 그 기준은 지역별, 처리시설 종류별 등에 따라 별도로 마련되어 있다. 지역에 따라서는 조례로서 별도의 기준을 제시하고 있기도 하다. 표 6.1에 「하수도법」에 제시되어 있는 내용을 나타내고 있는데, 환경에 대한 국민의 관심이 점차 높아지고 있어 이러한 법률적 기준은 계속 강화되고 있는 추세이다.

표 6.1 오수처리설비의 방류수 수질기준 〔2011. 2.17 기준〕

구 분	1일 처리용량	지 역	항 목	방류수 수질기준
오수처리시설	50m³ 미만	수변구역	생물화학적 산소요구량 [mg/l] 부유물질 [mg/l]	10 이하 10 이하
		특정지역 및 기타지역	생물화학적 산소요구량 [mg/l] 부유물질 [mg/l]	20 이하 20 이하
	50m³ 이상	모든 지역	생물화학적 산소요구량 [mg/l] 부유물질 [mg/l] 총 질소 [mg/l] 총 인 [mg/l] 총 대장균군수 [개/ml]	10 이하 10 이하 20 이하 2 이하 3,000 이하
정화조	11인용 이상	수변구역 및 특정지역	생물화학적 산소요구량 제거율 [%] 생물화학적 산소요구량 [mg/l]	65 이상 100 이하
		기타 지역	생물화학적 산소요구량 제거율 [%]	50 이상
토양침투처리방법에 따른 정화조의 방류수 수질기준은 다음과 같다. 가. 1차 처리장치에 의한 부유물질 50퍼센트 이상 제거 나. 1차 처리장치를 거쳐 토양침투시킬 때의 방류수의 부유물질 250 mg/l 이하				
골프장과 스키장에 설치된 오수처리시설은 방류수 수질기준 항목 중 생물화학적 산소요구량은 10 mg/l 이하, 부유물질은 10 mg/l 이하로 한다. 다만, 숙박시설이 있는 골프장에 설치된 오수처리시설은 방류수 수질기준 항목 중 생물화학적 산소요구량은 5 mg/l 이하, 부유물질은 5 mg/l 이하로 한다.				

표에서 수변구역 및 특정지역에 대해서는 같은 법률에 명시되어 있으므로 오수처리설비를 설계하고자 하는 건물이 위 표의 어느 지역에 해당되는가를 확인하고 설계를 진행해야 한다.

또, 표의 항목 중 생물화학적 산소요구량 제거율, 즉 BOD 제거율은 오수처리설비의 성능을 나타내는 항목으로서 다음 식으로 계산한다.

$$BOD\ 제거율 = \frac{유입수\ BOD - 유출수\ BOD}{유입수\ BOD} \times 100\ [\%] \qquad (6.1)$$

(2) 오수처리설비의 설치대상

각 건물에 설치하는 급수설비 및 급탕설비 등에 대해서는 설비시스템의 종류나 용량 등에 관해 법률적 강제사항이 없다. 즉, 건물의 수준을 어느 정도로 할 것인가에 따라 건축주 및 설계자가 급수·급탕의 방식 및 설비용량을 정하게 되는데, 오수처리설비는 각 건물에서 충분한 처리를 하지 않고 배출시킬 경우 수질오염 등으로 인해 국민의 건강에 큰 악영향을 미치게 되므로 각 건물의 설치지역, 용도 등에 따라 오수처리설비의 종류 및 용량을 법률로 규정하고 있다. 한편, 이러한 법률적 사항은 앞에 언급한 방류수의 수질과 마찬가지로 그 내용의 변동이 수시로 이루어지고 있다.

현재 국내에서는 「하수도법」에서 오수처리설비를 설치해야 하는 대상을 규정하고 있는데, 오수(잡배수 포함) 배출량이 하루 $2m^3$를 초과하는 건물에는 오수처리시설을, $2m^3$ 이하인 건물에 대해서는 정화조를 설치하도록 되어 있다. 다만 하수처리구역(하수를 공공하수처리시설에 유입하여 처리할 수 있는 지역) 안에 위치하는 건물로서 수세식 변기를 설치하는 경우에는 오수의 하루 배출량에 관계없이 정화조를 설치하게 되어 있다. 이 외에도 건물이 증축되거나 용도가 변경되는 경우에도 별도의 규정에 의해 오수처리설비의 설치 여부가 결정되므로 해당 법률의 내용을 세밀히 확인할 필요가 있다.

(3) 오수처리방법

오수처리방법에는 침전, 여과, 기계적 탈수와 같은 물리적 처리, 약품주입에 의해 중화, 산화, 살균 등을 행하는 화학적 처리, 미생물에 의해 유기물을 분해하는 생물학적 처리 등이 있으며, 실제로 오수를 처리할 때는 이들 중 생물학적 처리를 주체로 하고 물리적 및 화학적 처리를 보조적 방법으로 이용하는 것이 일반적이다.

특히, 일반적인 건물에서 배출되는 이른바 생활배수를 처리하는 데 화학적 방법을 이용하는 경우는 별로 없고, 「4장 1. (1) 배수의 종류」에서 언급한 특수배수와 같이 공장이나 병원 등에서 배출되는 배수에 대해 주로 이용된다. 일반적으로 이용되는 화학적 방법은 응집침전법으로, 그 과정은 중화 → 응집 → 침전의 과정으로 구성되어 있다. 응집은 화학적으로 응집제를 이용함으로써 그 효과를 높이고 있다. 생활배수에 대해서는 하천이나 바다에 방류하기 직전에 소독을 하는 과정에서 화학적 방법이 적용되고 있다.

그림 6.1에 오수처리방법의 종류를 나타내며, 그림 6.2에는 물리적 방법과 화학적 방법이 함께 이루어진 물리화학적 처리방법에 의해 생활배수를 처리하는 과정의 한 예를 나타낸다. 그림 6.2에 있는 오니(汚泥)란 오수에 포함되어 있는 오염물질이 가라앉으면서 생긴 진흙 형태의 물질을 말한다. 실제로 오수처리의 핵심적 방법은 앞에서 언급했듯이 생물학적 방법이며, 각 방법의 상세한 내용은 「2. 오수처리설비의 종류」에서 설명하기로 한다.

- 오수처리방법
  - 물리적 방법 : 스크리닝, 침사, 침전, 여과 등
  - 화학적 방법 : 중화, 응집, 흡착, 소독 등
  - 생물학적 방법
    - 호기성 처리방법
      - 활성오니법 : 표준활성오니방식, 장기폭기방식 등
      - 생물막법 : 살수여상방식, 회전원판접촉방식, 접촉폭기방식(접촉산화방식) 등
    - 혐기성 처리방법 : 부패조

그림 6.1 오수처리방법의 종류

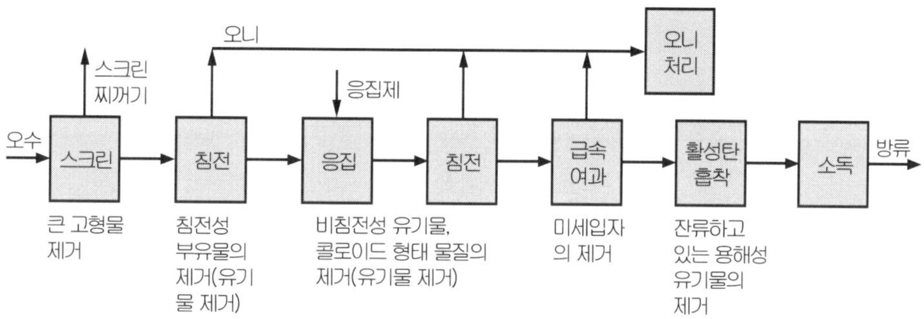

그림 6.2 물리화학적 방법에 의한 오수처리의 예

(4) 오수처리설비 설계순서

앞에서도 언급했듯이, 오수처리설비는 해당 건물이 위치할 예정의 지역에 공공 오수처리시설이 어느 정도 갖추어져 있는가에 따라 각 건물에 설치해야 할 설비의 종류나 용량이 달라질 수 있으므로 설계 및 계획을 할 때 해당 지역의 행정기관을 통해 사전 정보를 확인해야 한다. 그림 6.3에 오수처리설비 설계순서의 예를 나타낸다.

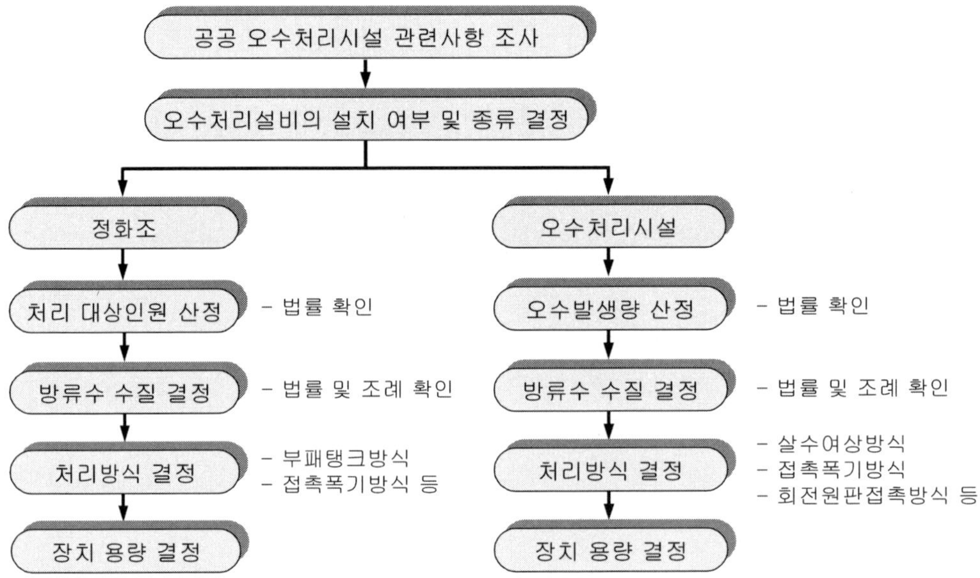

그림 6.3 오수처리설비 설계순서의 예

2. 오수처리설비의 종류

(1) 정화조

「1. 개요」에서 언급했듯이, 정화조란 수세식 화장실의 대 · 소변기에서 배출되는 오수를 처리하는 설비를 말하며, 법적으로는 「1. (2) 오수처리설비의 설치대상」에서 설명했듯이, 하수처리구역(하수를 공공하수처리시설에 유입하여 처리할 수 있는 지역) 안에 위치하는 건물로서 수세식 변기를 설치하는 경우에는 오수 배출량에 관계없이 설치해야 하며, 하수처리구역 밖에 위치하는 건물이라면 오수의 하루 배출량이 $2m^3$ 이하인 경우에 설치하도록 되어 있다.

1) 정화조의 처리방식

정화조에서의 오수처리방식은 부패탱크방식과 접촉폭기(暴氣)방식(접촉산화방식)이 일반적이다. 이 중 예전에는 접촉폭기방식도 널리 이용되었으나 최근에는 부패탱크방식이 주류를 이루고 있다. 그림 6.1에 나타나 있는 바와 같이 부패탱크방식은 혐기성 처리방법이고 접촉폭기방식은 호기성 처리방법인데, 혐기성이란 오수처리에 이용되는 미생물이 산소가 없는 곳에서 활발히 활동을 하는 것을 말하며, 호기성이란 반대로 오수처리에 이용되는 미생물이 산소의 존재하에 활발한 활동이 이루어지는 것을 말한다. 따라서 호기성 처리방법은 미생물에게 산소(공기)를 끊임없이 공급하는 구조가 필요하다. 정화조에서는 위에서 언급한 바와 같이 혐기성 처리방법인 부패탱크방식이 일반적이지만, 뒤에 설명하는 오수처리시설은 대부분 호기성 처리방법을 적용하고 있다. 그림 6.4에 정화조에서의 대표적 오수처리방식별 흐름도를 나타낸다.

방 식	흐름도
부패탱크방식	유입 → 부패실(침전 및 소화실) 다실형 변형다실형 → 유출
접촉폭기방식	유입 → 부 패 실 → 접촉폭기실 → 최종침전실 → 유출

그림 6.4 부패탱크방식과 접촉폭기방식의 처리 흐름도

2) 부패실

정화조에서 이루어지는 오수처리의 첫 단계는 어느 방식에서나 오수 속의 고형물을 침전·분리하는 것이며, 이것이 이루어지는 곳이 그림 6.4의 각 방식에 나타나 있는 부패실이다. 그러나 법률적 용어로는 같은 부패실이라 해도 부패탱크방식에서의 부패실과 접촉폭기방식에서의 부패실은 그 기능이 약간 다르며, 실무적으로는 이것을 구별하기 위해 전자는 침전소화실(沈澱消化室), 후자는 침전분리실(沈澱分離室)이라 부르기도 한다.

침전분리실은 오수 속의 고형물을 침전·분리시켜 놓은 후 고형물을 청소할 때까지 단순히 그곳에 저류시켜 놓는 역할을 하는 것임에 비해, 침전소화실은 침전·분리된 고형물(오니)에 포함되어 있는 부패하기 쉬운 유기물을 혐기성(嫌氣性) 균의 활동으로 분해하여 부패가능한 물질을 줄임과 동시에 장기간 오니를 저류하여 농축시킴으로써 반출·처분되는 오니량을 감소시키는 역할도 하게 된다. 따라서 부패탱크방식에서는 부패실에서 소화(消化) 및 침전의 역할까지 수행하므로 부패실 이외의 별도로 구분된 실은 없으나, 접촉폭기방식에서는 부패실

이외에 접촉폭기실과 최종침전실이 별도로 구성되어 있다. 접촉폭기방식은 호기성(好氣性) 처리방법이므로 처리과정을 수행하는 미생물에게 산소를 지속적으로 산소를 공급할 필요가 있으며 이것이 이루어지는 곳이 접촉폭기실이다.

정화조를 구성하는 각 부분의 성능 및 용량은 「하수도법」에 규정되어 있으므로 설계 과정에서 상세한 내용을 확인하고자 할 때는 해당 법률을 참고할 필요가 있다.

(2) 오수처리시설

「1. 개요」에서 언급했듯이, 오수처리시설이란 수세식 화장실의 대 · 소변기에서 배출되는 오수를 비롯하여, 세면기, 샤워기, 주방싱크 등에서 배출되는 잡배수까지 처리하는 시설로, 일반적으로 정화조보다 대용량의 시설이 된다. 법적으로는 「1. (2) 오수처리설비의 설치대상」에서 설명했듯이, 하수처리구역(하수를 공공하수처리시설에 유입하여 처리할 수 있는 지역) 밖에 위치하는 건물로서, 오수의 하루 배출량이 $2m^3$를 초과하는 경우에 설치하도록 되어 있다.

1) 오수처리시설의 처리방식

오수처리시설의 주된 처리방식으로는 그림 6.1에 나타나 있는, 활성오니법으로서의 표준활성오니방식과 장기폭기방식, 그리고 생물막법으로서의 살수여상방식, 접촉산화방식(접촉폭기방식) 및 회전원판접촉방식 등이 주로 이용된다. 한편, 활성오니법 및 생물막법은 오수처리시설에서 핵심적 처리 과정이지만, 이들 과정만으로 처리가 이루어지는 것은 아니고 물리적 방법 및 화학적 방법 등이 병행하여 이루어지게 된다. 오수처리시설의 자세한 처리 과정을 이하에 나타내기로 한다.

2) 전처리(前處理)

아래 「3) 1차 처리」에서 나타내는 1차 처리 과정과 함께 오수처리의 모든 방법에 공통적으로 적용되는 과정이다. 물리적 오수처리 방법 중 스크리닝과 침사가 주로 전처리 과정에 해당되며, 이 과정을 구성하는 장치로는 스크린(screen), 파쇄장치(crusher), 침사조(沈砂槽) 등이 있다.

① 스크린(screen)

비교적 크기가 큰 고형물을 스크린으로 걸러 제거함으로써 펌프류가 막히거나 손상을 입는 등의 피해를 방지하고, 스크린 이후의 오수처리공정을 보다 용이하게 할 수 있도록 하는 것이다. 스크린의 활용목적에 따라 그물망의 크기가 다르며, 그물망의 크기에 따라 통상 조목(粗目)스크린, 세목(細目)스크린, 미세목(微細目)스크린으로 구분한다. 조목스크린이 그물망의 크기가 가장 크며, 미세목스크린이 가장 작다. 조목스크린은 황목(荒目)스크린으로 불려지기도 한다.

② 파쇄장치(crusher)

오수에 포함되어 있는 고형물을 작게 만드는 장치로서, 그 목적은 스크린과 동일하다. 즉, 고형물의 크기를 작게 함으로써 그로 인해 펌프류가 막히거나 손상을 입는 등의 피해를 방지하고 처리효율의 향상을 도모하는 목적으로 설치한다.

③ 침사조(沈砂槽)

오수 속에 들어있는 모래, 돌, 금속 등과 같은 물질을 제거하는 과정으로, 이 물질들이 오수처리설비의 기능을 저해하는 것을 방지하는 목적을 가지고 있다. 침사조(沈砂槽)의 깊이는 30cm 이상이고, 침사조를 통과하는 오수의 평균유속은 0.15~0.3m/s, 통과시간은 30~60초로 오수가 이 구간을 서서히 통과하면서 밑으로 가라앉는 구조로 되어 있다. 침사조의 크기가 대형일 때는 침사지(沈砂池)라 한다.

3) 1차 처리

앞서 설명한 전처리 과정과 함께 모든 오수처리방법에서 공통적으로 이루어지는 과정으로, 밑으로 가라앉게 되는 침전성(沈澱性)의 부유물질을 제거하는 것을 주된 목적으로 하는 과정이다. 오수 속에 들어있는 물질을 가라앉히는 것은 침사와 같으나, 침전에서는 오수 속의 부유성(浮遊性) 고형물을 오수액(汚水液)과 분리・침전시키므로 이 과정이 이루어지는 곳을 침전분리조(沈澱分離槽)라 한다. 침전되는 고형물은 진흙과 같은 형상을 하고 있으며 이를 오니(汚泥)(또는 슬러지, sludge)라 부르고 있다. 침전이 이루어지는 곳도 침사의 경우와 마찬가지로 그 크기에 따라 침전조(沈澱槽) 또는 침전지(沈澱池)라 한다. 침사조에서 가라앉는 물질보다 작고 가볍기 때문에 침전조에서의 오수 통과속도는 분당 0.3~0.4m로 초당 0.15~0.3m인 침사조에서보다 훨씬 느리며 따라서 통과시간(체류시간)도 1.5~3시간 정도가 된다.

4) 2차 처리

1차 처리에서 분리되지 않은 비침전성(非沈澱性)의 부유물질 등을 제거하는 과정으로, 2차 처리 과정을 구성하는 장치로는 미생물이 반응하는 생물반응조, 깨끗해진 물과 미생물을 분리하는 침전조가 있다. 생물반응조에서 이루어지는 처리방식은 생물학적 방법으로, 오수 속에 있는 오염물질을 영양분으로써 섭취하는 미생물을 이용하여 오수를 처리하게 된다. 이 방법에 이용되는 미생물은 섭취한 오염물질 중 유해성분인 유기물(有機物)을 대사작용에 의해 분해시키면서 오수를 정화하게 된다.

오수처리에 활용되는 미생물에는 산소가 존재하는 곳에서 생육하는 호기성(好氣性) 미생물과, 산소가 존재하지 않는 곳에서 생육하는 혐기성(嫌氣性) 미생물이 있는데, 정화조에서는 혐기성 미생물을 이용하는 소화(消化)처리가 이루어지기도 하나, 일반적인 오수처리과정에서 활동하는 미생물은 호기성 미생물이 주가 된다. 호기성 미생물을 이용하여 오수를 정화하는 방법에는 크게 미생물을 수중에 번식 · 부유시키는 활성오니법(活性汚泥法)과 미생물을 고체 표면에 번식 · 고착시키는 생물막법(生物膜法)으로 대별된다. 활성오니법은 미생물이 떠다니면서 처리가 이루어지므로 부유법이라고도 하며, 생물막법은 미생물이 어떤 부분에 부착된 상태에서 처리가 이루어지므로 부착법이라고도 한다.

① 활성오니법

그림 6.5에 나타내는 바와 같이 생물반응조에 해당하는 폭기조(曝氣槽)에 오수를 넣고 산소를 공급하면 폭기조 내에서 호기성 미생물이 번식하면서 오수 속의 유기물을 산화 · 분해시킨다. 오수 속의 유기물이 호기성 미생물의 번식과정에서 필요한 음식물이 되는 것이며, 미생물은 유기물을 흡착하여 솜과 같은 덩어리, 즉 플록(flock)이 된다. 새로운 오수가 폭기조에 들어오면 그 양만큼 기존의 오수가 침전조(沈澱槽)로 유출되고 이 유출수에 포함되어 있는 플록이 시간이 경과되면서 침전조 하부에 가라앉아 깨끗한 오수가 만들어지

며 이렇게 처리된 오수는 소독을 거쳐 하천 등으로 방류된다. 유기물을 흡착하여 산화·분해시킨 오니는 필요한 양만큼 폭기조로 이송되어 새로운 오수 중의 유기물을 산화·분해시키고, 증식으로 인해 늘어난 여분의 오니는 필요성이 없으므로 별도로 제거·처리된다.

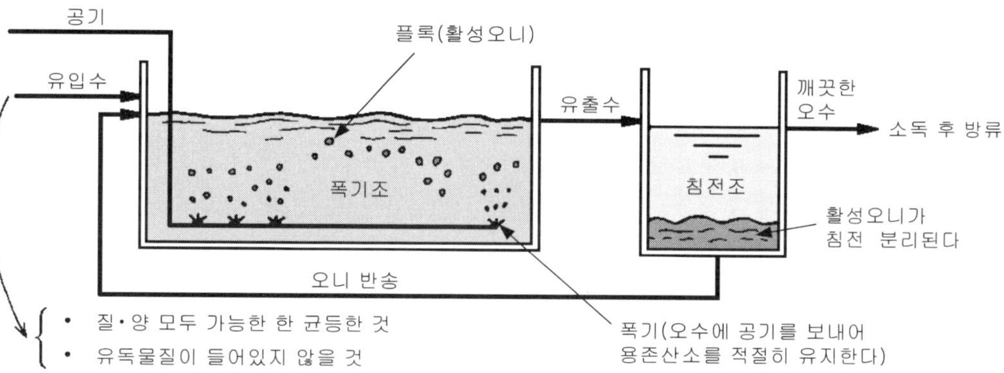

그림 6.5 활성오니법

침전조에 가라앉은 진흙과 같은 플록, 즉 오니는 호기성 미생물의 덩어리이고 이 미생물은 오수 중에 떠돌아다니면서 오수를 처리하므로 이 방법을 활성오니법이라 하며, 오니가 폭기조 내에서 떠돌아다니면서 활동을 하므로 부유생물법이라고도 한다. 활성오니법에는 폭기조에서 오수가 체류하는 시간에 따라, 8시간 이상 체류하는 표준활성오니방식과 16시간 이상 체류하는 장기(장시간)폭기방식이 있는데, 전자는 대규모 시설에 후자는 비교적 소규모 시설에 적용하고 있다. 두 방식의 특징을 표 6.4에 나타낸다.

표 6.4 활성오니법의 종류별 특징

구 분	장 점	단 점
표준활성오니방식	1. 장기폭기방식에 비해 건설비가 적게 든다. 2. 처리시스템 변형이 용이하다.	1. 유지관리가 어렵고 비용이 많이 든다. 2. 슬러지(sludge) 발생량이 많다.
장기폭기방식	1. 안정적 처리가 가능하다. 2. 유지관리가 용이하다. 3. 슬러지(sludge) 발생량이 적다.	1. 시설비가 많이 든다. 2. 넓은 면적이 필요하다.

② 생물막법

활성오니법이 호기성 미생물을 오수 중에 떠돌아다니게 하면서 오수를 처리하는 것에 반해, 생물막법은 고체 표면에 호기성 미생물을 번식시키면서 미생물의 막을 형성시켜 오수 속 유기물을 산화·분해하는 방법이다. 생물막법에는 예전부터 이용되어 온 살수여상방식과 최근에 널리 이용되고 있는 회전원판접촉방식 및 접촉폭기방식(접촉산화방식) 등이 있다.

살수여상(撒水濾床)방식은 그림 6.6의 (a)와 같은 쇄석 또는 (b)와 같은 플라스틱의 여과재(줄여서 여재라고도 함) 상부로부터 오수를 살수하면서, 여과재 사이사이로 상승하는 공기로부터 산소를 공급받아 번식하는 미생물의 생물막에 의해 오수 속 유기물을 산화·분해하는 방식이다. 그림 6.7에 살수여상방식을 나타낸다.

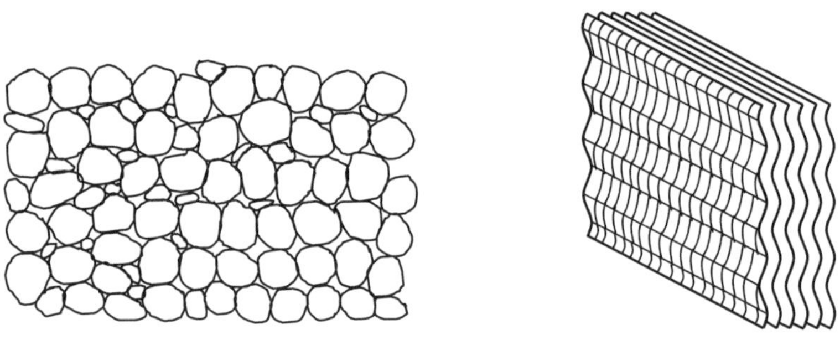

(a) 쇄석 (b) 플라스틱

그림 6.6 살수여상방식에서의 여과재(여재)의 종류

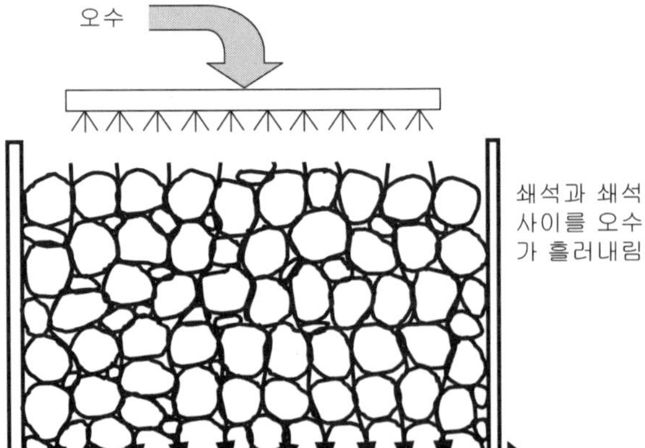

그림 6.7 살수여상방식

회전원판접촉방식은 그림 6.8과 같이 원판을 오수에 약 40% 정도 잠기도록 설치한다. 원판이 회전하면 원판이 오수에 잠겼다 공기 중에 나왔다 하는 것을 반복하면서 산소 공급이 이루어지고, 그로 인해 원판 표면에 호기성 미생물이 번식하여 생물막이 형성되면서 이 생물막이 오수 중의 유기물을 산화·분해하게 된다. 원판의 회전속도는 빠를수록 공기 중의 산소가 오수 속으로 많이 공급되므로 오수처리에 유리하지만 지나치게 빠르면 생물막이 원판으로부터 떨어질 염려가 있기 때문에 통상 20m/min 이하로 하는 것이 일반적이다.

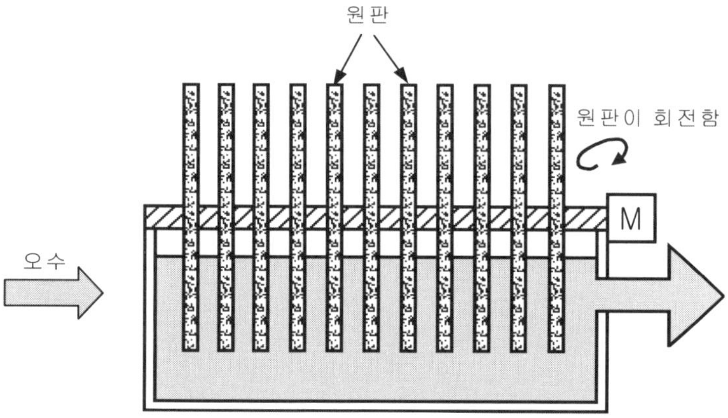

그림 6.8 회전원판접촉방식

접촉폭기방식(접촉산화방식)은 그림 6.9와 같이 표면적이 큰 접촉재를 오수 속에 설치하고 공기를 강제적으로 오수 속에 공급함으로써 접촉재 표면에 호기성 미생물을 번식시켜 오수 내 유기물을 산화·분해하는 방법이다.

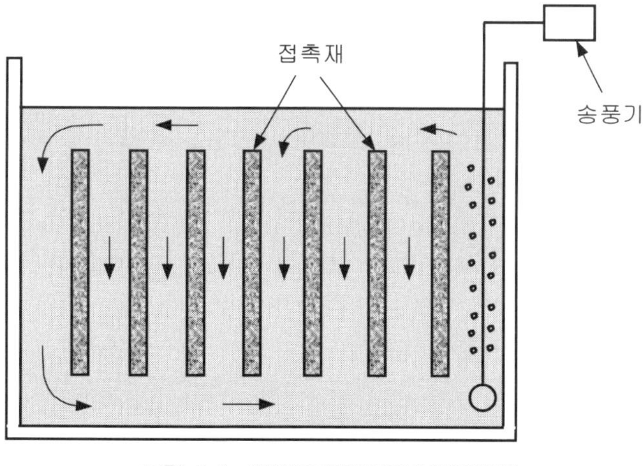

그림 6.9 접촉폭기방식(접촉산화방식)

상기와 같은 종류의 생물막법에 의해 생물반응조에서 처리가 된 오수는 활성오니법에서와 마찬가지로 침전조로 들어가서 오수액과 오니로 나뉘게 된다. 상기 세 가지 처리방식에 대한 특징을 표 6.5에 나타낸다.

표 6.5 생물막법의 종류별 특징

구 분	장 점	단 점
살수여상방식	1. 안정적 처리가 가능하다. 2. 수온이 낮아도 처리가능하다.	1. 대량처리가 어렵다. 2. 장애의 발생요인이 많다. 3. 악취가 발생한다.
회전원판접촉방식	1. 효율이 비교적 높다. 2. 유지비가 저렴하고, 관리가 용이하다. 3. 슬러지(sludge) 발생이 적다.	1. 기계장치의 점검을 자주 할 필요가 있다. 2. 외기온이나 수온이 저하되면 효율이 떨어진다.
접촉폭기방식 (접촉산화방식)	1. 안정적 처리가 가능하다. 2. 슬러지(sludge) 발생이 적다. 3. 처리 효율이 높다.	1. 접촉재 비용이 많이 든다. 2. 폭기가 너무 강하면 생물이 부유하게 되므로 그에 대한 세밀한 조정이 필요하다.

③ 유량조정

오수처리설비로 들어가는 오수의 양이 시간에 관계없이 일정하게 유지되면 모든 오수에 대해 균등하게 양질의 처리가 이루어지지만, 건물에서 발생되는 배수는 시간에 따른 변동이 클 수밖에 없다. 아파트나 주택 그리고 대형 식당이 있는 건물에서는 주방에서 설거지를 하는 시간대에 특히 많은 배수가 발생될 것이며, 학교나 영화관 같은 건물에서는 쉬는 시간대에 많은 배수가 발생될 것이다. 따라서 배수의 배출이 특히 많은 시간대에 오수처리설비로 들어오는 오수는 충분한 처리가 되지 않은 채로 방류될 가능성이 있게 된다. 이러한 문제를 해결하기 위해 오수처리설비로 들어가는 오수의 양을 조정할 필요가 있으며 이를 위해 설치하는 것이 유량조정조(流量調整槽)이다. 즉, 오수처리설비로 들어가는 유입수(流入水)가 많을 때는 그중 일부를 설비의 입구 측에 체류시킴으로써 유입수의 양을 균등화시켜 오수처리의 질 또한 모든 오수에 대해 균질화시키는 것이다. 이와 같은 기능을 가지고 있기 때문에 유량조정은 직접적으로는 오수처리의 방법으로 분류되고 있지 않지만, 오수의 처리효과를 양호하게 유지시키기 위한 중요한 역할을 하고 있다.

5) 3차 처리

1차 처리와 2차 처리를 거쳐 정화된 오수는 최초의 상태와 비교할 때는 매우 깨끗하지만, 수질오염방지에 관한 법적 기준을 맞추기 위해서라든가 또는 오수의 재활용 등의 목적으로 이용하기에는 충분하지 않으며, 이러한 목적을 달성하기 위해서는 3차 처리가 부가되어야 한다.

3차 처리는 1차 및 2차 처리에서 제거되지 않고 남은 미세한 부유물, 잔존 유기물 및 질소·인 등을 포함한 영양염류(營養鹽類) 등을 제거하기 위한 처리로서, 그 목적으로는 하천, 바다 등 공공수역(水域)의 수질오염 방지, 호수와 같은 폐쇄성 수역에서의 부영양화(富營養化) 방지, 그리고 수자원으로서의 오수의 재활용 등이 있다. 따라서 어떠한 목적으로 3차 처리를 행하는가에 따라 3차 처리에 이용되는 처리장치나 처리과정도 달라진다.

3차 처리의 목적 중, 공공수역의 수질오염 방지를 위해서는 오수의 오염도를 나타내는 지표인 BOD, COD, SS(「1. (1) 오수오염도의 지표」 참조)에 관한 처리수준을 향상시키면 되므로 상기 2차 처리에서 설명한 생물학적 방법의 처리수준을 향상시켜 대응할 수 있다. 또, 호수와 같은 폐쇄성 수역에서의 부영양화를 방지하기 위해서는 질소나 인과 같은 영양물질을 제거할 필요가 있는데, 질소 제거를 위해서는 호기성 및 혐기성 세균을 이용하는 생물학적 방법이 주로 이용되며, 인의 제거를 위해서는 응집제를 주입함으로써 인화합물(燐化合物)이 생성되도록 하여 중력으로 침전시키는 물리화학적 방법을 이용하는 것이 일반적이다.

오수를 중수(中水) 등으로 재이용하기 위해서는 2차 처리수에 남아 있는 냄새, 색, 병원균 등을 제거할 필요가 있으며, 이를 위한 방법으로는 활성탄(活性炭)의 흡착성능을 이용하여 냄새나 색을 제거하거나, 오존의 화학적 산화력을 이용하여 냄새, 세균 등을 제거하는 방법 등이 이용되고 있다.

6) 소독 및 오니처리

오수의 처리과정이 2차 처리에서 끝나든 3차 처리에서 끝나든 처리된 오수는 최종적으로 하천이나 바다로 방류하게 되는데, 오수 속에 잔존해 있는 병원균의 감염력을 없애기 위해서 염소를 주입하거나 염소화합물과의 접촉을 통해 멸균시키는 최종과정이 소독이다.

또, 오수액과 분리된 오니(슬러지)는 건물 밖으로 반출되어 오니를 처리하는 별도의 장소에서 소각 등의 방법으로 최종처리하게 되는데, 오니는 내부에 일정량의 수분을 포함하고 있으므로 이것을 탈수기로 탈수하여 체적을 최소한으로 한 후 건물 밖으로 반출하게 된다. 탈수를 통한 오니의 감량은 오니의 반출처리 비용 면에서 매우 중요한 과정이 된다.

(3) 종말(終末)처리시설

일정구역 내에서 배출되는 오수를 모아서 한꺼번에 오수처리를 하는 곳을 종말처리장이라 하는데, 각 지역마다 종말처리장이 갖추어져 있어서 이곳에서 처리를 행하면 철저한 관리하에 위에서 설명한 바와 같은 오수처리의 방법으로 적절히 처리하게 되므로 처리 수준을 높일 수 있어서 매우 바람직하다. 그러나, 현재 우리나라에는 이러한 시설이 충분하지 않아 각 건물마다 설치되어 있는 정화조 또는 오수처리시설에 상당부분 의존하고 있는 실정이다. 이로 인해 생활계 오수에 의한 수질오염이 해를 거듭할수록 심해지고 있어 종말처리시설의 확충이 절실히 요망된다.

제7장
가스설비

제7장 가스설비

1. 개요

일반적인 건축물에서 가스는 급탕설비, 주방설비, 냉난방설비의 열원으로 이용되고 있는 매우 중요한 에너지원으로서, 종래의 석탄 및 석유에 비해 대기를 오염시키지 않는 깨끗한 에너지로 그 수요가 지속적으로 증대되고 있다. 대도시와 같은 곳에서는 대기오염이 날로 심각해지고 있어, 지역에 따라서는 난방용 등의 연료로 가스를 의무적으로 사용해야 하는 경우도 있다. 도시가스가 공급되는 지역에서는 일반적으로 도시가스를 사용하지만, 도시가스가 공급되지 않는 중소규모의 지역에서는 액화석유가스(LPG, Liquefied Petroleum Gas)가 사용된다.

가스는 눈에 보이지 않으면서 폭발성이 있는 물질이므로 가스설비를 설치할 때는 가스누출을 탐지할 수 있는 기기를 설치해야 하며, 또 가스는 산소를 이용해서 연소를 하고 연소하면서 배기가스를 배출하게 되므로 실내에서 가스레인지 등을 사용할 때는 환기에 충분히 주의를 기울여야 한다. 가스의 특성을 나타내는 요소로는 다음과 같은 것들이 있다.

① 발열량

가스는 연소하면서 열을 방출하게 되는데, 가스의 발열량은 통상 $1Nm^3$당의 열량, 즉 가스 $1Nm^3$가 완전연소할 때 방출하는 열량으로 나타내게 된다. 여기에서 m^3 앞에 N이 붙어있는 것은 normal 즉 표준상태를 나타내며, 가스에 있어서 표준상태란 0℃, 1기압을 의미한다. 가스는 기체이므로 온도와 압력에 따라 그 체적이 크게 달라지며, 따라서 일정 기준을 정하지 않으면 같은 $1m^3$라 해도 실제의 가스 질량이 매우 큰 차이가 날 수 있기 때문이다.

또, 가스가 연소할 때는 가스를 구성하고 있는 요소 중의 하나인 수소가 공기중의 산소와 결합하여 수증기를 발생시키는데, 가스가 방출하는 열량 중 일부는 이 수증기를 증발시키는 데 사용하게 되므로, 가스의 연소로부터 실제로 이용되는 열은 가스의 방출열량 중 수증기의 증발을 위해 사용되는 열량을 뺀 것이 된다. 가스의 원래 방출열량을 고발열량(고위발열량, 총발열량)이라 하고, 실제로 이용되는 열량을 저발열량(저위발열량, 진발열량)이라 한다. 가스의 발열량은 고발열량으로 나타내는 것이 일반적이며, 발열량에 대해서는 「제3장 4. (1) 5) 연료 및 연료소비량」에 상세히 설명되어 있다.

② 비중

비중의 의미는 단위체적당 질량을 나타내는 것으로, 가스에 대해서는 같은 용적을 가진 공기와의 질량비로 나타내는 것이 일반적이다. 따라서 비중이 1보다 큰 가스는 공기보다 무거우며, 1보다 작으면 공기보다 가벼움을 나타낸다. 가스 비중의 대소(大小)는 가스배관의 크기에 영향을 미친다. 즉, 같은 양(질량)의 가스를 배관을 통해 공급하고자 할 때, 비중이 큰 가스일수록 밀도가 커서 체적이 줄게 되므로 가스배관의 크기는 작아도 되며, 반대로 비중이 작을수록 체적이 커지므로 가스배관의 크기는 크게 된다.

③ 압력

가스를 사용하는 기기는 각기 필요로 하는 가스압력이 다르므로, 건물의 가스설계를 할 때에는 건물에 어떠한 종류의 가스기기가 설치되며, 그 가스기기가 필요로 하는 가스압력이 어느 정도인가를 확인할 필요가 있다.

같은 발열량과, 같은 비중을 가지고 있는 가스라 해도 압력이 높으면 그만큼 체적이 줄어들므로 배관의 크기도 작게 할 수 있다. 따라서 가스를 제조하는 공장에서는 일단 고압으로 제조하여 보냄으로써 수송과정 중의 배관의 크기를 작게 하고, 가스를 사용하는 수요가에서 필요압력으로 낮추어서 사용하는 것이 일반적이다.

2. 도시가스

도시가스란 가스배관을 통해 가정이나 공장에 공급되는 가스를 의미하는 것으로, 그것을 구성하는 성분에 의한 명칭은 아니고, 가스배관을 매설하는 비용이 커서 도시와 같이 인구의 밀집도가 큰 곳이 아니면 공급이 용이하지 않기 때문에 도시가스라는 명칭이 붙었다.

(1) 공급방식

각 지역의 도시가스 사업자가 각 가스 제조소에서 제조된 가스를 도로 하부에 매설된 가스배관을 통해 각 수요가에 공급한다. 가스 제조소에서 부여된 가스 압력의 힘으로 각 수요가까지 가게 되는데, 공급압력에 따라 고압, 중압, 저압으로 분류되며, 「도시가스사업법」에서는 고압, 중압, 저압을 각각 1MPa 이상, 0.1MPa 이상 1MPa 미만, 0.1MPa 미만으로 정의하고 있다. 한편, 실무적으로는 압력을 Pa이 아닌 kg/cm^{2}로 표현하는 경우가 많으며, 이 경우 압력 10kg/cm^2 이상을 고압, 1kg/cm^2 이상 10kg/cm^2 미만을 중압, 1kg/cm^2 미만을 저압이라 한다.

그림 7.1에 도시가스 공급계통의 예를 나타낸다. 건물에서 가스를 사용하는 기기는 각각 그 기능을 수행하기 위한 적절한 가스압력이 있으며, 일반적으로 냉난방기기는 중압 또는 저압, 주방기기는 저압의 공급이 필요하다. 따라서 건물에서 가스를 공급받을 때 중압으로 받은 후 필요에 따라 압력조정을 해서 각 가스기기에 공급하게 되며, 이 역할을 하는 기기를 정압기(整壓器)(거버너, governor) 또는 압력조정기라 한다.

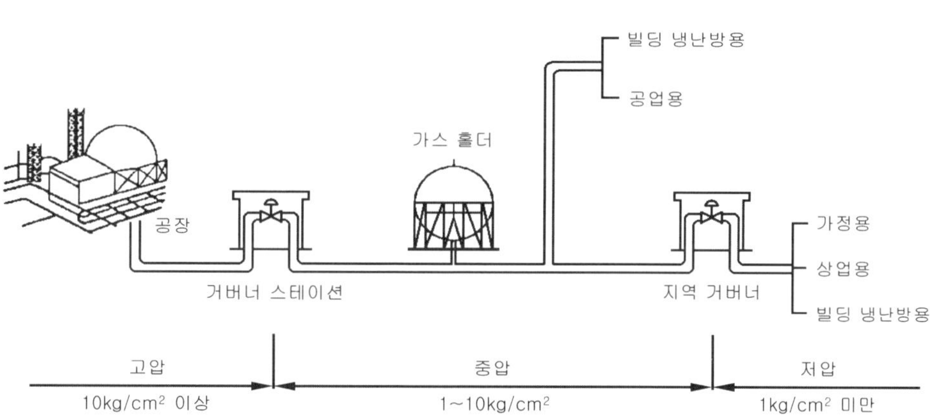

그림 7.1 도시가스 공급 개념도

(2) 배관설계

위에서 언급한 바와 같이 도시가스는 배관을 통해 고압, 중압, 저압 등의 방식으로 공급하게 되며, 같은 양의 가스라 해도 그 압력에 따라 체적에 차이가 있게 된다. 따라서 가스배관의 배관경은 가스의 양 및 압력에 의해 산정이 된다. 그림 7.2에 배관경 산정을 포함해서 도시가스의 배관설계 과정을 나타낸다.

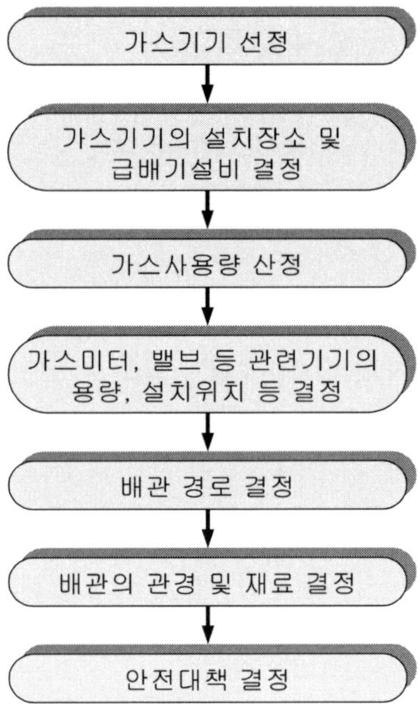

그림 7.2 도시가스 배관설계 순서의 예

① 가스기기 및 기기 설치장소

가스설비를 계획할 때에는 해당 지역 도시가스사업자로부터의 가스설비 관련정보에 의거하여 그 건물에 가장 적합한 가스기기를 선정해야 하며, 아울러 가스의 연소 및 안전을 위해서 급배기설비에 주의를 기울여야 한다. 따라서 가스기기를 설치하는 장소는 가스의 연소에 필요한 급기 및 가스기기로부터의 배기가 원활히 이루어지고, 또 평상시 가스기기의 유지보수가 용이하게 이루어질 수 있는 곳이어야 한다.

② 가스사용량(설계유량)

가스기기의 종류, 용량 및 대수 등이 결정되면 각 가스기기의 규격표에 나타나 있는 가스사용량에 의거하여 가스사용량(설계유량)을 산정한다. 건물에 설치하는 가스기기가 적을 때는 모든 기기가 동시에 사용될 수도 있지만, 기기가 많을 때는 모든 기기가 동시에 사용되는 경우는 거의 없다. 따라서 기기가 적을 때는 각 기기의 가스사용량 합계를 설계용 가스유량으로 산정하면 되지만, 가스기기가 많을 때는 기기의 동시사용률을 고려하여 설계용 가스유량을 산정하는 것이 바람직하다.

한편, 어느 정도의 기기수가 있을 때 동시사용률을 고려하고 또 동시사용률의 값은 어느 정도로 할 것인가에 대한 데이터는 확립되어 있지 않아 건물 및 실의 용도에 따라 설계자의 경험과 아이디어에 의해 정하게 되나, 일반적으로는 70~80%의 값을 적용하고 있다. 표 7.1은 아파트와 같은 공동주택에서 세대수별 동시사용률의 예를 나타낸 것이다.

표 7.1 공동주택의 가스 동시사용률의 예

세대수	동시사용률 [%]	세대수	동시사용률 [%]
1	100	21	27
2	73	22	27
3	62	23	26
4	55	24	26
5	50	25	25
6	47	26	24
7	44	27	24
8	42	28	23
9	40	29	23
10	38	30~34	22
11	37	35~39	20
12	36	40~44	19
13	35	45~49	18
14	34	50~59	17
15	33	60~69	16
16	32	70~99	16
17	31	100~199	15
18	30	200~299	14
19	29	300~499	13
20	28	500 이상	12

③ 가스미터 등 관련기기의 용량 및 설치위치

가스미터는 가스사용량을 측정하는 계기(計器)이므로 상기 「② 가스사용량」에서 산정한 설계유량이 통과할 수 있는 용량이 되어야 함은 물론이지만, 이밖에 가스미터의 계량성능을 저해할 수 있는 다음과 같은 장소는 피해서 설치하는 것이 바람직하다.

㉠ 화기나 열기의 영향을 크게 받을 수 있는 곳
㉡ 증기 등으로 인한 수분의 영향을 받을 수 있는 곳
㉢ 차량 통과 등에 의한 진동의 영향을 받을 수 있는 곳
㉣ 석유류와 같은 위험물질을 저장하는 곳
㉤ 유사시 피난통로가 되는 곳
㉥ 검침이나 유지보수 작업이 용이하게 이루어지지 않는 곳

가스미터 이외에 가스설비 관련 기타 기기에 대해서도 가스미터의 경우와 동일한 개념으로 용량 및 설치위치를 결정하는 것이 바람직하다.

④ 배관경로 및 배관경

가스배관의 크기가 적절하지 않으면 가스가 배관을 통과하면서 압력손실이 커져서 가스기기에 공급되는 가스압력이 확보되지 않을 수 있으며, 이 경우 기기의 원활한 작동이 안 될 수도 있다. 따라서 가스배관의 크기는 「② 가스사용량」에서 산정한 각 구간별 설계유량과 그 가스가 가스기기에 공급될 때의 압력강하를 고려하여 결정하게 된다. 도시가스의 배관경은 일반적으로 저압가스와 중 · 고압가스로 구분하여 다음과 같은 가스 수송(輸送)공식을 이용하여 산정한다.

㉮ 저압가스

$$Q = K\sqrt{\frac{HD^5}{SL}}, \quad D = \sqrt[5]{\frac{Q^2 SL}{K^2 H}} \tag{7.1}$$

Q : 유량 [m³/h]
D : 배관경 [cm]
H : 압력손실 [mmAq]
L : 배관의 길이 [m]
S : 가스의 비중(공기의 비중을 '1'로 했을 경우의 상대적인 값)
K : 유량계수(0.707)

식 7.1에 의해 배관경을 정하게 되는데, 식에서 가스의 비중은 도시가스의 조성비에 따라 달라지나 국내 도시가스의 경우 0.65가 일반적이다. 압력손실은 그림 7.3과 같이, 가스본관(도시가스사업자가 설치함)에서 건물 내로 가스를 공급하는 분기부분에서부터 건물 안에 설치한 가스미터 부분까지

는 6mmAq, 가스미터 부분부터 가스기기까지는 9mmAq로 하는 경우가 실무적으로 많이 있다.

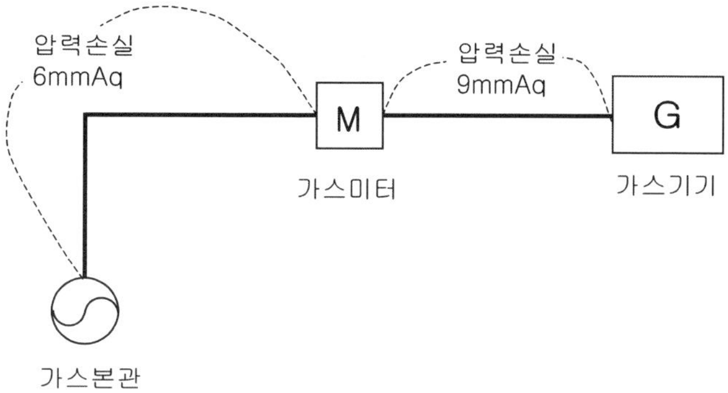

그림 7.3 도시가스 배관의 구간별 압력손실의 예

또, 보다 편리하게 배관경을 선정하는 방법으로, 배관경이 50mm 이하인 경우는 압력손실을 5mmAq, 80mm 이상인 경우는 10mmAq로 가정하여 구간의 배관길이에 따른 필요 배관경을 표로 작성해 놓은 것을 표 7.2에 나타낸다. 그림 7.4는 표 7.2와 동일한 압력손실의 가정하에 배관의 길이와 유량에 의해 배관경을 선정할 수 있도록 작성되어 있다.

표 7.2 저압가스관 수송량표 〔m^3/h〕

배관길이 [m] / 배관경 [mm]	5	10	20	30	40	50	80	100
20	6.1	4.3	3.0	2.5	2.1	1.9	1.5	1.4
25	11.2	7.9	5.6	4.6	4.0	3.5	2.8	2.5
32	21.3	15.1	10.7	8.7	7.5	6.7	5.3	4.8
40	31	22.1	15.6	12.8	11.1	9.9	7.8	7.0
50	57	40	28.5	23.3	20.2	18.0	14.2	12.7
배관길이 [m] / 배관경 [mm]	50	100	200	500	800	1,000	1,200	1,500
80	73	52	37	23.2	18.3	16.4	15.0	13.4
100	142	101	71	45	36	32	29.1	26.0
150	376	266	188	119	94	84	77	69
200	751	531	375	237	188	168	153	137
250	1,290	912	645	408	323	288	263	236
300	2,030	1,435	1,015	642	507	454	414	371

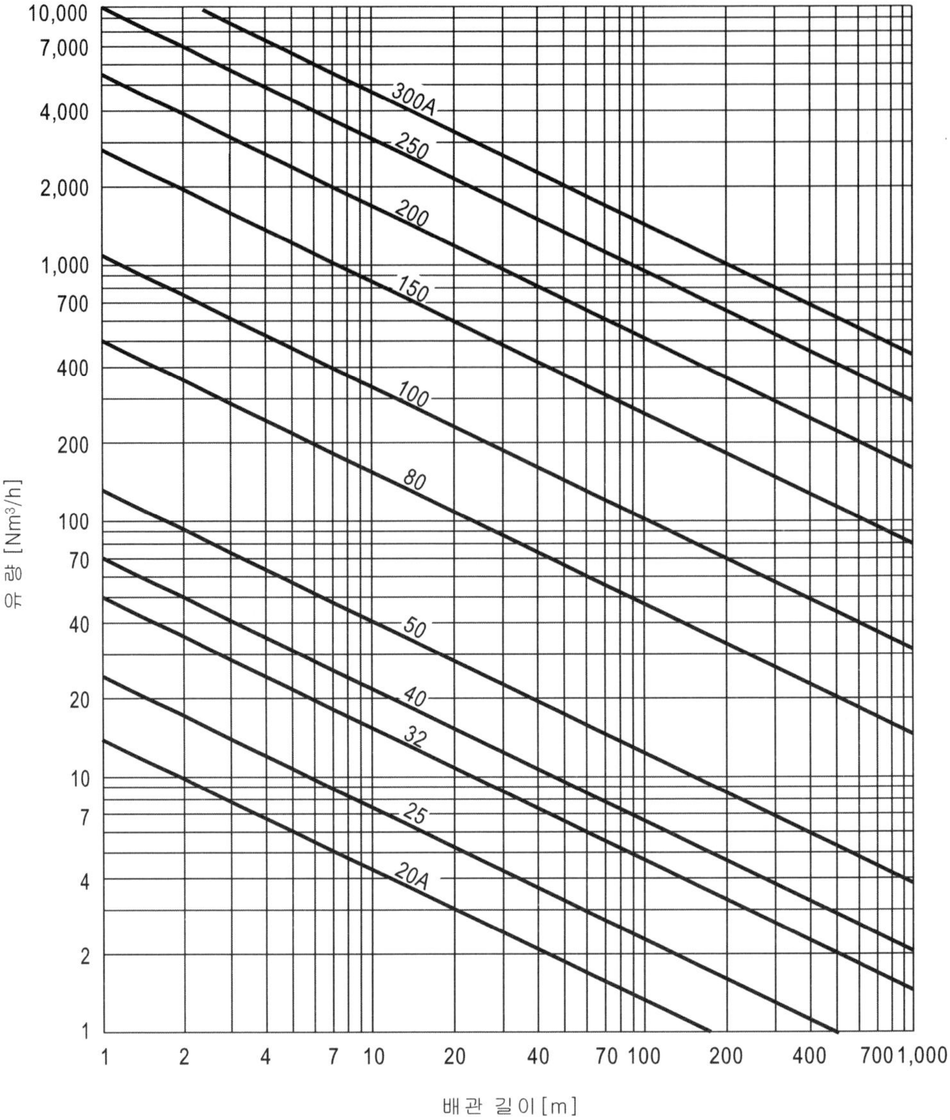

그림 7.4 도시가스 배관경 선정선도

㉯ 중 · 고압가스

$$Q = K\sqrt{\frac{({P_1}^2 - {P_2}^2)D^5}{SL}}, \quad D = \sqrt[5]{\frac{Q^2 SL}{K^2({P_1}^2 - {P_2}^2)}} \tag{7.2}$$

Q : 유량 [m³/h]

D : 배관경 [cm]

P_1 : 배관 시작부분의 압력(절대압력) [kg/cm² · abs]

P_2 : 배관 끝부분의 압력(절대압력) [kg/cm² · abs]

L : 배관의 길이 [m]

S : 가스의 비중(공기의 비중을 '1'로 했을 경우의 상대적인 값)

K : 유량계수(52.31)

중·고압가스의 비중도 같은 도시가스라면 저압가스와 동일하므로 식에서 가스의 비중 S는 식 7.1에서와 마찬가지로 0.65로 고려하면 된다.

【예제 7.1】

다음과 같이 구성되어 있는 저압 도시가스 배관의 필요 관경을 산정하시오. 기기의 가스사용량은 $15m^3/h$로 하고, 배관계통에서의 압력손실은 배관경이 50mm 이하인 경우는 5mmAq, 80mm 이상인 경우는 10mmAq로 가정한다.

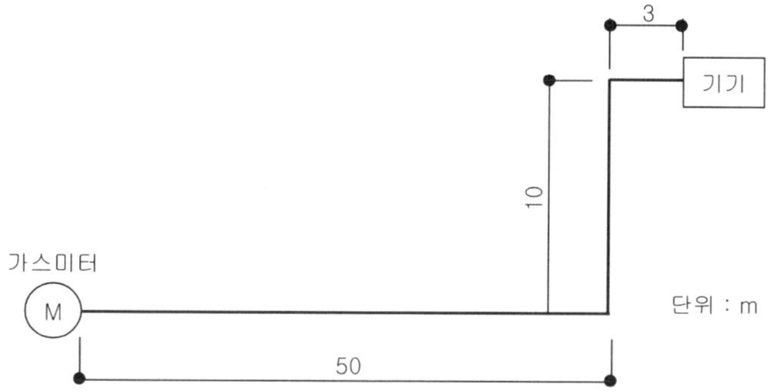

풀이

식 7.1을 이용한 계산방법과 표 7.2 또는 그림 7.4를 이용한 간편방법으로 각각 산정해 본다.

(1) 계산에 의한 방법

그림에서 배관의 길이는 63m이고, 이 구간에서의 압력손실은 문제에서 5mmAq 또는 10mmAq로 되어 있으나, 아직 배관경을 알지 못하므로 두 경우 모두 해 보기로 한다.

1) 압력손실을 5mmAq로 할 경우

$D = \sqrt[5]{\frac{Q^2SL}{K^2H}}) = \sqrt[5]{\frac{15^2 \times 0.65 \times 63}{0.707^2 \times 5}} = 5.17[cm] \rightarrow 52[mm]$가 된다. 52mm 관경의 배관은 시판되지 않으므로 80mm 관경의 배관을 선정한다.

2) 압력손실을 10mmAq로 할 경우

$D = \sqrt[5]{\frac{Q^2SL}{K^2H}}) = \sqrt[5]{\frac{15^2 \times 0.65 \times 63}{0.707^2 \times 10}} = 4.5[cm] \rightarrow 45[mm]$가 된다. 결과로는 50mm의 배관경으로 가능하지만, 50mm 이하라면 압력손실을 5mmAq로 가정하는 것이 일반적이므로 1)에서 산정된 80mm 관경의 배관으로 하기로 한다.

(2) 표 또는 그래프에 의한 방법

배관의 길이가 63m이므로 표 7.2에서 배관길이 80m 또는 100m를 이용한다. 표의 윗부분에 80m와 100m가 있으나 문제에서의 가스사용량 15m³/h를 만족시키는 것이 없으므로 표 아랫부분의 100m에서 찾아 80mm로 선정한다.

그림 7.4를 이용하는 방법은 아래와 같은 방법으로 하여 만나는 점이 50과 80 사이에 있으므로 필요한 배관경은 80mm로 선정하거나, 또는 50을 약간 넘었으나 50에 매우 근접해 있으므로 50으로 선정해도 무방하다.

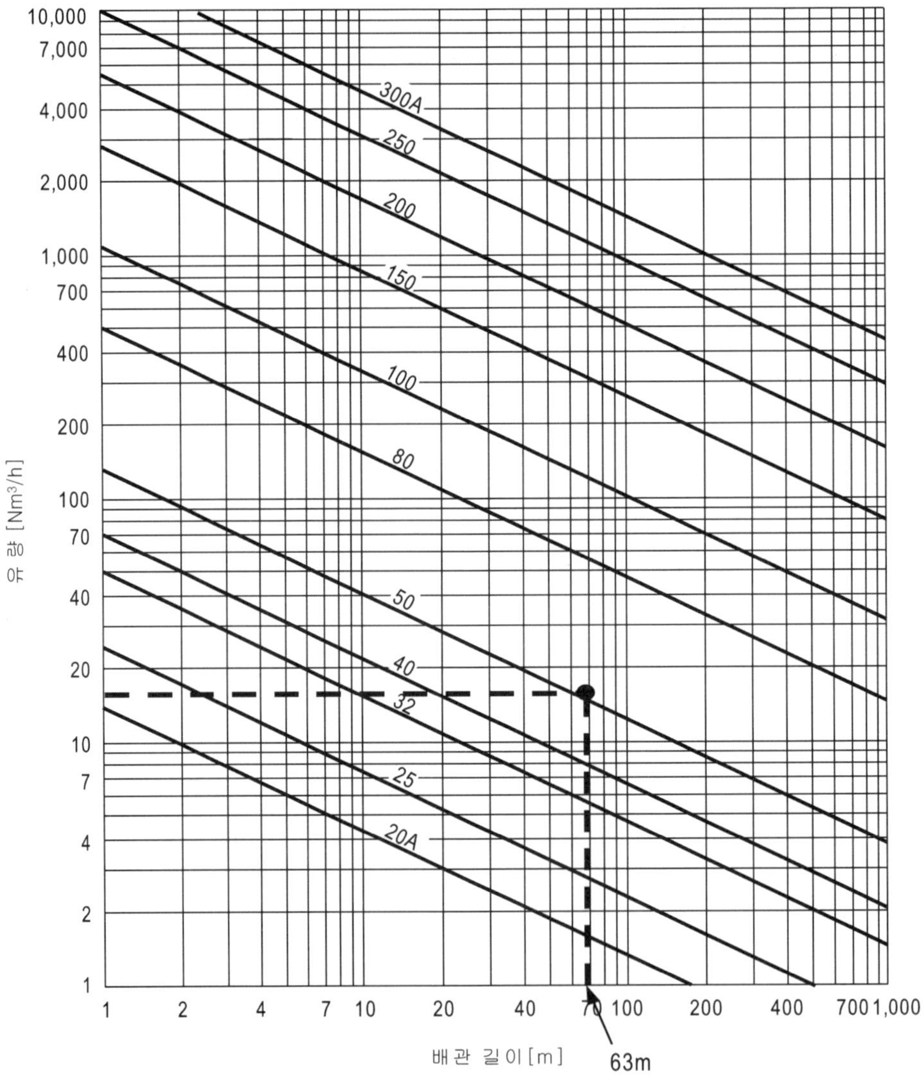

⑤ 안전대책

이미 언급한 바와 같이 가스는 폭발성 물질이므로 관리자 및 사용자가 취급에 주의를 기울여야 함은 물론이지만, 보다 확실한 안전을 확보하기 위해 법적으로 안전장치 설치 등에 관해 규정하고 있다. 가스설비의 안전을 위한 장치들에 대해서는 「5. (2) 안전장치」에서 설명하기로 한다.

3. 액화석유가스(LPG)

액화석유가스란 프로판, 부탄을 주성분으로 한 가스를 액화한 것을 의미한다. 통상 LPG라 불리고 있는데, LPG는 Liquefied Petroleum Gas의 각 머리글자를 딴 것이다. 현재, 국내에서 도시가스의 공급을 받지 못하는 곳에서 주로 사용되고 있다.

(1) 공급방식

아파트와 같은 대규모 사용장소에서는 단지 내에 설치된 LPG 저장탱크에 액체상태로 저장한 후, 기화장치(기화기 또는 증발기라 함)를 통해 가스상태로 기화시켜 사용하는 것이 일반적이며, 각 건물과 같은 소규모 사용장소에서는 각 건물 단위 또는 각 실 단위로 소형의 가스봄베를 설치하여 사용하기도 한다. 그림 7.5에 주택과 같은 소규모 사용장소에서 LPG가 공급되는 형태를 나타낸다.

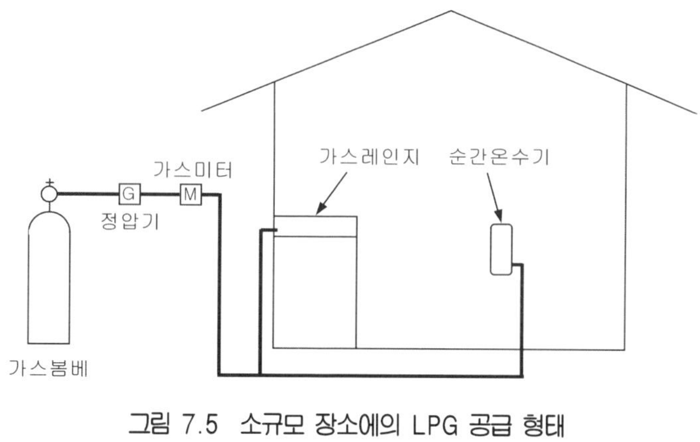

그림 7.5 소규모 장소에의 LPG 공급 형태

LPG는 상압(常壓), 상온(常溫)에서는 기체이지만, 압력을 가하면 용이하게 액화되고 그 체적은 약 1/250로 줄어들게 된다. 따라서 LPG는 가스저장 용기에 가압·액화되어 공급된다. 용기 내 압력은 온도에 따라 다르며, 정압기(압력조정기)에 의해 약 280mmAq로 감압되어 가스기구에 공급되는 것이 일반적이다.

(2) 배관설계

LPG의 배관설계는, 도시가스 배관설계에서는 고려하지 않는 용기(봄베), 조정기, 기화장치의 설치에 대한 내용 이외에는 기본적으로 도시가스의 배관설계와 동일하다. 따라서 그림 7.2에 나타나 있는 도시가스의 배관설계 과정에 따라 설계를 진행하면서, 관련기기의 용량 산정에서 봄베, 조정기, 기화장치 등을 고려하면 된다. 한편, 도시가스와 달리 LPG에서는 저압만이 공급되므로 배관경 산정 시 저압에 관한 식만을 고려하면 된다.

4. 급배기방식

가스가 연소하기 위해서는 산소가 필요하고, 또 가스가 연소할 때 배출되는 배기가스는 유독하여 건물 밖으로 배출되어야 하므로 가스설비에는 반드시 환기가 필요하게 된다. 환기방식에는 급기와 배기의 방식에 따라 여러 종류가 있다.

① 개방식

연소용 공기의 공급 및 배기가스의 배출이 모두 실내에서 이루어지는 방식으로, 이에 해당되는 기기로는 그림 7.6과 같은 가스레인지, 가스순간온수기 등이 있다. 이 기기들이 실내에 설치될 때에는 환기에 각별히 신경을 쓰지 않으면 실내공기가 크게 오염되므로 주의해야 한다. 그림 7.7에 창을 통해 급기하고 레인지후드를 통해 배기를 하는 개방식 환기방식의 예를 나타낸다.

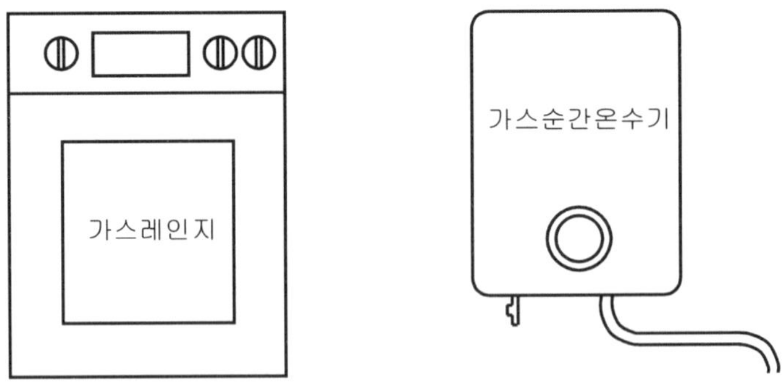

그림 7.6 개방식 환기방식이 적용되는 가스기기

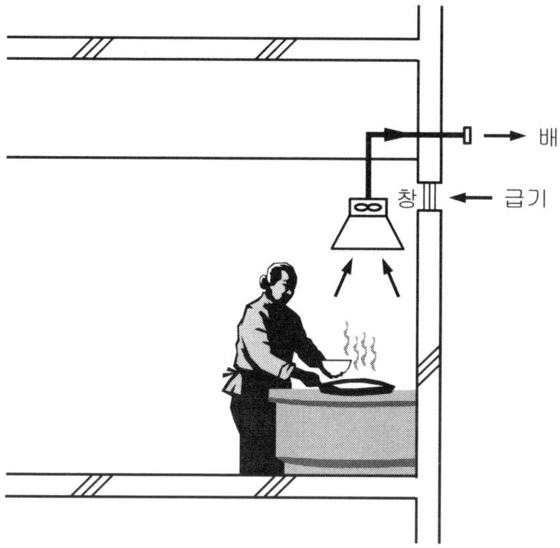

그림 7.7 개방식 환기

② 반밀폐식

연소용 공기는 실내공기를 이용하고 배기가스는 배기통을 통해 옥외로 배출하는 방식으로, 자연통풍력에 의한 자연배기방식(CF방식, Conventional Flue)과 배기팬을 이용하는 강제배기방식(FE방식, Forced Exhaust)이 있다.

이 방식을 채택할 때에는 배기통과 급기구의 확보가 필요하며, 일반적으로 강제배기방식의 가스기기는 기기 자체에 배기팬을 갖추고 있으므로 그곳에 배기통을 연결하면 된다. 그림 7.8에 반밀폐식 급배기방식이 적용된 보일러의 설치 예를 나타낸다. 반밀폐식에서의 급기는 창을 개방함으로써 이루어지는 방법과, 그림과 같이 건물 벽체에 급기구를 설치하여 이루어지도록 하는 방법 등이 있다.

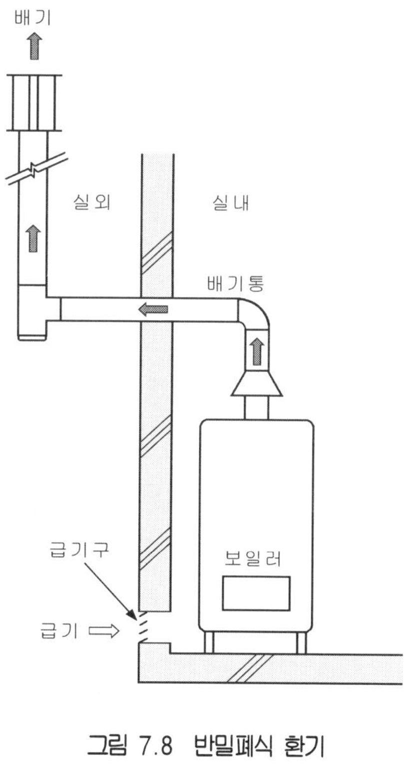

그림 7.8 반밀폐식 환기

그림 7.9는 아파트와 같은 공동주택에서 많이 이용되는 반밀폐식 환기방식을 나타낸 것으로, 그림과 같이 공용의 배기덕트를 통해 가스레인지로부터의 배기가스가 옥상으로 배출되는 시스템이다. 배기가스의 배출은 그림 7.10과 같이 옥상에 설치된 무동력 팬이 회전함으로써 이루어진다.

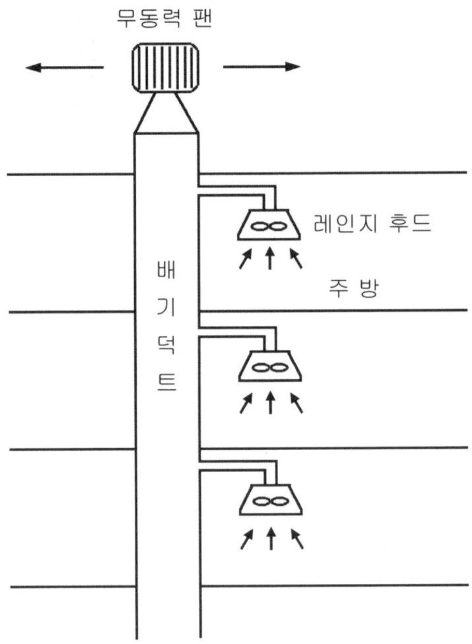

그림 7.9 공동주택 주방의 환기방식

그림 7.10 옥상에 설치된 무동력 팬

한편, 이와 같은 자연배기방식은 에너지절약으로 인해 지구환경 보존이나 경제적인 면에서는 유리하지만 바람이 불지 않을 때에는 환기성능을 기대하기 어려우므로, 식당의 주방과 같이 많은 환기량을 필요로 하는 경우에는 옥상에 배풍기(排風機)와 같은 동력 팬을 설치하는 것이 일반적이다.

③ 밀폐식

연소를 위한 공기도 옥외에서 도입하고 기기에서 배출되는 배기가스도 옥외로 배출시키는 방식으로, 자연통풍력에 의해 급배기를 행하는 자연급배기방식(BF방식, Balanced Flue)과 급배기팬을 이용하는 강제급배기방식(FF방식, Forced Flue)이 있다. 그림 7.11에 BF방식과 FF방식의 예를 나타낸다.

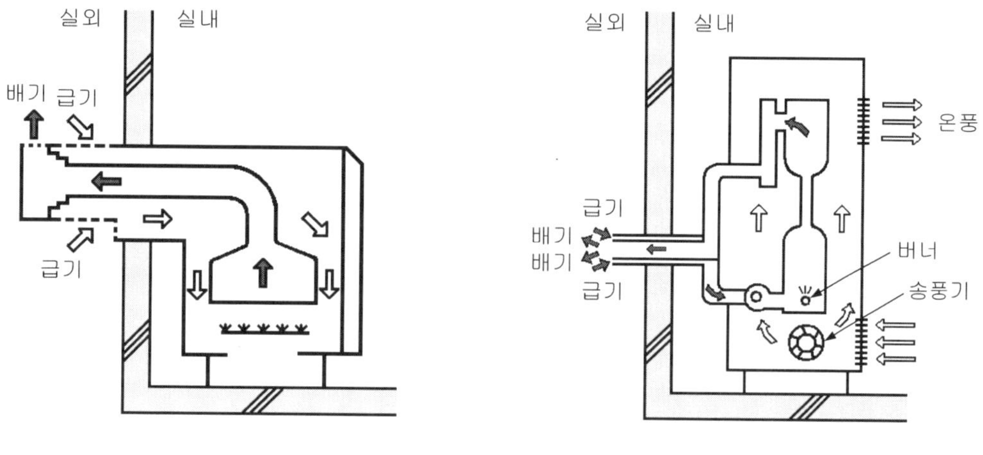

(a) BF방식　　(b) FF 방식

그림 7.11 밀폐식 환기

현재 대부분의 가정에서는 그림 7.7에 나타나 있는 것과 같은 개방식으로 주방의 환기를 하고 있으나, 고급의 단독주택 및 아파트에서는 주방에서 발생하는 배기가스 및 냄새를 신속하게 제거하기 위해 그림 7.12와 같은 환기방식을 채택하기도 한다.

그림에서 알 수 있듯이, 가스레인지 위에 설치된 레인지 후드를 통해 레인지로부터의 열기(熱氣)나 배기가스가 신속하게 건물 밖으로 빠져나가는 것은 기존의 주택과 동일하지만, 별도로 설치된 급기팬과 배기팬에 의해 생성되는 급기와 배기가 주방의 냄새까지도 신속하게 제거해 주고 있다. 배기뿐 아니고 급기까지 있는 것은 실내에 지속적으로 공기를 공급해야만 배기 또한 원활히 이루어지기 때문이다.

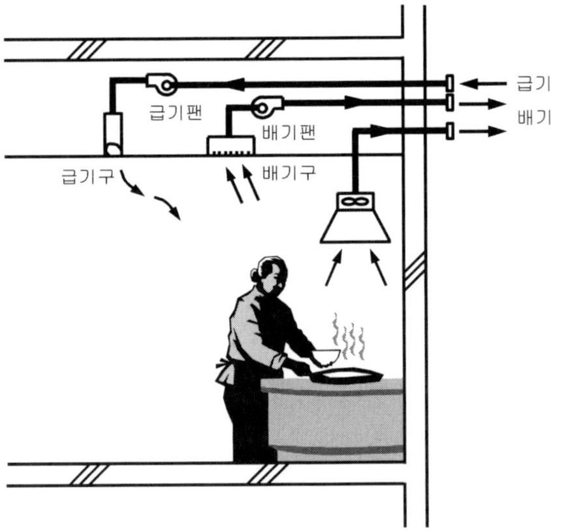

그림 7.12 주방에 적용된 밀폐식 환기

한편, 실내환기를 위해 설치되는 급배기용 팬은 그림 7.12에 나타나 있는 바와 같이 대부분 실내에 설치되는 것이 일반적이나, 급배기용 팬을 실외에 설치함으로써 팬의 작동으로 인한 소음을 실내에서 발생시키지 않도록 하는 시스템이 일부 외국에서 채택되고 있다. 그림 7.13에 그 예를 나타낸다. 그림 7.13의 (a)는 급기 및 배기용 팬이 내장되어 있는 모습을, (b)는 주방 쪽 베란다 천장 부분에 기기가 설치되어 있는 모습을 각각 나타내고 있다.

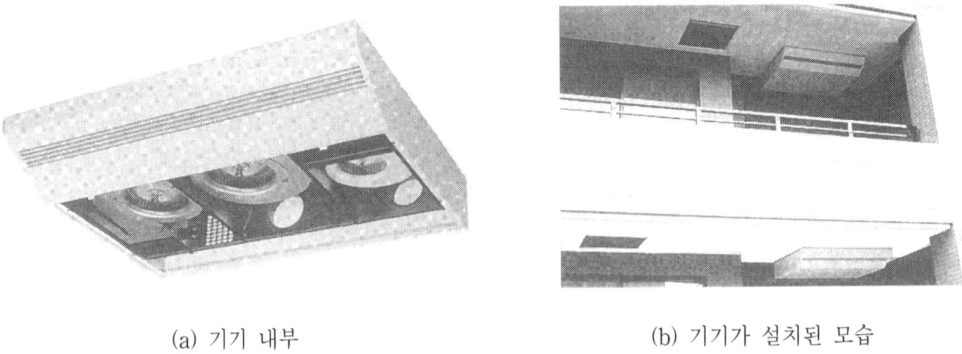

(a) 기기 내부

(b) 기기가 설치된 모습

그림 7.13 외부설치형 환기 기기

5. 기기 · 재료

(1) 정압기(governor)

어느 건물에 설치되어 있는 가스기기가 여러 종류 있을 경우에는 각 기기마다 필요로 하는 가스의 압력이 다를 수 있다. 이러한 경우에는 일단 높은 압력의 가스를 공급받아, 높은 압력을 필요로 하는 기기에는 그대로 사용하고 낮은 압력을 필요로 하는 기기에 대해서는 압력을 낮춘 후 사용을 하게 되는데, 이때 압력을 조정하는 데 사용하는 기기를 정압기(整壓器, governor) 또는 압력조정기라 한다.

건물에서 사용하는 가스기기가 모두 저압의 가스를 필요로 할 때에도 중압의 가스를 공급받아 정압기에서 저압으로 만든 후 기기에 공급하는 경우가 있는데, 이것은 가스사용량이 많게 되면 받아들이는 가스의 체적이 매우 커져 크기가 큰 배관이 필요하게 되므로, 가스의 체적을 줄여 배관의 크기를 줄이고자 하는 목적에서이다.

(2) 안전장치

「1. 개요」에서 언급했듯이 가스는 눈에 보이지 않으면서 폭발성을 가지고 있으므로 취급에 상당한 주의를 기울여야 하며, 가스 누설 등 이상이 발생했을 때에는 즉시 알려주거나 자동적으로 조치를 취해 주는 각종 안전장치가 필요하다. 가스설비에서 적용되는 안전장치로는 다음과 같은 것들이 있다.

① 긴급차단밸브(E.S.V)

가스 누설, 지진과 같은 비상상황이 발생했을 때 안전을 확보하기 위해 가스 공급을 긴급히 차단하는 장치로, 밸브의 개폐를 용이하게 할 수 있는 피트 또는 보호장치를 하여 그 안에 설치한다.

② 가스누설검지기(경보기)

가스가 누설되었을 때 검지기가 가스의 누설을 검지하면 그 신호를 감시실의 가스감시 제어반에 전달하여 경보램프와 경보벨을 작동시키고 긴급차단밸브를 자동 또는 수동으로 차단하게 한다.

③ 감지기

일정규모 이상의 지진이 발생했을 때 작동하여 긴급차단밸브를 자동 작동시킨다.

(3) 배관재

가스배관에 사용되는 배관은 대부분 백관(아연도금 배관용탄소강강관)이며, 매설배관인 경우에는 PLP관(폴리에틸렌라이닝강관) 등을 사용한다. 한편, 가스배관은 다른 종류의 배관과 달리 내부에 위험물질인 가스가 통과하기 때문에 배관의 설치에 관해 법률로 규정하고 있다. 가스배관의 설치에 관한 주요 사항은 다음과 같다.

① 배관은 노출하여 설치하는 것이 원칙이므로 벽 등에 매설하지 않는다.

② 환기가 잘 되지 않는 공동구, 천장 속 등에 설치하지 않는다.

③ 지하에 매설하는 배관은 지면으로부터 0.6m 이상 거리를 유지하여 설치한다.

④ 지하에 매설되어 있는 상수도관, 통신케이블 등과는 0.3m 이상 거리를 유지하여 설치한다.

이상의 내용 이외에도 가스배관의 설치에 관해서는 많은 규정이 있으므로 설계 시 관련법규를 세밀히 검토하면서 진행할 필요가 있다.

제8장

소화설비

제8장 소화설비

1. 개요

우리나라의 산업발전 속도는 세계적으로도 모델이 될 정도로 눈부신 면이 있으나, 한편 도시의 과밀화, 건물의 고층화, 대규모화, 다양화 및 위험물 시설의 증가와 더불어 건물 내에서의 화재 위험성이 점차 증대되고 있다. 증대되는 화재 위험으로부터 귀중한 인명과 재산을 지키기 위해서는 화재의 예방을 위한 각종 건축재료 및 구조 등에 대한 기준을 강화하는 것은 말할 필요도 없지만, 일단 화재가 발생했을 때 그것을 즉시 발견하고 신속하게 진압하는 시스템을 갖추는 것 또한 대단히 중요하다고 할 수 있다. 이와 같이 화재가 발생했을 때 신속하게 발견하고 진압하는 기능을 하는 설비를 소화설비라 한다.
건축물은 그 용도에 따라 화재의 위험인자가 많은 것도 있고 그렇지 않은 것도 있다. 또한 동일 용도라 하더라도 그 규모가 클수록 화재 발생의 가능성이 큰 것은 당연하다. 따라서 소화설비는 각 건물의 용도 및 규모에 따라 적절한 종류를 채택하게 되는데, 소화설비는 인명과 재산에 직결되는 대단히 중요한 요소이므로 법적으로 소화설비에 대해서 엄격하게 규정해 두고 있다. 소화설비를 설계할 때는 법규에 따라 소화설비의 종류와 규모를 선정하는 것이 일반적 방법인데, 법규라는 것은 최소한의 조건을 제시한 것일 뿐 최상의 조건이라고는 할 수 없으므로 설계 및 시공 시 법규에서 규정하고 있는 규모 이상의 소화설비를 갖추도록 하는 것이 바람직하다고 할 수 있다.

(1) 화재의 종류

화재란 연소작용에 의해 발생한 열이 계속 확대되는 현상을 말하는 것으로서, 연소가 발생하기 위해서는 가연물질, 산소, 점화(착화)에너지가 필요하며, 이것을 연소의 3요소라 한다. 화재는 가연물의 종류에 따라 일반적으로 다음과 같이 분류된다.

① 일반화재 : 목재, 종이, 섬유 등이 연소되는 보통의 화재

② 기름화재 : 가연성 액체 및 유지(油脂)류의 화재

③ 전기화재 : 전기실, 발전기실 등의 전기기기 또는 감전의 위험이 수반되는 곳에

서 발생하는 화재

④ 금속화재 : 나트륨, 마그네슘, 우라늄 등과 같은 금속화재를 말하지만, 국내의 소방관련법에서는 금속화재에 대해 아직 언급하지 않고 있다.

⑤ 가스화재 : 도시가스, 프로판가스 등에 의해 발생하는 화재

(2) 소화의 원리

불을 끄는 소화는 다음과 같은 방법에 의해 이루어진다.

① 가연물 제거

연소요소 중의 하나인 가연물을 제거하는 방법으로, 예를 들어 가스화재가 발생했을 때 가스배관의 밸브를 잠가 가스를 차단시키거나, 화재 시 주변에 있는 가연물을 제거하는 것 등이 이 방법에 해당한다.

② 냉각

연소하고 있는 물질에 물과 같은 것을 투입시켜 그 물질의 온도를 발화점(發火點) 이하로 낮추는 방법으로, 가장 일반적으로 사용하는 방법이다.

③ 질식

연소에 필요한 산소를 차단시켜 연소를 정지시키는 방법이다. 예를 들어 거품과 같은 것을 연소물 주위에 뿌려 연소물과 산소를 분리시키는 것이 이 방법에 해당한다.

④ 희석

연소의 3요소 중 가연물 또는 산소를 희석시켜 소화를 행하는 방법으로, 가연물의 희석방법은 수용성(水溶性) 가연물에 물을 첨가시켜 희석시킴으로써 연소를 정지시키며, 산소의 희석방법은 연소에 필요한 산소의 공급원인 산소농도를 낮추어서 연소를 정지시키는 것이다.

2. 소화설비의 종류

위에서 언급한 화재의 종류, 즉 일반화재, 기름화재, 전기화재, 가스화재 등의 화재성상에 따라 그에 적합한 소화방법이 다르기 때문에 소화설비에는 여러 가지 종류가 있다. 「소방

시설 설치유지 및 안전관리에 관한 법률」에서는 직접 소화활동을 행하는 소화기구, 옥내소화전설비, 옥외소화전설비, 스프링클러설비, 물분무 등 소화설비를 '소화설비'로 정의하고 있고, 이 밖에 화재의 진압에 필요한 소화용수를 저장하는 설비를 '소화용수설비', 그리고 소화활동에 필요한 연결살수설비, 연결송수관설비 등을 '소화활동설비'로 각각 정의하는 한편, 이들 설비를 모두 포함해서 '소방시설'로 정의하고 있으나, 본 장에서는 구성상 소방시설 전체를 소화설비라는 개념으로 설명하기로 한다.

(1) 소화기구

1) 개요

소화기구는 물이나 가스 또는 분말 등과 같은 소화약제를 압력을 부여한 용기에 저장하였다가 화재 발생 시 그 화재를 발견한 사람이 직접 조작하여 소화약제를 방출시켜 화재를 초기에 진압하는 기구를 말한다.

소화기에 사용되는 약제는 물을 비롯하여 이산화탄소, 할로겐화합물 등 여러 가지가 있으나 현재 국내에서는 인산염류를 주성분으로 한 약제가 90% 이상 차지하고 있다. 인산염류를 주성분으로 한 약제가 들어있는 소화기를 분말소화기라 한다.

그림 8.1 이동형 소화기 설치 모습

그림 8.2 고정형 자동소화장치 설치 모습

소화기에는 사람이 화재를 인식하여 직접 소화약제를 방출시키는 이동형 소화기와 화재발생을 자동적으로 감지 및 경보하고 소화약제를 방출시키는 고정형 자동소화장치가 있다.

그림 8.1에 이동형 소화기가 설치된 모습을, 그림 8.2에 아파트 주방의 가스레인지 상부에 고정형 자동소화장치가 설치된 모습을 나타낸다.

2) 적용건물

① 소화기 또는 간이소화용구

㉮ 연면적이 33m² 이상인 특정소방대상물(특정소방대상물은 소방관련법에 규정되어 있으며, 이하 소화설비 적용대상은 모두 특정소방대상물임)

㉯ 연면적이 33m² 미만이라도 지정문화재 및 가스시설인 것

㉰ 터널

② 주방용 자동소화장치

㉮ 아파트 및 30층 이상 오피스텔의 모든 층

3) 주요 시설기준

① 소화기는 건물의 각 층마다 설치하되, 그림 8.3과 같이 건물의 어느 부분으로부터도 각 소화기까지의 보행거리가 소형 소화기의 경우는 20m 이내, 대형 소화기의 경우는 30m 이내가 되도록 한다. 소형과 대형의 구분은 소화기의 능력에 따른 것으로, 능력에 대해서는 법률로 정해져 있다.

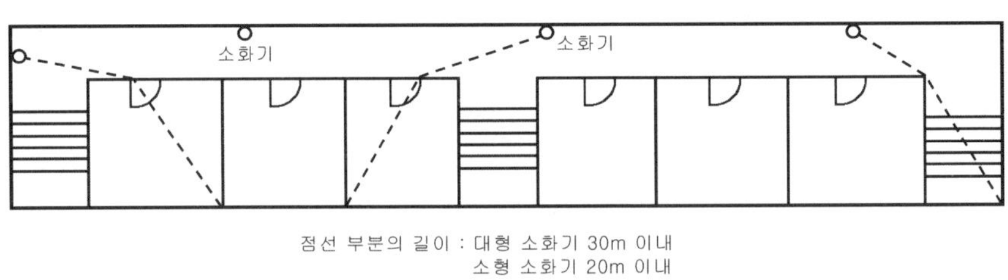

그림 8.3 소화기 설치 기준

② 주방용 자동소화장치는 아파트의 각 세대별 주방 및 오피스텔의 각 실별 주방에 설치해야 한다.

(2) 옥내소화전설비

1) 개요

화재 초기로서 작은 불의 단계에서는 소화기로 화재를 진압할 수 있으나 불길이 천장에 다다를 정도가 되면 소화기로는 소화가 어려워진다. 이때 소방대원이 오기 전에 실내 거주자가 직접 물을 뿌려 소화를 할 수 있게 하는 설비가 옥내소화전설비로, 화재가 발생되면 옥내소화전함에 들어 있는 호스를 꺼내 화재가 발생한 지점에 가까이 가서 물을 뿌려 화재를 진압한다.

옥내소화전설비의 주요 구성요소로는 소화용수를 저장하는 수원, 펌프와 같은 가압송수장치, 배관, 소화전함, 호스, 노즐 등이 있다. 그림 8.4에 옥내소화전설비의 구성 예를, 그림 8.5에 옥내소화전함의 구조 및 외관을 나타낸다.

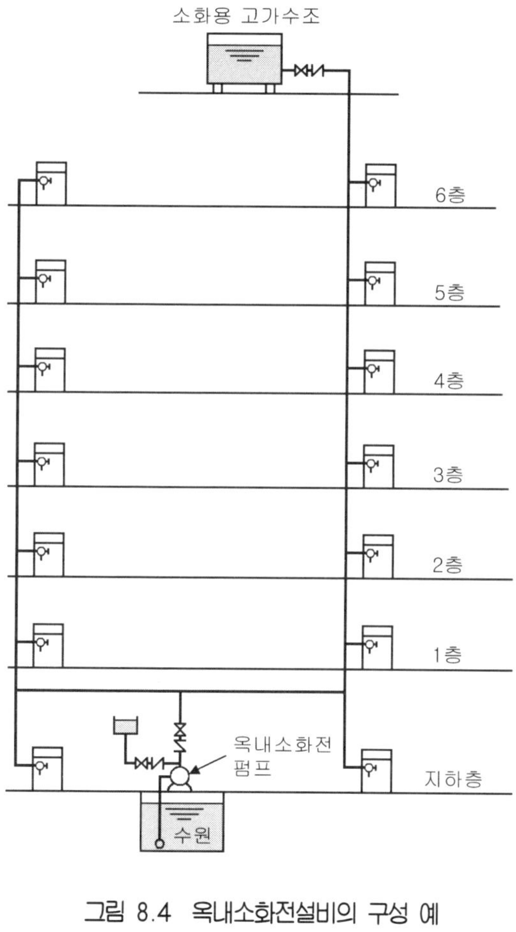

그림 8.4 옥내소화전설비의 구성 예

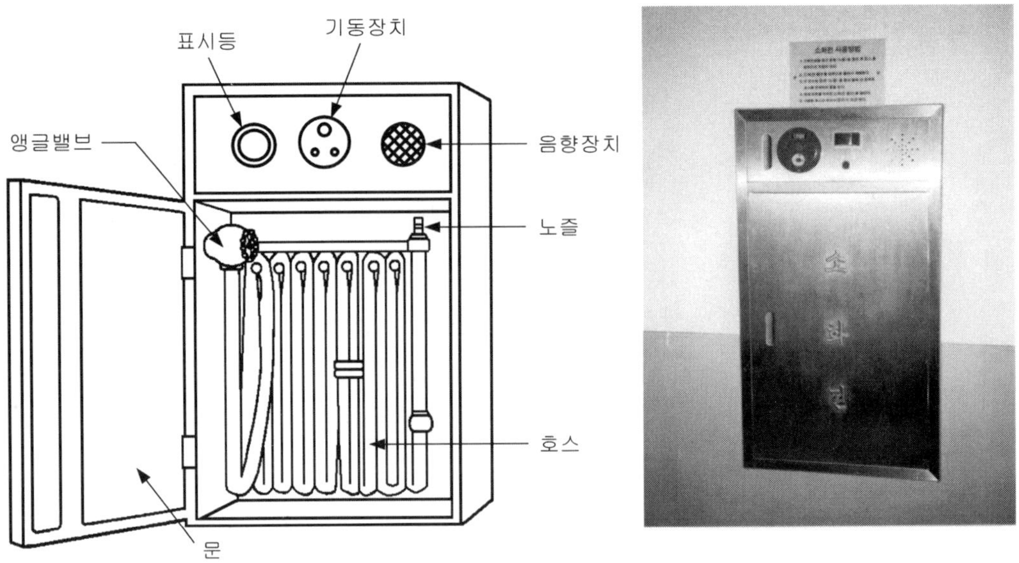

그림 8.5 옥내소화전함의 내부구조 및 외관

2) 적용건물

① 연면적 3,000m² 이상(근린생활시설, 위락시설, 판매시설, 업무시설, 숙박시설, 의료시설, 창고시설 등은 1,500m² 이상)인 건물의 경우 그 건물 전체 층

② 지하층, 무창층 또는 4층 이상의 층 중에서 바닥면적이 600m² 이상(근린생활시설, 위락시설, 판매시설, 업무시설, 숙박시설, 의료시설, 창고시설 등은 300m² 이상)인 층이 있는 경우 그 건물 전체 층

③ 길이가 1,000m 이상인 터널

④ 건물 옥상에 설치된 차고 또는 주차장의 면적이 200m² 이상인 경우의 옥상

⑤ 기타

3) 주요 시설기준

① 소화전은 각 층에 설치하고, 그림 8.6과 같이 그 층의 어느 부분에서도 하나의 소화전 방수구까지의 수평거리가 25m 이내이어야 한다. 단, 터널의 경우에는 벽체에 50m 간격으로 설치할 수 있다.

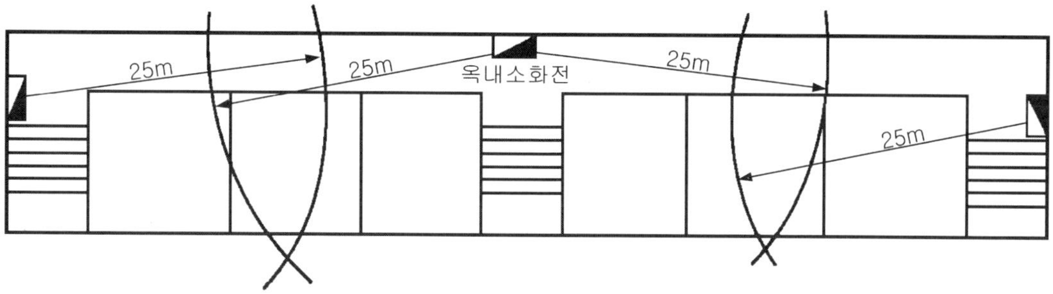

그림 8.6 옥내소화전 설치 위치

② 소화전에서의 방수압력은 1.7kg/cm^2 이상, 7kg/cm^2 이하가 되도록 하고, 방수량은 130l/min 이상이 되도록 한다.

③ 소화전함 문짝의 면적은 0.5m^2 이상, 두께는 재료가 강판인 경우 1.5mm 이상, 합성수지인 경우 4mm 이상으로 한다.

④ 소화전 방수구는 바닥으로부터 1.5m 이하가 되도록 한다.

⑤ 수직 주배관은 직경 50mm 이상, 방수구와 연결되는 가지배관은 40mm 이상으로 하며, 또 펌프 토출 측 주배관에서의 유속은 3m/s 이내가 되도록 관경을 결정한다.

⑥ 옥내소화전 펌프는 토출량이 다음 식을 만족할 수 있는 양 이상이 되도록 한다.

$$Q = 130 \times N \tag{8.1}$$

Q : 펌프 토출량 [l/min]

N : 옥내소화전이 가장 많이 설치된 층에서의 설치개수(설치개수가 5개 이상일 경우에는 5개로 계산)

⑦ 옥내소화전 수원의 저수량은 다음 식의 값 이상으로 한다.

$$Q = 2.6 \times N \tag{8.2}$$

Q : 수원 저수량 [m^3]

N : 상기 펌프에서의 N과 동일

⑧ 상기 ⑦에서의 저수량 외에 별도로 1/3 이상을 옥상에 저장해야 한다(일부 예외).

⑨ 소화용 수조를 급수용 수조와 겸용할 경우에는 다음과 같이 소화용 펌프와 급수용 펌프의 흡입구의 설치위치를 다르게 하여 ⑦에서 산정된 옥내소화전 수원의 저수량(그림 8.7에서 유효수량)이 항상 확보되도록 한다.

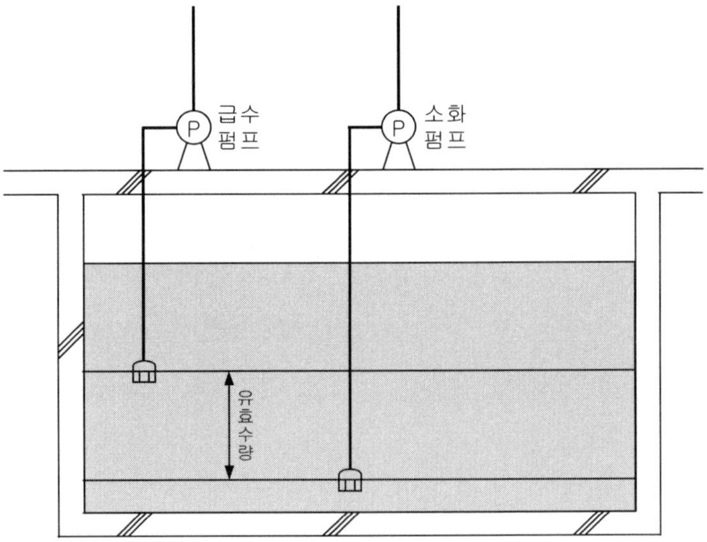

그림 8.7 겸용수조인 경우의 펌프 설치

그림 8.8은 그림 8.7과 동일한 개념을 나타내고 있는 것으로, 겸용수조에서의 급수배관 설치지점과 소화배관 설치지점의 높이차를 둠으로써 유효수량을 확보하고 있다.

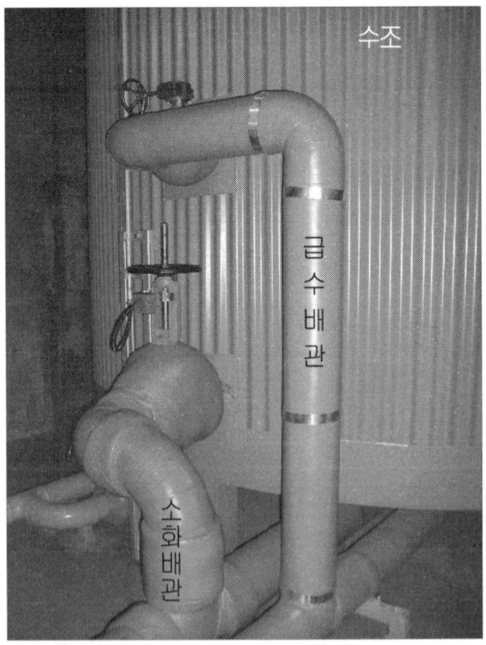

그림 8.8 겸용수조에서의 급수배관과 소화배관 설치 위치

【예제 8.1】

건물 내의 옥내소화전 설치개소가 1층에 7개소, 2층에 5개소, 3층에 4개소라고 할 경우, 옥내소화전설비에 필요한 펌프의 토출량과 수원의 저수량을 구하시오.

풀이

옥내소화전용 수원 및 펌프 토출량은 옥내소화전이 가장 많이 설치된 층에서의 설치개수를 기준으로 하지만 설치개수가 5개 이상일 경우에는 5개를 기준으로 계산한다. 따라서 식 8.1, 식 8.2에 의거하여,

(1) 펌프 토출량 $Q=130\times5=650$ [l/min]

(2) 수원 저수량 $Q=2.6\times5=13$ [m^3] (옥상수조는 제외한 것)

(3) 옥외소화전설비

1) 개요

옥외소화전설비는 1층 및 2층의 바닥면적이 넓은 건물에 설치하는 것으로, 건물 내부에 설치하는 다른 소화설비와 달리 건물 외부에 설치하여 건물 외부에서 물을 뿌려 소화활동을 하는 설비이다. 따라서 건물의 1층 및 2층의 소화활동 및 인접 건축물로의 연소 확대 방지에 유효한 설비라고 할 수 있다. 기본 구조는 옥내소화전설비와 동일하다. 그림 8.9에 옥외소화전설비의 구성 예를 나타낸다. 그림 8.10과 그림 8.11은 옥외소화전의 내부구조와, 설치된 모습을 각각 나타내고 있다.

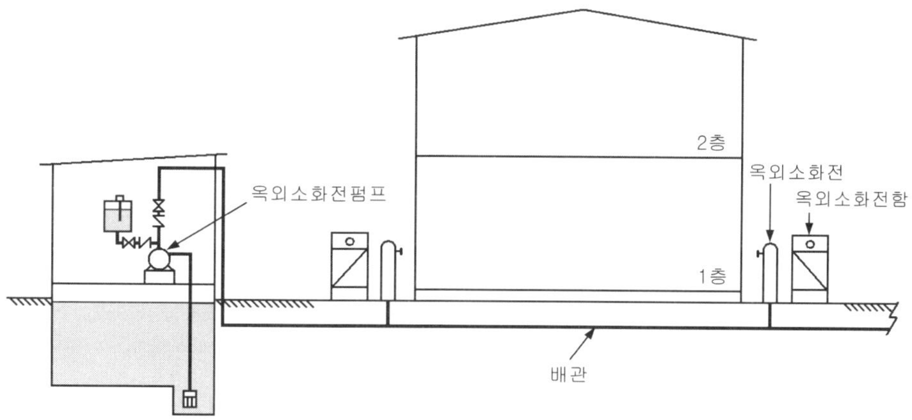

그림 8.9 옥외소화전설비의 구성 예

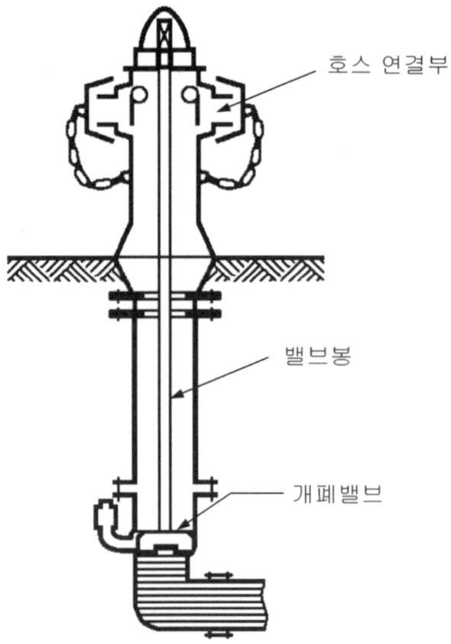

그림 8.10 옥외소화전

그림 8.11 옥외소화전 설치 모습

2) 적용건물

① 지상 1층 및 2층의 바닥면적 합계가 9,000m² 이상인 건물

② 국보 또는 보물로 지정된 목조건축물

③ 기타

3) 주요 시설기준

① 그림 8.12와 같이 건물의 어느 부분도 소화전 호스 접속부까지의 수평거리는 40m 이하가 되어야 한다.

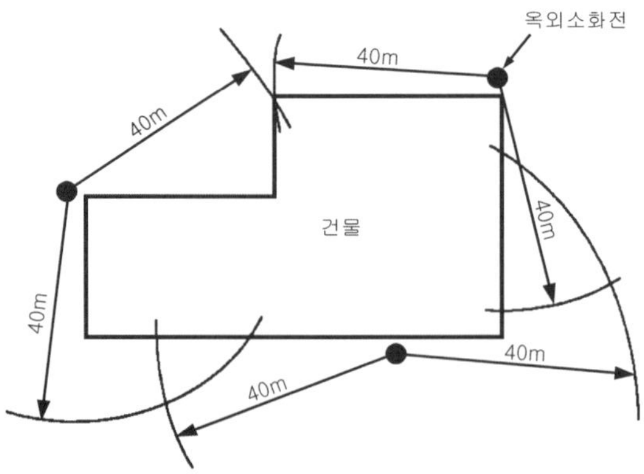

그림 8.12 옥외소화전 설치 규정

② 각 소화전마다 5m 이내에 소화전함을 설치한다(옥외소화전이 11개 이상일 때는 별도 기준).

③ 소화전함 문짝의 면적은 $0.5m^2$ 이상, 두께는 재료가 강판인 경우 1.5mm 이상, 합성수지인 경우 4mm 이상으로 한다.

④ 소화전에서의 방수압력은 $2.5kg/cm^2$ 이상, $7kg/cm^2$ 이하가 되도록 하며, 방수량은 $350l/min$ 이상이 되도록 한다.

⑤ 옥외소화전 펌프는 토출량이 다음 식을 만족할 수 있는 양 이상이 되도록 한다.

$$Q = 350 \times N \qquad (8.3)$$

Q : 펌프 토출량 $[l/min]$

N : 옥외소화전의 설치개수(설치개수가 2개 이상일 경우에는 2개로 계산)

⑥ 옥외소화전 수원의 저수량은 다음 식의 값 이상으로 한다.

$$Q = 7 \times N \qquad (8.4)$$

Q : 수원 저수량 $[m^3]$

N : 상기 펌프에서의 N과 동일

【예제 8.2】

그림 8.12와 같이 옥외소화전이 설치될 경우, 이 설비를 위해 필요한 수원의 양과 펌프 토출량은 어떻게 되겠는가?

풀이

옥외소화전의 펌프 토출량과 수원 저수량은 옥외소화전의 설치개수를 기준으로 산정하지만, 옥외소화전이 2개 이상일 경우에는 2개를 기준으로 산정한다. 따라서 식 8.3과 식 8.4에 의거하여,

(1) 펌프 토출량 $Q = 350 \times 2 = 700$ $[l/min]$

(2) 수원 저수량 $Q = 7 \times 2 = 14$ $[m^3]$

(4) 스프링클러설비

1) 개요

스프링클러설비는 사람이 소화활동을 하는 것이 아니고, 설비 자체가 화재를 감지하고 그 화재가 발생한 장소에 자동적으로 물을 뿌려 소화를 행하는 설비이다.

천장 등에 설치되어 있는 스프링클러 헤드로부터 물이 뿌려지게 되는데 평상시에는 헤드부분이 막혀 있어 물이 나오지 않다가 화재가 발생되어 뜨거워지면 헤드를 막고 있던 퓨즈가 녹아 헤드가 개방되면서 물이 분출되는 구조로 되어 있다. 스프링클러설비는 현재까지 개발된 소화설비 중에서 가장 뛰어나다고 평가받고 있는 것으로 불특정다수가 체류하게 되는 건물이나 대규모 건물에 설치하고 있다. 그림 8.13에 스프링클러 헤드로부터 물이 방사되는 모습을 나타낸다. 그림 8.14는 여러 가지 형상의 스프링클러 헤드를 나타내고 있다.

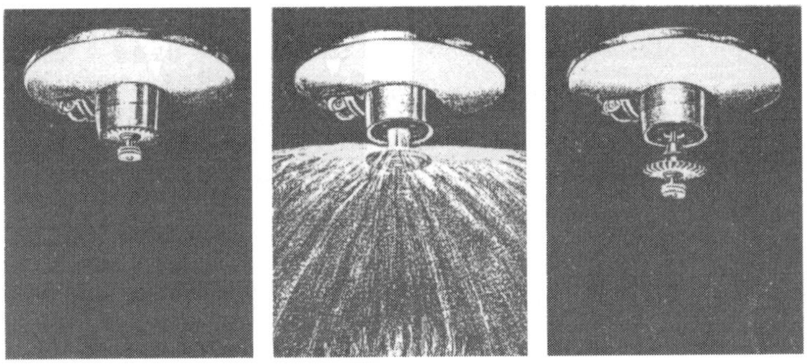

(a) 방사 전　　(b) 방사　　(c) 방사 후

그림 8.13 스프링클러 헤드로부터 물이 방사되는 모습

그림 8.14 스프링클러 헤드의 종류

2) 적용건물

① 문화 및 집회시설, 종교시설, 운동시설(각 시설 모두 일부 용도 제외)로서 다음 사항 중 하나에 해당하는 건물인 경우 그 건물 전체 층

㉮ 수용인원이 100명 이상

㉯ 영화상영관 용도로 쓰이는 층의 바닥면적이 지하층이나 무창층인 경우 500m^2 이상, 그 밖의 층의 경우 1,000m^2 이상

㉰ 무대부가 지하층, 무창층 또는 4층 이상의 층에 있으면서 그 면적이 300m² 이상

㉱ 무대부가 ㉰ 이외의 층에 있으면서 그 면적이 500m² 이상

② 판매시설, 운수시설, 물류터미널로서 다음 사항 중 하나에 해당하는 건물인 경우 그 건물 전체 층

㉮ 층수가 3층 이하로 바닥면적 합계가 6,000m² 이상

㉯ 층수가 4층 이상으로 바닥면적 합계가 5,000m² 이상

㉰ 수용인원이 500명 이상

③ 층수가 11층 이상인 특정소방대상건물의 전체 층(특정소방대상건물의 종류는 「소방시설 설치유지 및 안전관리에 관한 법률」에 정해져 있음)

④ 연면적 1,000m² 이상인 지하가(터널 제외)

⑤ ①~③에 해당하지 않는 특정소방대상건물의 지하층, 무창층 또는 4층 이상인 층 중 바닥면적이 1,000m² 이상인 층

⑥ 복합건축물 또는 기숙사(교육연구시설이나 수련시설에 있는 것)로서 연면적 5,000m² 이상인 경우 그 건물 전체 층

⑦ 기타

3) 종류

스프링클러설비의 종류로는 크게 폐쇄형과 개방형으로 나누고 있으며, 폐쇄형은 다시 습식, 건식, 준비작동식으로 구분한다.

① 습식

소화용 수조에서 헤드까지의 배관에 물이 항상 가득 차 있으며, 헤드가 화재의 열을 감지하면 헤드를 막고 있던 퓨즈가 녹으면서 자동적으로 물이 뿌려지는 구조로 되어 있는 것으로 가장 일반적으로 사용되고 있는 종류이다. 그림 8.15에 폐쇄형 습식 스프링클러의 구성을 나타낸다.

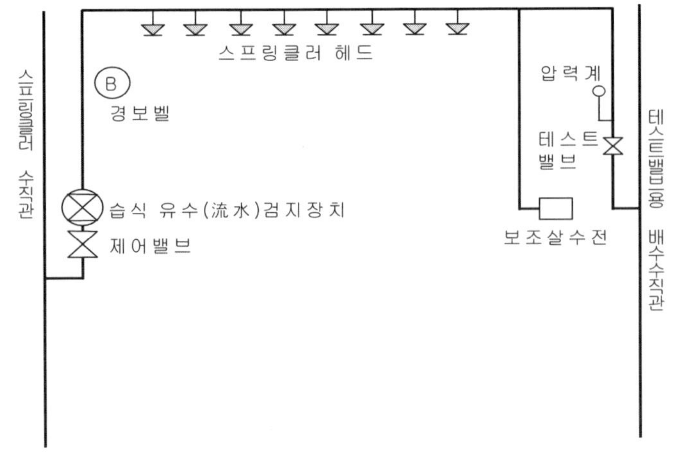

그림 8.15 폐쇄형 습식 스프링클러의 구성

② 건식

소화용 수조(물탱크)에서 헤드까지의 배관 도중에 밸브가 설치되어 있는데, 수조로부터 이 밸브까지는 물이 충만되어 있으나 밸브로부터 헤드까지는 물이 아니고 압축공기 등이 차 있는 구조로 되어 있다. 헤드가 화재의 열을 감지하면 퓨즈가 녹으면서 압축공기가 빠져나가게 되고 그로 인해 발생되는 압력저하를 감지하면서 배관계 도중에 있는 밸브가 개방되면서 물이 분출된다. 이 방식은 한랭지의 주차장 공간과 같이 배관 내에 소화용수가 있을 경우 겨울철에 소화용수가 동결될 염려가 있는 곳에서 채용된다.

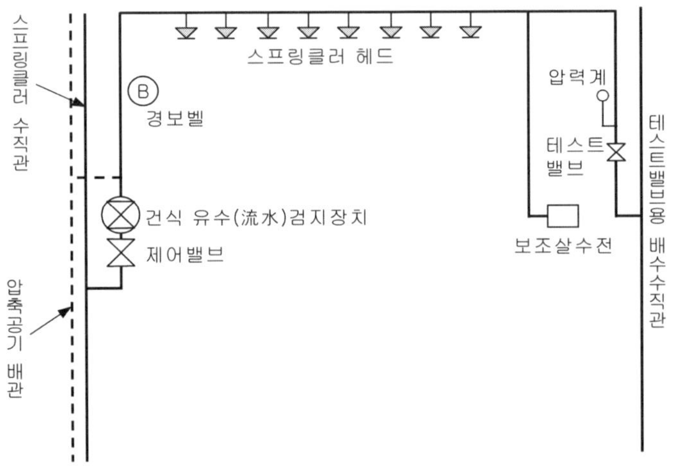

그림 8.16 폐쇄형 건식 스프링클러의 구성

그림 8.16에 폐쇄형 건식 스프링클러의 구성을 나타낸다.

③ 준비작동식

상기 두 방식은 화재가 발생했을 때는 당연히 자동적으로 물을 뿌려 소화활동을 하게 되나, 만일 어떤 물체가 헤드에 부딪힐 경우에도 헤드가 깨지면서 물이 뿌려질 수가 있다. 컴퓨터와 같은 장비는 물과의 접촉을 절대적으로 피해야 하기 때문에 화재와 같이 피할 수 없는 경우를 제외하고는 물이 뿌려지는 것을 최대로 방지해야 한다. 준비작동식은 이러한 경우에 적용하는 것으로, 소화용 수조로부터 헤드까지의 배관 도중에 있는 준비작동밸브까지는 물이 차 있으나, 준비작동밸브로부터 헤드까지는 압축공기와 질소가스 등을 충만시켜 두고, 실제로 화재가 발생되었을 때에는 별도로 설치되어 있는 화재감지기에 의해 준비작동밸브가 열리는 구조로 되어 있다. 따라서 어떤 물체가 헤드에 부딪혀서 헤드가 손상을 입어도 즉시 물이 방출되지는 않고 봉입된 기체의 압력저하를 감지해서 경보를 발령하면서 관계자가 조치를 취할 수 있게 되어 있다. 그림 8.17에 폐쇄형 준비작동식 스프링클러의 구성을 나타낸다.

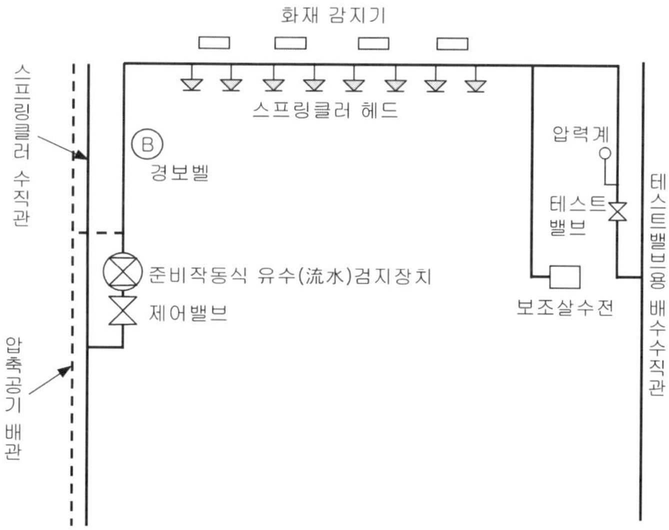

그림 8.17 폐쇄형 준비작동식 스프링클러의 구성

④ 개방형

개방형은 무대부와 같이 화재가 급속도로 번질 가능성이 있는 곳에 설치한다. 폐쇄형은 헤드 하나하나가 개별적으로 화재를 감지하여 개방되는 구조로 되어 있으나, 개방형은 헤드에 퓨즈와 같이 물의 분출을 막는 부분이 없고, 별도의 화재감지기에서 화재를 감지하면 자동적으로 배관계통 도중에 설치되어 있는 일제(一齊)개방밸브가 열리면서 모든 헤드에서 동시에 물이 방출되는 구조로 되어 있다. 그림 8.18에 개방형 스프링클러의 구성을 나타낸다.

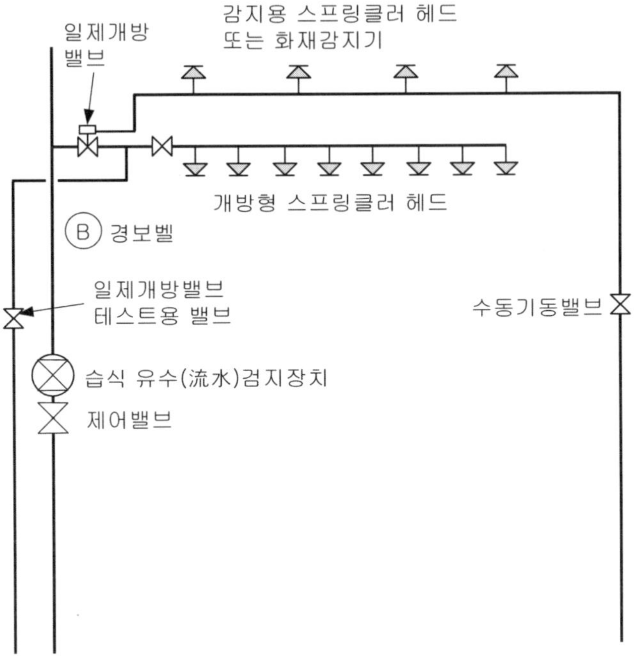

그림 8.18 개방형 스프링클러의 구성

그림 8.19에 스프링클러 배관 및 헤드가 설치된 모습을 나타낸다. 그림 8.19에서는 헤드의 설치방향이 상향으로 되어 있는데, 이는 기계실 등과 같이 천장이 없는 공간에서 주로 적용하는 방법이다.

헤드로부터 물이 방사될 때 밑으로 방사되는 것보다 위로 방사되면 위로 올라갔다가 내려오면서 보다 폭넓게 물이 뿌려지기 때문이다. 반면, 대부분의 실에는 천장이 있기 때문에 천장에 부착된 형태로 설치할 수 밖에 없으며, 따라서 하향으로 설치되는 것이 일반적이다.

그림 8.19 스프링클러 배관 및 헤드 설치 모습

4) 주요 시설기준

① 헤드는 건물의 천장, 반자, 덕트 등에 설치하는 것이 원칙이며, 폭이 9m 이하인 실내에서는 측벽에 설치할 수도 있다.

② 헤드를 설치하는 천장, 반자, 덕트 등의 각 부분으로부터 하나의 헤드까지의 수평거리는, 일반적인 건물에서는 2.1m 이하(내화구조인 경우에는 2.3m 이하), 무대부는 1.7m 이하, 아파트는 3.2m 이하로 한다. 이 조건을 만족시키기 위해 헤드를 배치할 때 헤드 간의 간격은 건물 각 부분으로부터 헤드까지의 거리가 2.3m 이하이어야 하는 내화구조의 건물의 경우 그림 8.20(a)와 같이 정방형으로 배치한다면 3.25m 이하, (b)와 같이 지그재그로 배치한다면 3.98m 이하가 되도록 한다.

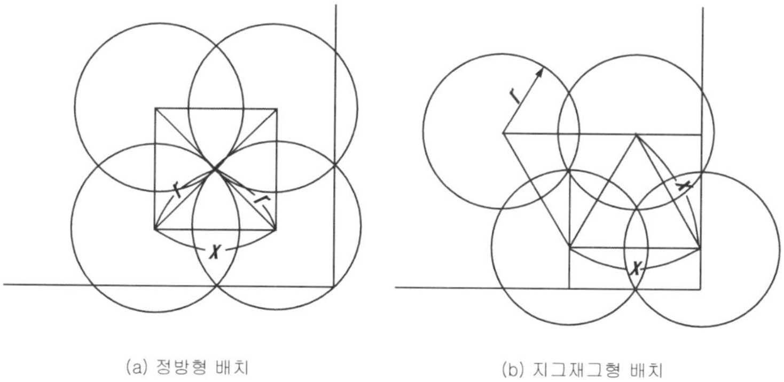

(a) 정방형 배치 (b) 지그재그형 배치

$r = 2.3$m

(a) 정방형 배치

$x = 2.3 \times \sqrt{2} = 3.25$ [m]

(b) 지그재그형 배치

$x = 2.3 \times \sqrt{3} = 3.98$ [m]

그림 8.20 스프링클러 헤드의 배치

③ 헤드의 방수압력은 1kg/cm^2 이상, 12kg/cm^2 이하로 하고, 방수량은 80l/min 이상이 되도록 한다.

④ 하나의 분기관(가지배관)에는 8개 이하의 헤드를 설치한다.

⑤ 헤드로부터의 살수가 방해되지 않도록 헤드로부터 반경 60cm 이상의 공간을 확보해야 한다. 단, 벽과 헤드 사이는 10cm로 한다.

⑥ 스프링클러 펌프의 토출량은 폐쇄형일 때와 개방형일 때 별도의 규정에 의하는데, 대부분의 건물에서 적용되는 폐쇄형의 경우 다음 식을 만족할 수 있는 양 이상이 되도록 한다.

$$Q = 80 \times N \tag{8.5}$$

Q : 펌프 토출량 [l/min]

N : 스프링클러 헤드의 기준개수로, 건물의 종류에 따라 다음의 값으로 한다.

- 10층 이하의 건물
  - · 공장 또는 창고 : 특수가연물을 저장 · 취급하는 곳은 30개, 그 외의 곳은 20개
  - · 판매시설, 판매시설이 있는 복합건축물 : 30개
  - · 근린생활시설, 운수시설, 판매시설이 없는 복합건축물 : 20개
  - · 기타 건물 중 헤드의 부착높이가 8m 이상인 것 : 20개
  - · 기타 건물 중 헤드의 부착높이가 8m 미만인 것 : 10개
- 11층 이상인 건물 또는 지하가 : 30개
- 아파트 : 10개

헤드 설치기준에 따라 설치한 헤드수가 상기 기준개수보다 적을 경우에는 실제의 설치개수를 기준개수로 한다.

⑦ 스프링클러 수원의 저수량도 폐쇄형인 경우와 개방형인 경우 별도의 규정이 있으며, 폐쇄형인 경우는 다음 식의 값 이상으로 한다.

$$Q = 1.6 \times N \tag{8.6}$$

Q : 수원 저수량 [m^3]

N : 상기 펌프에서의 N과 동일

⑧ 상기 ⑦에서의 저수량 외에 별도로 1/3 이상을 옥상에 저장해야 한다(일부 예외).

【예제 8.3】

어떤 건물의 11층과 12층에 폐쇄형 스프링클러 헤드를 각각 50개씩 설치하였다. 이 건물의 스프링클러설비를 위해 필요한 펌프의 토출량과 수원의 저수량을 구하시오.

풀이

11층 이상인 건물의 스프링클러설비에 필요한 펌프의 토출량과 수원의 저수량 산정에 필요한 스프링클러헤드 기준개수는 30개이다. 따라서 식 8.5 및 식 8.6에 의거하여,

(1) 펌프 토출량 $Q = 80 \times 30 = 2{,}400$ [l/min]

(2) 수원 저수량 $Q = 1.6 \times 30 = 48$ [m^3] (옥상수조는 제외한 것)

(5) 물분무(噴霧) 등 소화설비

1) 개요

물분무 등 소화설비는 기름화재, 전기화재와 같이 물로써 소화활동을 하면 오히려 역효과를 낼 수 있는 경우에 적용하는 설비로서, 물분무 소화설비, 포(泡) 소화설비, 이산화탄소 소화설비, 할로겐화물 소화설비, 분말 소화설비 등의 종류가 있다.

2) 적용건물

① 항공기 격납고

② 연면적 800m² 이상인 주차용 건축물

③ 건축물 내부에 설치된 차고나 주차장의 바닥면적이 200m² 이상인 것

④ 기계식 주차장으로 20대 이상의 차량을 주차할 수 있는 것

⑤ 바닥면적 300m² 이상인 전기실, 발전실, 변전실, 축전지실, 통신기기실, 전산실

⑥ 기타

3) 물분무 등 소화설비의 종류

① 물분무 소화설비

물을 미세한 안개형상으로 하여 방사시킴으로써 냉각작용 및 공기차단에 의한 질식작용으로 연소를 저지하여 소화하는 설비이다. 차고 또는 주차장에 물분무 소화설비를 설치하는 경우에는 바닥에 기울기를 주어야 하고, 배수용

도랑(배수구)을 설치해야 하며, 또한 기름을 분리하기 위한 소화피트 등을 설치해야 하므로 대규모 주차장일 경우에는 아래에 설명하는 포 소화설비를 설치하는 것이 일반적이다.

물분무 소화설비의 구성은 기본적으로 개방형 스프링클러설비와 동일하다.

② 포(泡) 소화설비

포(거품)를 방사시켜 가연성 액체의 표면을 덮음으로써 질식작용과 냉각작용에 의해 소화하는 설비이다. 포 소화설비에는 고정식과 이동식이 있으며 고정식에는 전역(全域)방출방식과 국소(局所)방출방식이 있다.

전역방출방식은 건물 내 지하주차장 등의 전체에 설치하는 설비로 그 구성은 개방형 스프링클러설비와 유사하다. 국소방출방식은 화재발생이 특정장소로 예상되는 경우 그 장소 주위에만 포 소화설비를 설치하는 방식이다.

이동식은 소화전, 포 원액탱크, 포 혼합기, 호스, 노즐 등을 격납시킨 포 소화전함을 설치하고, 소화활동 시 호스를 연장해서 포(거품)를 방출시키는 설비로, 개방된 주차장과 같이 화재가 발생되어도 연기가 가득 찰 염려가 없어 사람이 진입하기 용이한 곳에 적용된다.

③ 이산화탄소 소화설비

밀폐된 실내 전체 또는 화재 위험성이 있는 물체 주위에 이산화탄소를 방사하여 공기 중의 산소 농도를 저하시키는 질식작용 및 방사 시 생성되는 드라이아이스의 냉각작용에 의해 소화하는 설비이다.

이산화탄소 소화설비는 포 소화설비와 마찬가지로 전역방출방식, 국소방출방식 및 이동식이 있다. 이산화탄소 소화설비는 인간에 대해서 질식의 위험성이 있으므로 그 사용이 적어지고 있다.

④ 할로겐화물 소화설비

밀폐된 실내 전체 또는 화재 위험성이 있는 물체 주위에 할론1301과 같은 할로겐화 탄화수소를 방사하여 산소 농도를 저하시키는 질식작용 등으로 소화하는 설비이다.

이산화탄소 소화설비 등과 마찬가지로 전역방출방식, 국소방출방식 및 이동식이 있는데 이산화탄소 소화설비에 비해 질식의 위험성이 적고, 약제량이 적어도 되는 등과 같은 장점이 있어 이산화탄소 소화설비보다 널리 적용되어 왔다. 그러나 할론1301과 같은 물체는 오존층을 파괴하는 물질이므로 국제적으로 사용을 제한하는 움직임이 확산되고 있어 할로겐화물 소화설비의 설치도 제한을 받고 있는 경향에 있다.

⑤ 분말 소화설비

탄화수소나트륨 등의 분말이 분해될 때 발생되는 불연성(不燃性)가스에 의한 질식작용과, 분해 시의 냉각작용에 의해 소화하는 설비이다.

분말 소화설비는 소화약제가 분말이므로 동결의 염려가 없고, 인화성 액체의 표면화재에 효과가 탁월하다. 전기적 절연성이 높기 때문에 개방된 주차장, 한랭지 주차장, 위험물 등의 소화설비에 적용하는 경우가 많다. 한편, 분말이기 때문에 소화활동 시 시계(視界)가 차단되거나 호흡곤란이 발생될 염려가 있다.

그림 8.21에 할론이 들어 있는 봄베를 설치한 할론실을 나타낸다. 건물에 화재가 발생하면 이와 같은 장치에 들어있는 약제가 배관을 통해 화재장소에 방사되면서 화재를 진압하게 된다.

그림 8.21 할론실에 설치된 할론봄베

(6) 소화용수설비

1) 개요

건물에 화재가 발생했을 때 소방차가 화재현장에 도착하기 전에 건물 자체의 소화설비로 화재가 진압되는 것이 가장 좋지만, 화재가 확대되는 경우라든지 건물에 설치되어 있는 소화설비용 수원만으로 화재를 진압하지 못할 경우도 있다. 그러한 경우에도 화재현장에 원활하게 소화용수를 공급할 수 있도록 수원을 확보할 수 있게 한 설비를 소화용수설비라 한다. 소화용수설비는 일반적으로 대지면적이 넓고, 건물의 연면적도 큰 건물에 대해서 소방대원이 사용하기 위한 소화용수를 확보하는 설비이다. 상수도가 공급되는 지역에서는 상수도 배관에 소화전을 접속해 둠으로써 상수도를 소화용수로서 활용할 수 있도록 하고 있으며, 건물의 대지경계선 180m 이내에 구경 75mm 이상의 상수도용 배관이 설치되어 있지 않은 지역에서는 채수구(採水口)를 부착한 소화수조를 별도로 설치해서 소화용수설비로 이용하도록 하고 있다.

2) 적용건물

① 연면적 5,000m^2 이상인 건물

② 지상에 노출된 탱크의 저장용량 합계가 100톤 이상인 가스시설

3) 주요 시설기준

① 상수도 소화용수설비는 구경 75mm 이상의 수도배관에 구경 100mm 이상의 소화전을 접속해야 한다.

② 상수도 소화용수설비용 소화전은 소방차의 접근이 용이한 도로변이나 공지에 설치해야 하며, 건물의 각 부분으로부터 140m 이내에 있도록 해야 한다.

③ 소화수조는 소방차가 채수구(採水口)로부터 2m 이내의 지점까지 접근할 수 있는 위치에 설치해야 한다.

④ 소화수조의 저수량은 다음의 식으로 나타내는 양 이상으로 한다.

$$Q = \frac{\text{건물 연면적}[\text{m}^2]}{A} \times 20 \qquad (8.7)$$

Q : 소화수조 저수량 [m^3]

A : 1층 및 2층의 바닥면적 합계가 15,000m^2 이상인 건물은 7,500, 그 미만인 건물은 12,500

⑤ 채수구는 지면으로부터 0.5~1m의 위치에 설치해야 한다.

⑥ 채수구는 식 8.7에서 산정한 저수량에 따라 다음과 같은 수효만큼 설치해야 한다.

㉮ 20m^3 이상 40m^3 미만 : 1개

㉯ 40m^3 이상 100m^3 미만 : 2개

㉰ 100m^3 이상 : 3개

(7) 제연(除煙)설비

1) 개요

화재가 발생했을 때 화염에 의한 인명피해보다는 연소 시 발생되는 연기에 의해 더 많은 사상자가 발생한다는 것은 화재 통계를 통해 잘 알려져 있다. 연기는 화염보다도 더 빨리 확산·전파되므로 연기를 신속하게 외부로 배출시키는 것은 화재를 진압하는 소화설비 못지 않게 중요하다. 또한, 연기는 건물 내에서 소화활동을 하고 있는 소방대원의 시야를 가려 효과적인 소화를 할 수 없게 하므로, 연기를 신속하게 제거하는 제연설비는 소화활동에도 매우 중요한 설비이다.

2) 적용건물

① 무대부의 바닥면적이 200m^2 이상인 문화 및 집회시설, 종교시설, 운동시설

② 수용인원 100명 이상인 영화상영관

③ 근린생활시설, 위락시설, 판매시설, 숙박시설, 물류터미널로서 지하층 또는 무창층의 바닥면적이 1,000m^2 이상인 것

④ 시외버스정류장, 철도역사, 공항시설, 항만시설의 대합실이나 휴게시설로서 지하층 또는 무창층의 바닥면적이 1,000m^2 이상인 것

⑤ 연면적 1,000m^2 이상인 지하가

⑥ 기타

3) 제연방식의 종류

제연방식에는 기계의 힘을 빌리지 않고 실내의 창이나 전용 배연구(排煙口)를 통해 연기를 외부로 배출시키는 자연제연방식과 기계를 이용하여 연기를 배출시키는 강제제연방식이 있다.

자연제연방식을 채택할 경우에는 법령에 규정되어 있는 설계기준에 의해 창 및 배연구의 크기를 확보해야 한다. 강제제연방식은 화재가 발생한 실에 공기를 공

급하는 송풍기와, 화재가 발생한 실에서 연기를 배출시키는 배연기의 설치 유무에 따라 3가지 종류로 분류한다.

제1종은 그림 8.22와 같이 송풍기와 배연기가 같이 설치되어 있는 것으로, 화재실에서는 배연기를 이용한 기계제연을 행하는 동시에 복도나 계단실을 통해서 기계력에 의한 급기를 행하는 방식이다. 급기량을 배연량보다 적게 함으로써 실내를 부압(負壓)으로 유지시켜 실내 연기가 복도 등으로 빠져나가지 않게 한다. 제연성능이 우수하지만 급기와 제연 모두 기계에 의존하므로 장치가 복잡하다.

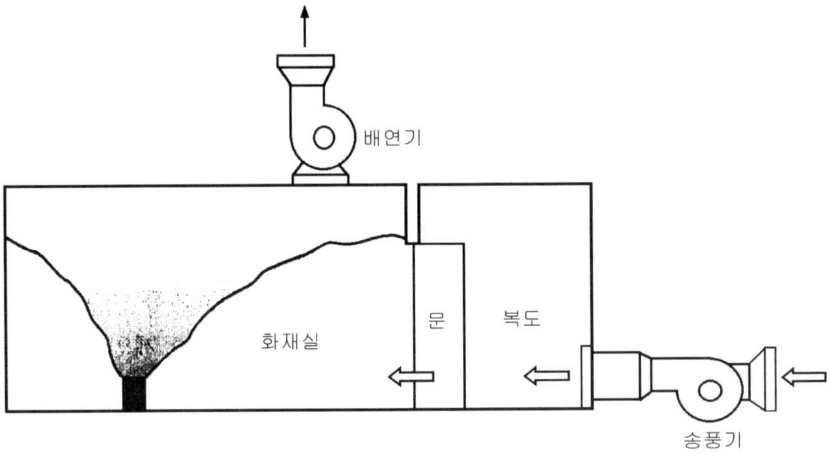

그림 8.22 제1종 제연방식

제2종은 그림 8.23과 같이 복도, 계단실과 같은 주요 피난통로에 신선한 공기를 송풍기로 급기하여 그 부분의 압력을 화재실보다도 상대적으로 높여서 연기의 침입을 방지하는 동시에 실내의 연기는 창이나 전용 배연구로 빠져나가게 하는 것이다. 공기가 지나치게 공급되면 산소 공급에 의해 화재가 더욱 커질 수 있으며, 연기가 제대로 빠져나가지 않을 경우 연기가 복도로 역류할 염려가 있어 그다지 적용되지 않는 방식이다.

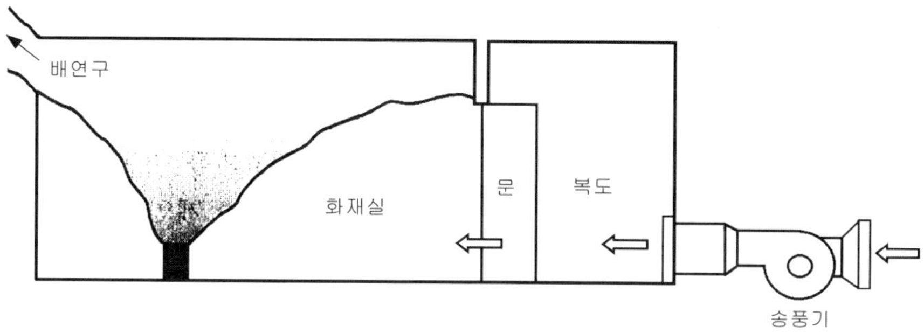

그림 8.23 제2종 제연방식

제3종은 그림 8.24와 같이 송풍기는 없이 배연기로 실내 연기를 실외로 배출시키는 방식이다. 화재 초기에는 실내의 연기가 복도 등으로 빠져나가지 않는 점에서 우수한 방식이나 연기의 양이 많아지면 배연기가 연기의 흡입을 원활히 할 수 없게 되는 단점이 있다. 현재 많이 적용되는 방식이다.

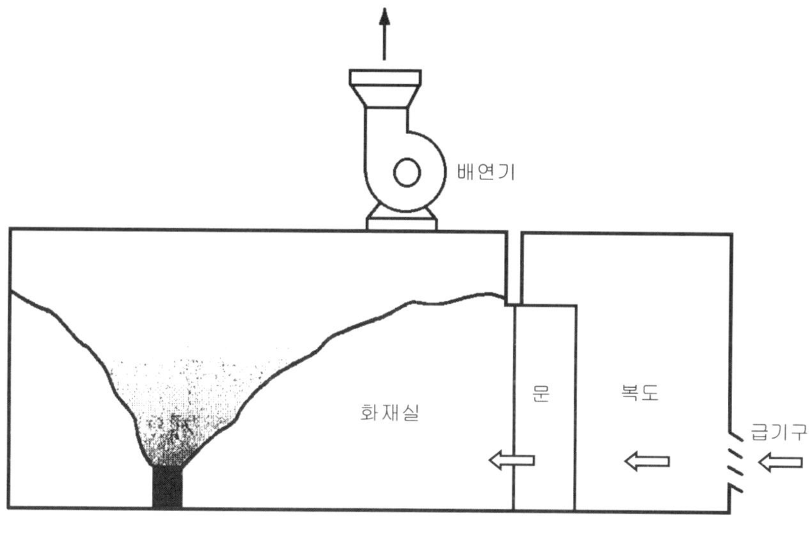

그림 8.24 제3종 제연방식

이 밖에 고층빌딩의 경우는 그림 8.25와 같이 제연 전용의 샤프트를 설치하고 연기의 부력과 샤프트 상부에 설치한 루프 모니터(roof monitor) 등의 흡인력으로 제연을 행하는 스모크 타워(smoke tower) 제연방식을 채택하는 경우도 있다.

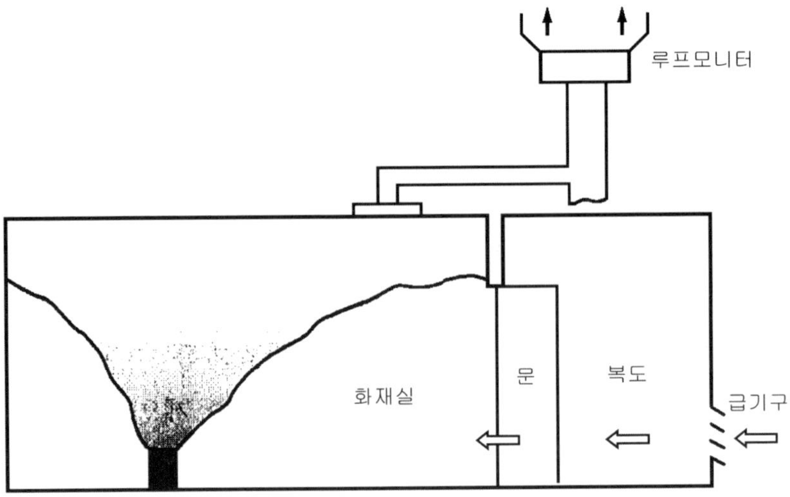

그림 8.25 스모크 타워 제연방식

제연설비는 인명에 큰 영향을 미치는 중요한 설비이므로 제연을 위한 덕트는 제연 전용으로 하는 것이 바람직하나, 공사비 절감을 위해 공조용 덕트와 겸용하기도 한다. 즉, 공조용 덕트와 제연용 덕트를 별도로 설치하지 않고, 하나의 덕트를 평상시에는 공조용 냉온풍을 공급하는 용도로 활용하다가 화재가 발생했을 때에는 화재연기를 외부로 배출시키는 역할을 하도록 하는 것이다. 공조용 덕트의 공기운반 능력은 법령으로 정해진 것이 없으나 제연용 덕트의 연기배출 능력은 법령으로 정해져 있으므로, 공조용과 제연용으로 덕트를 겸용할 경우에는 제연을 위한 법적 기준을 만족시킬 수 있어야 한다.

4) 주요 시설기준

① 하나의 제연구역 면적은 1,000m^2 이내로 한다.

② 거실과 통로는 상호 제연구획한다.

③ 통로상의 제연구역은 보행 중심선의 길이가 60m를 초과하지 않도록 한다.

④ 하나의 제연구역은 직경 60m의 원내로 들어갈 수 있도록 한다.

⑤ 제연구역의 구획은 보, 제연경계벽 및 벽(화재 시 자동으로 구획되는 가동벽, 셔터, 방화문 포함)으로 하며, 제연경계는 폭이 0.6m 이상인 동시에 바닥으로부터 그 수직 하단까지의 거리는 구조상 불가피한 경우를 제외하고 2m 이내이어야 한다. 그림 8.26에 지하철 통로에 설치된 제연경계벽의 예를 나타낸다.

그림 8.26 제연경계벽

(8) 연결살수설비

1) 개요

연결살수설비는 지하층과 무창층 등과 같이 화재가 발생했을 때 연기가 쉽게 제거되지 않아 소방대원들이 소화활동을 하기 어려운 곳에 대해서 소방대원들이 소화활동을 하기 위해 설치하는 것으로, 소방대가 건물 외벽 또는 외부에 있는 송수구를 통해 지하층 및 무창층의 천장에 설치되어 있는 살수헤드까지 송수하는 배관설비이다. 살수헤드의 설치면적이 작을 경우에는 송수구역을 나누지 않지만, 설치면적이 클 경우에는 송수구역을 몇 개로 나누어서 지상의 송수구도 여러 개를 설치한다.

그림 8.27에 연결살수설비의 구성 예를 나타낸다. 각 송수구역마다 송수구를 설치하는 것이 원칙이지만, 그림과 같이 선택밸브를 설치할 경우에는 복수의 송수구역을 한 개의 송수구가 담당할 수도 있다. 송수구는 쌍구형과 단구형이 있는데, 쌍구형은 소방용 호스를 접속시키는 곳이 2개 있는 것이며, 단구형은 접속구가 1개 있는 것을 의미한다.

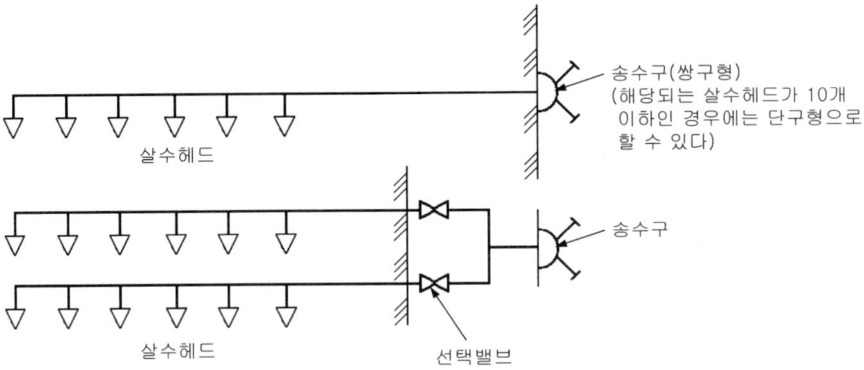

그림 8.27 연결살수설비의 구성

그림 8.28은 건물 외벽에 설치되어 있는 연결살수설비의 송수구를 나타낸다.

그림 8.28 건물 외벽에 설치된 연결살수설비 송수구

2) 적용건물

① 지하층 바닥면적의 합계가 150m² 이상인 것

② 판매시설, 운수시설, 물류터미널로서 해당 용도로 사용되는 바닥면적 합계가 1,000m² 이상인 것

③ 지상에 노출된 탱크 용량이 30톤 이상인 탱크시설

④ ① 및 ②에 해당하는 건물에 부속된 연결통로

3) 주요 시설기준

① 송수구는 소방차가 쉽게 접근할 수 있는 위치에 설치하며, 송수구가 2개로 되

어 있는 쌍구형으로 한다. 단, 하나의 송수구역에 부착되는 살수헤드가 10개 이하인 경우에는 송수구가 1개인 단구형으로 할 수 있다. 송수구의 구경은 65mm 이상으로 한다.

② 송수구는 지면에서 0.5~1m 위치에 설치한다.

③ 천장 또는 반자의 각 부분으로부터 하나의 살수헤드까지의 수평거리는 3.7m 이하가 되도록 한다.

(9) 연결송수관설비

1) 개요

연결송수관설비는 화재 시 소방대원이 화재가 발생한 층에 올라가서 화재를 진압할 때 소방용 호스를 직접 가지고 올라가지 않아도 될 수 있도록 설치한 설비이다. 연결송수관설비는 건물 외부에 설치되어 물을 공급하는 송수구, 건물 내부에 설치되어 외부로부터 공급된 물을 방출하는 방수구, 그리고 송수구와 방수구를 연결하는 배관으로 구성되어 있다.

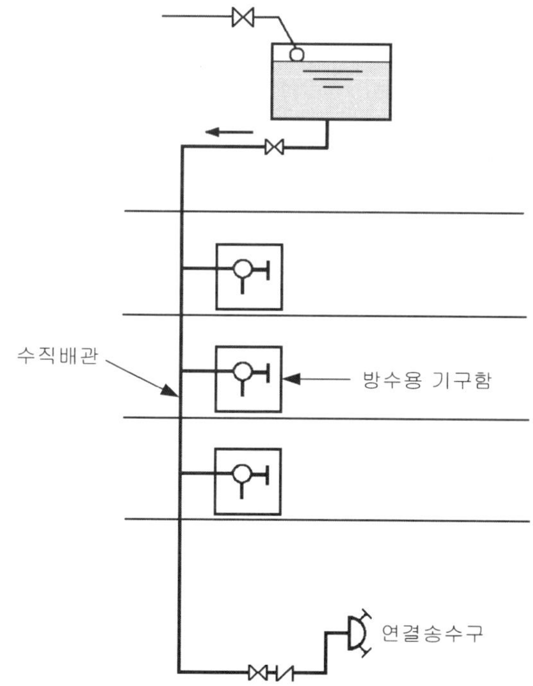

그림 8.29 연결송수관설비의 구성

즉, 소방대원은 화재가 발생한 층에 올라가 그 층에 설치되어 있는 방수구와 소방용 호스를 이용하여 외부의 송수구로부터 배관을 통해 올라온 소방용 물을 화재 현장에 방출하면서 화재를 진압하는 것이다. 그림 8.29에 연결송수관설비의 구성 예를 나타낸다. 연결송수관설비의 구성 요소 중 하나인 송수구는 그림 8.28에 나타나 있는 연결살수설비 송수구와 동일한 형태이다.

2) 적용건물

① 지하층을 포함한 층수가 7층 이상인 건물
② 층수가 5층 이상이면서 연면적 6,000m² 이상인 건물
③ 지하층 층수가 3층 이상이고 지하층 연면적이 1,000m² 이상인 건물
④ 길이 1,000m 이상인 터널

3) 주요 시설기준

① 송수구는 연결송수관의 수직배관마다 1개 이상을 설치한다.
② 연결송수관설비의 주배관은 구경 100mm 이상으로 한다.
③ 방수구는 계단으로부터 5m 이내에 설치한다.
④ 방수구의 호스접속부분은 바닥으로부터 0.5~1m에 설치한다.
⑤ 방수용 기구함은 방수구가 가장 많이 설치된 층을 기준으로 하여 3개층마다 설치하되, 그 층의 방수구마다 보행거리 5m 이내에 설치한다. 그림 8.30에 건물 복도의 벽에 설치된 방수용 기구함을 나타낸다.

그림 8.30 방수용 기구함

3. 배관경 산정

이미 설명했듯이, 소화설비는 건물 거주자의 인명과 재산을 보호하는 매우 중요한 설비이다. 따라서 급수·급탕배관 등과 달리 배관의 크기에 대해서도 법적으로 엄격히 규정되어 있다. 즉, 소화설비의 종류(옥내소화전, 스프링클러 등) 및 배관의 위치(주배관, 가지배관 등) 등에 따라 배관의 최소관경이 정해져 있는 경우도 있고, 또 배관 내 유속을 규정하고 있는 경우도 있다. 이로 인해 소화설비의 종류 및 배관의 위치에 따라서는 배관의 최소관경과 배관 내 유속의 규정에 의한 배관경이 달라질 수 있으나, 이 경우 둘 중 큰 쪽을 배관경으로 정해야 한다.

소화설비는 배관재의 종류도 법규에 정해져 있으므로, 배관 내 유속에 의한 배관경 산정은 제2장의 그림 2.46~그림 2.50에 나타나 있는 것과 같은 유량선도에서 유량과 유속을 이용하여 행할 수 있다.

【예제 8.4】

각 층에 옥내소화전이 4개씩 있는 건물에서 옥내소화전 펌프의 토출 측 배관의 크기는 어느 정도가 되어야 하겠는가? 단, 펌프의 토출 측 배관의 관경은 유속이 3m/s 이하가 될 수 있는 크기로 하고, 배관재는 배관용 탄소강강관으로 한다.

풀이

식 8.1에 의해 펌프의 토출량(유량)은 130×4=520 [*l*/min]이 된다. 2장의 그림 2.46에서 유량과 유속을 이용하여 배관경을 산정하면 아래 그림과 같이 65A가 된다(50과 65 사이에 오게 되므로 65로 선정하면 되며, 65A로 선정할 경우 실제 배관 내 유속은 그림에서 약 2.4m/s가 된다).

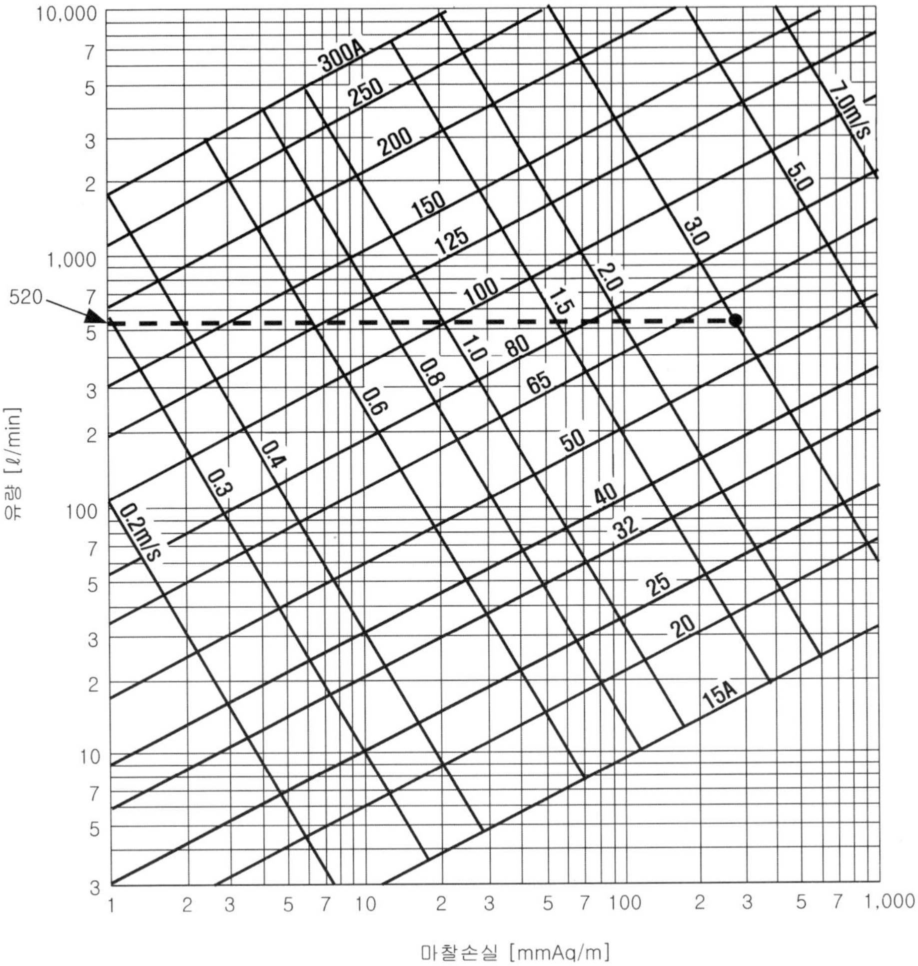
10,000
7
5
3
2
1,000
520
7
5
3
2
100
7
5
3
2
10
7
5
3
1
2
3
5
7
10
2
3
5
7
100
2
3
5
7
1,000
유량 [ℓ/min]
마찰손실 [mmAq/m]
300A
250
200
150
125
100
80
65
50
40
32
25
20
15A
0.2m/s
0.3
0.4
0.6
0.8
1.0
1.5
2.0
3.0
5.0
7.0m/s

찾아보기

【ㅇ】

339

참고문헌

- 공기조화위생설비의 알기쉬운 지식, 공기조화위생공학회, 태림문화사, 1991
- 건축설비포켓북, 김효경 역, 한미, 1983
- 건축설비, 김영호, 보문당, 1992
- 가스설비일반, 김동우 외, 세진사, 1994
- 건축설비설계, 박종일 외, 세진사, 1994
- 건축설비, 대한건축학회, 기문당, 1995
- 소방설비편람, 김병효, 기문당, 1996
- 건축급배수·위생설비, 이용화 외, 세진사, 1997
- 건축설비용어대사전, 건축설비용어대사전 편집위원회, 기문당, 1997
- 위생설비공학, 안교철 외, 세진사, 1997
- 건축설비, 박병전, 기문당, 1999
- 급배수·위생설비설계, 김봉환 외 역, 기문당, 1999
- 그림풀이 건축설비, 김대연 역, 성안당, 1999
- 건축설비, 최영식, 건기원, 2000
- 급배수위생설비, 박봉성, 기문당, 2000
- 건축급배수설비, 정광섭 외, 기문당, 2000
- 건축설비설계 및 시공실무, 최일경, 탐구원, 2001
- 건축설비, 남재호 외, 세진사, 2001
- 건축설비입문, 이철구 외, 세진사, 2001
- 소화시스템공학, 손봉세, 일진사, 2001
- 설비공학편람, 대한설비공학회, 2001
- 급배수위생설비, 김재수 외, 세진사, 2001
- 건축설비시스템, 김정태 외, 기문당, 2002
- 건축설비계획, 이철구 외, 세진사, 2004
- 건축설비관계법규, 이영재 외, 기문당, 2004
- 건축설비, 임정명, 기문당, 2004
- 건축설비, 김용식, 구미서관 2005

- 공기조화 · 냉동공학, 공기조화냉동공학회, 1998.10
- 공기조화 · 냉동공학, 공기조화냉동공학회, 1999.8
- 설비, 한국설비기술협회, 1999.3
- 설비, 한국설비기술협회, 1999.4
- 설비저널, 대한설비공학회, 2001.3
- 설비, 한국설비기술협회, 2002.3
- 설비저널, 대한설비공학회, 2003.10
- 영보화학 카탈로그
- 유창밸브 카탈로그
- 대열보일러 카탈로그
- 대림요업 카탈로그
- 아메리칸 스탠다드 카탈로그
- 토탈타일 카탈로그
- 한바스 카탈로그
- 바스플러스 카탈로그
- 한국타일 카탈로그
- 동원세라믹 카탈로그
- 續・百万人の空氣調和, 小原淳平, オーム社, 1991
- 空氣調和衛生設備演習, 横山浩一, 彰國社, 1977
- 衛生設備, 戸崎重弘 外, 彰國社, 1980
- 空氣調和衛生設備の基礎, 牧野彰一 外, 彰國社, 1980
- 空氣調和・衛生設備のやさしい知識, 空氣調和・衛生工學會, オーム社, 1981
- ソーラハウスの設計と施工, 田中俊六, オーム社, 1981
- 衛生設備のトラブル50, 建築設備トラブル研究會, 學芸出版者, 1985
- 空氣調和・衛生用語辭典, 空氣調和・衛生工學會, オーム社, 1990
- 空氣調和・衛生設備の知識, 空氣調和・衛生工學會, オーム社, 1991
- 建築設備入門, 吉田あきら 外, 理工圖書, 1992
- 空氣調和衛生工學便覽 12版, 空氣調和・衛生工學會, 1995
- 給排水・衛生設備の實務の知識, 空氣調和・衛生工學會, オーム社, 1995
- 施工・維持管理の實務の知識, 空氣調和・衛生工學會, オーム社, 1996
- 空調・給排水の大百科, 空氣調和・衛生工學會, オーム社, 2000

- 空氣調和衛生工學, 空氣調和衛生工學會, 2000.3
- 空氣調和衛生工學, 空氣調和衛生工學會, 2001.3
- 空氣調和衛生工學, 空氣調和衛生工學會, 2002.8
- 空氣調和衛生工學, 空氣調和衛生工學會, 2002.3
- 空氣調和衛生工學, 空氣調和衛生工學會, 2005.3
- INAX カタログ
- TOTO カタログ
- Heat Transfer, Ozisik, McGraw-Hill, 1985
- American Society of Plumbing Engineers, Data Book, Plumbing Systems, 2000

저 자 약 력

· 이철구

일본 토요하시기술과학대학 공학박사
일본 신료냉열공업주식회사
삼우설계
현 세명대학교 건축공학과 교수

· 이응직

독일 Dortmund 대학교 공학박사
독일 건축사사무소 PEZOLA
독일 Dortmund 대학교 건축환경연구소
현 세명대학교 건축공학과 교수

건축 급배수·위생설비

값 18,000원

저 자	이 철 구 이 응 직
발행인	문 형 진

판권 검인

2006년 1월 20일 제1판 제1쇄 발행
2007년 9월 3일 제1판 제2쇄 발행
2014년 3월 5일 제2판 제1쇄 발행
2017년 3월 22일 제2판 제2쇄 발행
2020년 3월 11일 제2판 제3쇄 발행

발행처 세 진 사

㊐02859 서울특별시 성북구 보문로 38 세진빌딩
TEL : 02)922-6371~3, 923-3422 / FAX : 02)927-2462
Homepage : www.sejinbook.com
〈등록. 1976. 9. 21 / 서울 제307-2009-22호〉